旅館房務
理論與實務

Hotel Housekeeping
Operation & Management

2rd Edition

李欽明、張麗英◎著

序

　　近幾年來，觀光成果豐碩，來台國際觀光客，每年成長約一百萬人，觀光外匯收入要達至四千億台幣指日可待；日本、大陸、港澳及其他國家自由行旅客直逼每日二千人。如果再加上國內之國民旅遊，數字更為亮麗。旅館在觀光產業中占著一席重要地位，為了應付日益增多的國內外旅客，旅館又興起一波籌建風潮。而本國大專院校為了因應業界人才需求，競相開設旅館相關科系與課程，以培養業界的人才，至今已開花結果，連筆者的學生都已晉升到五星級旅館的客房部經理。

　　房務（Housekeeping）部門，指管理館內客房及各項服務的部門。房務部員工與賓客有非常密切的互動，館內各部門的服務也以房務部對客人最有直接的接觸，其服務之良窳亦決定旅館的評價。因此，本書撰寫的目的除了提供專業的實務內容供給業界參考外，亦給予有興趣的人士以及在校學生研讀。同時，本書兩位作者在業界都有豐富的實務經驗，咸信能夠提供充實的內容給讀者，對於業界經營管理的參考或學界教學使用都有很大的益助。

　　本書內容共有十六章，前二章是旅館基本介紹，協助讀者認識旅館的全貌，從第三章開始逐步進入主題，至第八章均以介紹客房的作業為主，第九章至第十六章則介紹與房務作業息息相關之周邊事務的管理。

　　本書的最大特色是很詳細說明「商務樓層」（即一般人所認知的「旅館中的旅館」）和「綠色客房」，這是其他書籍少有著墨的地方，尤其後者應探討與介紹的是「綠色旅館」，但因討論面向很多且涉及旅館各個部門，因此筆者僅就客房範圍做一論述，但也藉此拋磚引玉，祈望有更多的書籍來論述，重視環境保護問題。

　　本書之完成也要感謝恩師，同時也是對臺灣觀光界貢獻卓著的學者

李銘輝博士，在寫作其間不斷的鼓勵，其關切程度猶如指導論文般的嚴謹，並提供資料以充實本書內容，在此表達深摯的謝意。

　　筆者踏入業界多年，對旅館有一份特殊的濃厚感情，每次到外地旅行住宿飯店時，看到那些忙碌的員工，無論高級幹部或基層人員，心中便湧現一股溫馨與親切感，總喜歡湊過去和他們聊幾句，因為心裡一直覺得：「他們是我的兄弟姐妹！」。旅館工作勞心又勞力，在此鼓勵從業人員必須培養出自己的工作興趣，再加上一份堅持和不斷自我充實，時日一久，便會自有一片天。希望藉此書的付梓與各界朋友們結緣。

李欽明　張麗英　謹識

目　錄

Chapter **1**

旅館的發展概況

我國觀光事業的興起，自第一次世界大戰後已略見萌芽，國內起於西元1956年，在政府與民間開始積極的規劃與推動下，此一新興的行業在文化交流、國際貿易、經濟發展上扮演著日趨重要的角色，對整體國民外交上的貢獻更是具有舉足輕重的地位。旅館業在觀光產業中占有極大份量，它是一個日新月異且範圍可包括食、衣、住、行及育樂的綜合體，更是一服務性企業最大的舞台，每年三百六十五天二十四小時不斷上演著傳奇與不平凡的感人故事。

本章中將針對旅館業的定義與特性、分類及未來的發展作深入探討。

第一節　旅館的定義與特性

一、旅館的定義

旅館（Hotel）一詞源為法文，原先指的是法國貴族在鄉間招待貴賓的別墅。後來歐美的旅館業沿用這一名詞。在我國有「飯店」、「酒店」、「賓館」、「旅店」、「旅社」、「渡假村」等不同的說法。

旅館是一個以提供服務為主的綜合性服務產業。同其他各類企業一樣，旅館是利用生產的要素（土地、資金、勞動力等），運用現代生產技術從事生產銷售活動的基本經濟組織。由此得出旅館的定義：

1. 是以有形的空間、設備、產品和無形的服務效用為憑藉，投入旅遊消費服務領域中，具有一定的獨立性的資金運用的實體。
2. 一般說來就是給顧客提供住宿和飲食的場所。具體地說，旅館是以它的建築物為憑藉，透過出售客房、餐飲及其他綜合服務設施向客人提供服務，從而獲得經濟收益的企業。

專欄 1-1 向旅館高層邁進

作為旅館高階經理人，不一定要明星學校畢業，也不一定要有傲人的學歷，更不一定每天都要超時工作，但對公司忠誠，凡事為老闆多考量，贏得老闆信任，行事低調則是另一項特質。下列要素是晉階經理人必備的條件：

一、積極主動

在變遷快速的職場中，空有專業技術都不見得就能保有工作。積極主動，並非要員工做一些額外的瑣事，而是在分內工作之外，超越公司要求、突破日常工作慣例，以新的想法為同事的工作或公司營運帶來好處，且能落實執行。

二、人脈網絡充沛，高度自我管理

專業技巧和積極主動的精神只是基礎，要被老闆重用，工作策略包括要有充沛的人脈網絡，並能在工作中自我管理，確保高水準的工作表現。

充沛人脈不只是要和相同工作領域的同事打成一片，關鍵更在透過訊息交換，與公司以外的專業人士建立起彼此信賴的溝通管道，以減少在工作中碰到的知識盲點。這個以專業知識為主軸建立起的人脈網，可讓明星員工比同僚更迅速地掌握資訊，提高生產力。

三、宏觀視野，服從老闆決策

有人脈網絡、懂得自我管理還不夠。明星員工即使自己的意見和老闆不同，仍會做一個優秀的追隨者，與領導者合作無間。

四、良好組織悟性，善於表達溝通

　　明星員工必須有良好的組織體驗，瞭解組織真實的權力形勢，懂得在利益激烈競爭的職場中，促銷自己的理念、解決衝突、達成工作目標。最後，還要懂得選擇訊息，透過最有效的模式去接觸和說服特定的聽眾。

　　3.旅館的成立以滿足社會需要為前提，因此須有完善的設備與安全管理，建物須由政府核准，營運亦受政府監督。
　　4.旅館價格與品質水準，通常由提供的服務深度所決定。

二、旅館的特性

　　旅館本身具有獨特的經營特性，可區分為商品特性、一般性及經營管理的特性等，分別敘述如下：

(一)商品特性

　　1.環境：旅館的客源不同，也造就不同的立地環境。換言之，休閒旅館必須具有吸引觀光客的優美自然景觀，都會型或商務型旅館就必須有便捷的交通環境或具有新穎豪華設備來招徠商務旅客。
　　2.餐食：
　　(1)異國美食的吸引力：不論何種目的旅遊的顧客，都對異國的美食有著好奇心，最方便可以嘗試的地方就是下榻的旅館，所以餐食的製作必須講究及別出心裁，才有辦法吸引客人。
　　(2)多變及獨特的餐飲設計：不斷的創新及變化，並保留自己獨特的特色，才可讓客人源源不斷。

3.服務：有人說「旅館賣的不只是有形的商品，更是無價的服務」，若商品具有絕對的競爭優勢，但服務無法滿足客人的話，客人是會以行動（不再光臨）來表達對旅館無言的抗議，所以旅館的經營管理者應該特別重視人性化服務的落實。

(二)一般性

1.綜合性：旅館的功能包含了食、衣、住、行、育、樂等，是一個社會上重要的社交、資訊、文化交流等的聚集中心。

2.無歇性：旅館的服務是一年三百六十五天，一天二十四小時全天候的服務。

3.合理性：旅館的收費應與其提供給顧客產品相同等級，甚至於應設法做到物超所值，使客人體驗到滿足與喜悅。

4.公用性：依旅館的定義上看，旅館是一個提供大眾集會、宴客、休閒娛樂的公共性場所。

5.安全性：旅館是一個設備完善、大眾周知且經政府核准合法的建築物，其對公眾負有法律上的權利與義務，保障消費顧客的安全與財產，是極重要的使命。

6.季節性：旅客外出及洽商常隨著季節而變動，所以旅館客房的經營有淡旺季之分，而餐飲也因時令不同而有不同季節性的調整。

7.地區性：旅館的興建常須耗費大量資金，坐落地為永久性，無法隨著淡旺季或市場的趨勢而移動或改變。

8.流行性：旅館為一領導時尚的中心，也是許多政商名流所經常消費之處，所以經營者必須能製造及領導流行的風尚。

9.健康性：旅館是一提供健身中心、SPA、溫泉等保健養生的場所。

10.服務性：旅館為一重視禮節及服務品質呈現的行業，五星級觀光旅館的服務理念，也是當下許多服務業所爭相學習的對象。

專欄 1-2 歷史的巡禮──台灣第一家不朽經典的西式飯店

台灣旅館史滄桑的一頁

已故歷史學家林衡道先生回憶往昔：「吃西餐，水果端出來時，還附有洗手的小碗，一切彷英國維多利亞王朝的派頭。」

台灣鐵道飯店（Railway Hotel Formosa）除了是台灣歷史上第一家西式飯店外，也是台灣建築史上的無價瑰寶，其優雅的身影與奢華的服務更是台灣日治時期向世界宣告自己終於「脫亞入歐」，正式邁入「文明開化」新時代的最佳證明。

文藝復興式的台灣鐵道飯店由總督府技師野村一郎及鐵道部技師福島克已兩人所設計，於1907年6月21日開始興建，1908年10月4日正式落成，位址在台北火車站前3,069坪的地面上（即今之新光三越百貨），建起六百餘坪的三層樓建築，其經營管理屬鐵道部。在興建期中，由於雨期和勞工不足，工程進度落後甚多，為了如期完成，曾有一天超過一千二百個工人趕工的記錄，由此可見鐵道飯店的壯觀。

台灣鐵道飯店一共有客房三十六間，住宿費用主要依等級從16日圓到3日圓不等，為白領階級平均一個月的薪水，是當時有錢人才住得起的場所。飯店大廳有豪華吊燈，另有通一、二樓的電梯，附設有網球場、游泳池、花園等設施，所有從業人員均著西服。餐飲則蒐羅國內外最豪華的宴會餐具，用餐比照英國維

多利亞王朝派頭，品質超越當時日本一流飯店，外國使節及來台旅客都以住宿鐵道飯店為榮，被喻為「飯店經營成功典範」。其後來訪的日本皇族、財經界的大人物都投宿於此。台灣鐵道飯店的第一位客人是來台灣主持「台灣縱貫鐵道全通式」及該飯店開幕式的閑院宮載仁親王。其會議廳由扶輪社開始使用，其他的聚會、宴會也為社會名流利用，逐漸成為台北的社交中心。

是歷史的宿命吧！1945年5月31日，美國B29轟炸機大舉轟炸台北市區，鐵道飯店被炸中，曾優雅的矗立在這塊土地上，被譽為「不朽經典的飯店」，消失於歷史的時光隧道。

資料來源：
1.yam蕃薯藤，〈日治時期台灣鐵道飯店遺址〉，2010/10/10，下載日期2012/11/6，http://blog.yam.com/eairforce/article/31361187。
2.〈不朽經典，經典不朽——台灣鐵道〉，2008/12/18，下載日期2012/11/6，http://jonyao1978.pixnet.net/blog/post/23855274。
3.學者葉龍彥著（2004），《台灣旅館史》，台北市文獻會出版。
4.台灣旅遊、旅館界耆宿黃溪海著（2010），《台灣觀光事業紀實》，永業。
5.陳柔縉著（2005），《台灣西方文明初體驗》，麥田。
6.李欽明著（1998），《旅館客房管理實務》，揚智文化。

(三)經營管理

1.產品不可儲存及高廢棄性：旅館的經營是一種提供勞務的事業，勞務的報酬以次數或時間計算，時間一過其原本可有的收益，因沒有人使用其提供勞務而不能實現。舉例來說，旅館客房未賣出，無法將其如有形產品般庫存於倉庫，待另日再賣，所以如何提高客房的利用率，才有辦法提高產值。

2.短期供給無彈性：興建旅館需要龐大的資金，由於資金籌措不易，且旅館施工期較長，短期內客房供應量無法很快依市場需要而變

動，所以為短期供給無彈性。如旅館客房為五百間，旺季時無法做過多的超賣，旅客再多也無法增加客房而增加收入。

3. 資本密集且固定成本高：觀光旅館因其立地的優勢（如市中心或風景名勝），其立地取得的價格也自然較昂貴，又加上硬體設備的講究（如建築物的外觀、內部裝潢與各項華麗的家具及高級的設備等），故其固定資產的投資往往占總投資額的八至九成。由於固定資產比率高，其利息、折舊與維護費用的分攤相當沉重。再加上開業後尚有其他固定及變動成本的支出，因此如何提高相關設備（客房、餐廳等）的使用率是每一位經營管理者的重要課題。

4. 旅客的波動性：觀光旅館的需求受到外在環境如政治的穩定、整體經濟景氣狀況、交通、各項觀光資源開發、市場的波動等因素影響很大。依據統計，歐美商務型客人，因為聖誕節及暑假的季節，各國際觀光旅館住房率最低的月份為7月、8月及12月，而日本旅客因黃金假期的連休，每年3月、4月是各國際觀光旅館（主要客源為日本旅客）住房率最高的月份。

5. 需求的多變性：旅館為一複雜的事業經營體，也因為外在因素的變遷而隨時要更新的產業，更因它所接待的客源廣至世界各國，也包含了本國的旅客，故其旅遊及消費的習性等皆不相同，所以如何迎合來自不同社會、經濟、文化及心理背景的客人，考驗著旅館經營者的智慧。

第二節　旅館業的分類

一、旅館的功能

　　我們把旅館的功能，區分為基本功能與延伸功能，為了更好掌握旅館發展的脈絡，什麼樣的市場需求，對應形成什麼樣的功能，我們從市場具體需求中，可以歸納出旅館的基本功能結構。無論旅館的檔次為何，其基本設施應具備以下幾個方面：

(一)私人的空間功能

　　1.休息功能：床位、沙發、浴室、廁所等。

　　2.對外聯繫與工作功能：電視、電話、書桌、寬頻網路、電腦。

　　3.接待功能：接待桌椅及空間、獨立接待客廳。

　　4.延伸的娛樂休閒功能：按摩浴缸、橋棋室、綜合娛樂空間。

　　5.延伸的安全與辦公功能：隨扈房、秘書室、工作間、會議室、暗道。

(二)公共的空間功能

　　1.餐廳：早餐、中西式餐廳、宴會廳、酒吧等。

　　2.接待功能：專設貴賓廳、大廳、咖啡廳、茶樓。

　　3.商務與旅行服務：機票、旅行社傳真、國際電話、上網、複印、租車、翻譯。

　　4.會議會展交易活動：大小會議室、表演廳、展覽廳、多功能廳。

　　5.健康休閒：游泳池、戲水樂園、溫泉、美容美髮、三溫暖、健身房、保齡球、網球場、桌球室。

6.娛樂：夜總會、KTV、電子遊樂場、室內高爾夫、小型劇場、音樂廳。

7.購物：時尚精品店、超市、藝品店、專賣店。

二、旅館的類型

根據消費主體的不同目的，旅館可劃分為下列幾種類型：

(一)商務型旅館

主要以接待商務活動的客人為主，是為商務活動而提供服務。這類客人對旅館的地理位置要求較高，要求旅館靠近市區，或商業中心區。其客流量一般不受季節的影響而產生大的變化。商務型旅館的設備齊全，如提供商務中心（內有各種商務年鑑、貿易資料、電腦網路、影印機）、秘書服務、翻譯、大小會議室，客房亦有電腦上網、傳真功能，住宿期間提供手機等，服務功能較為完善。

(二)觀光、渡假型的旅館

以接待休假旅遊的客人為主，多興建於海濱、溫泉區、旅遊景點附近，而其建築外觀較富變化。其經營的季節性較強，此類旅館不僅要滿足住客食宿的需求，還要有公共服務設施，以滿足住客休閒、娛樂與購物的綜合需要，使住客生活多彩豐富得到精神上和物質上的享受。

(三)會議型旅館

以接待會議旅客為主的旅館，一般除食宿及娛樂外，還為會議客人提供交通接送、會議資料印製、照相錄影、旅遊服務。要求有較完善的會議設施（大小會議室、多功能廳、同步翻譯設備、視訊設備、投影設備），和設備齊全之宴會廳。

會議型旅館之階梯式大會議廳（作者攝於義大皇冠假日酒店）

(四)長住型旅館

為住宿的客人提供較長時間之食宿服務。此類旅館有家庭式的套房，大者可供家庭使用，小者有可住一人的單人房，皆附設簡易廚房。旅館也有洗衣中心，方便客人使用。它也提供一般旅館的服務，但大多數客人以長期住宿為主，所以房租較商務旅館便宜。此類旅館客人大多為駐在地的商務人員、長期支援或協助廠商的顧問、技術人員，或是長期寫作的作家等各種職業而需長期住宿者。

(五)經濟型旅館

經濟型旅館多為商務出差或消費有預算的客人而設，其價格低廉，服務方便快捷，服務功能簡化。其建築材料、室內裝潢、各種設備、用具、陳設，或是建造所需的各種技術、人員訓練費用等，使用較低的成本來經營旅館。

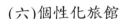

(六)個性化旅館

針對某些特殊的消費族群，旅館設計大膽而前衛、手法新奇以吸引顧客上門，如主題旅館、藝術旅館、懷舊旅館、設計旅館等。

以上雖然劃分各種不同形式之旅館，但觀諸其功能，其設備與服務也有重疊之處，例如渡假旅館也提供會議室、商務設施；而商務旅館也提供各種休閒、娛樂設備，但大體上依其主要功能仍劃分出各類型的旅館。

三、我國旅館分類

根據交通部觀光局所公布的「星級旅館評鑑計畫」（交通部101年5月31日交路字第1010405515號修正函），旅館星級區分為五級，取消傳統的梅花分級方式，以便與國際旅館業接軌，方便國內外旅客選擇而符合世界潮流，茲敘述如下：

(一)實施目的及意義

星級旅館代表旅館所提供服務之品質及其市場定位，有助於提升旅館整體服務水準，同時區隔市場行銷，提供不同需求消費者選擇旅館的依據。並作為交通部觀光局改善旅館體系分類之參考，易言之，星級旅館評鑑實施後，交通部觀光局得視評鑑辦理結果，配合修正發展觀光條例，取消現行「國際觀光旅館」、「一般觀光旅館」、「旅館」之分類，完全改以星級區分，且將各旅館之星級記載於交通部觀光局之文宣。

(二)星級意涵及基本要求

◆一星級

代表旅館提供旅客基本服務及清潔、衛生、簡單的住宿設施，其應

具備條件：

    1.基本簡單的建築物外觀及空間設計。

    2.門廳及櫃檯區僅提供基本空間及簡易設備。

    3.提供簡易用餐場所。

    4.客房內設有衛浴間，並提供一般品質的衛浴設備。

    5.二十四小時服務之接待櫃檯。

◆二星級

代表旅館提供旅客必要服務及清潔、衛生、較舒適的住宿設施，其應具備條件：

    1.建築物外觀及空間設計尚可。

    2.門廳及櫃檯區空間較大，感受較舒適。

    3.提供簡易用餐場所，且裝潢尚可。

    4.客房內設有衛浴間，且能提供良好品質之衛浴設備。

    5.二十四小時服務之接待櫃檯。

◆三星級

代表旅館提供旅客充分服務及清潔、衛生良好且舒適的住宿設施，並設有餐廳、旅遊（商務）中心等設施。其應具備條件：

    1.建築物外觀及空間設計良好。

    2.門廳及櫃檯區空間寬敞、舒適，家具並能反映時尚。

    3.設有旅遊（商務）中心，提供影印、傳真等設備。

    4.餐廳（咖啡廳）提供全套餐飲，裝潢良好。

    5.客房內提供乾濕分離之衛浴設施及高品質之衛浴設備。

    6.二十四小時服務之接待櫃檯。

◆四星級

代表旅館提供旅客完善服務及清潔、衛生優良且舒適、精緻的住宿設施，並設有二間以上餐廳、旅遊（商務）中心、會議室等設施。其應具備條件：

1. 建築物外觀及空間設計優良，並能與環境融合。
2. 門廳及櫃檯區空間寬敞、舒適，裝潢及家具富有品味。
3. 設有旅遊（商務）中心，提供影印、傳真、電腦網路等設備。
4. 二間以上各式高級餐廳。餐廳（咖啡廳）並提供高級全套餐飲，其裝潢設備優良。
5. 客房內能提供高級材質及乾濕分離之衛浴設施，衛浴空間夠大，使人有舒適感。
6. 二十四小時服務之接待櫃檯。

◆五星級

代表旅館提供旅客盡善盡美的服務及清潔、衛生特優且舒適、精緻、高品質、豪華的國際級住宿設施，並設有二間以上高級餐廳、旅遊（商務）中心、會議室及客房內無線上網設備等設施。其應具備條件：

1. 建築物外觀及空間設計特優且顯露獨特出群之特質。
2. 門廳及櫃檯區為空間舒適無壓迫感，且裝潢富麗，家具均屬高級品，並有私密的談話空間。
3. 設有旅遊（商務）中心，提供影印、傳真、電腦網路或客房無線上網等設備，且中心裝潢及設施均極為高雅。
4. 設有二間以上各式高級餐廳、咖啡廳及宴會廳，其設備優美，餐點及服務均具有國際水準。
5. 客房內具高品味設計及乾濕分離之衛浴設施，其實用性及空間設計均極優良。

一星級旅館標章

二星級旅館標章

三星級旅館標章

四星級旅館標章

五星級旅館標章

圖1-1 我國星級旅館標章

6.二十四小時服務之接待櫃檯。

四、旅館分級的目的

旅館分級對顧客與旅館本身都具有很大意義，其意味著市場秩序與利益選擇，茲分述如下：

(一)保護顧客利益

國際間旅館的分級，使顧客在預定或使用之前，對旅館有一定的瞭解，以便根據自己的要求、經濟條件進行選擇，旅館等級標誌的本身也就是對旅館設施與服務品質的一種鑑定與保證。

專欄1-3　主管要創造基層員工自主性與創造性環境

　　作者在演講中常會揭露管理問題、分析問題、分享措施，只有一次個案是讚揚的。我也在改變自己的觀點：不能只看不足之處，應該強調進步或發揚優點。我覺得好的管理方式要塑造一個員工能有自主性與創造性的環境，因為員工也在改變：從「我去做」變成「我要做」的改變。在此分享這個讚揚的案例，這是我畢業多年的學生在一家飯店工作，目前已是房務部副理，他在臉書告訴我：

　　八月份飯店入住了一位客人，當天恰逢此客人生日。我們的樓層領班Joice與一位房務員，在確定夜床房號時主動的安排了一次與眾不同的夜床服務（evening turndown service）。在祝福卡上向客人表示生日祝福，並贈送兩個小的心型巧克力、玫瑰花，以及下午茶餐券，提高了夜床接待標準。這位客人很感動，用手機拍攝成圖片並上傳臉書，恰好傳給我的一位好友，好友又傳給我，當看到這內容時，我很高興。因為，我曾經處理過一起臉書投訴，沒想到今日能收到一件臉書的表揚，這個事情是在沒有告知我的前提下進行的，我為這兩名員工感到驕傲，在驕傲的同時還有那麼一點自豪，因為這是我培養的下屬。

　　這是一個主動做事的案例，透過員工的主動使客人達到感動。每個飯店做到這些都不難，難得的是基層管理者——領班能夠發現問題、主動處理，如果這是總經理、部門經理安排的，這件事就不算是出於自動自發的準備了。從這件事可以看到三點：(1)培訓內容掌握得好；(2)打破了常規，有自己的想法；(3)願意替飯店部門盡心。

　　基層管理如領班者的改變會帶動員工的改變，一定會形成良好的工作氛圍。你做好改變的準備了嗎？

(二)保護旅館業的行業利益

旅館業級別的評定，對旅館業來說也是一種促銷手段，是招徠生意的工具，等於向自己的目標市場發出了資訊，向市場展示了自己的產品，同時也有利於同行之間的平等、公平競爭。促進產品品質的改善，維護旅館業的信譽。對以接待海外旅遊者與其他來訪者為主的國際性旅館來說，也便於境外消費者進行國際比較。

(三)便於經營管理與監督

國際政府機構或其他行業組織，把頒布與實施旅館分級制度作為行業管理與規範行業的一種手段。利用分級可對各等級的旅館進行監督，使之正常運轉，將公眾與旅館業的利益結合在一起。

(四)增強旅館業與相關行業的聯繫

由於其他行業對旅館分級的參與或瞭解，增強了旅館業與相關行業的聯繫，得以相互促進，共同發展。

(五)增強旅館的責任感、榮譽感、自豪感

通過分級制度動員旅館的員工積極參與，促使員工認識到「摘星不易、保星更難」，要在各自的工作崗位上，兢兢業業、紮實工作，保持已獲得的等級和爭取更高等級而努力。

第三節　台灣旅館業面臨的挑戰

台灣近年來整體社會經濟發展的趨勢已由工業轉型至工商及服務，人們生活習慣大幅度改變，社會、工作價值觀也隨之調整。生活步調加

速，各種服務業如雨後春筍般興起，更加上國際化的趨勢加強，國內的企業不但要相互競爭，更要與國際性的連鎖企業搶有限的市場。旅館業在這一波又一波的競爭趨勢影響下，不得不隨之調整整體經營策略。以下依據整體發展的導向，說明其相關因應之道。

一、當今我國旅館現狀

我國受到國際經濟情勢影響，市場變化不斷的醞釀中，茲敘述如下：

(一)連鎖旅館形成趨勢而競爭激烈

國內本土自發性的連鎖旅館無論高檔四星級、五星級旅館，或三星級以下經濟型旅館漸有集團化趨向而形成自有風格的連鎖旅館。而外國的旅館集團無論高檔或經濟型旅館也不遑多讓，以自有或加盟型態在台灣旅遊市場出現，台灣旅館經營的競爭更加激烈。

(二)三星級以下經濟型旅館受到重視與歡迎

受到2008年全球金融危機的影響，消費旅遊與商務旅遊都緊縮開支。時至今日仍然通膨、油價上漲，景氣低迷不振，對於中低價位旅館的發展創造有利的環境。

(三)旅館經營重視品牌行銷

國人消費觀念的成熟，感性消費已經來臨，旅館業更加注重品牌的經營。

品牌競爭的核心在客人的滿意度、忠誠度，配合旅館的知名度與信譽，把握消費時尚，抓住消費者心理以贏得消費者信任與青睞。

(四)雖有經濟危機，但發展前景依然看好

雖然全球景氣低迷，旅館業客房與餐飲營收受到影響，但台灣觀光業仍然受日客與陸客喜愛，近幾年外國遊客量屢創新高，國內仍有多起旅館開發案，發展前景依然看好。

二、我國旅館產業未來發展趨勢

(一)推進集團化發展

集團化將成為我國現代旅館業規模化經營的主要運作模式。我國旅館目前的集團化程度漸趨成熟，為了適應日趨激烈的競爭環境，並進一步建設有強勁市場競爭力的旅館企業集團，旅館集團努力營造自有特色，以期獲得更好的國際競爭力。

(二)品牌建設將成為旅館發展的重要部分

隨著人們消費觀念日益成熟，感性消費時代的來臨以及旅館市場的日趨規範化，旅館業將進入品牌競爭時代。品牌競爭的核心是客人的滿意度、忠誠度和旅館的知名度、美譽度，關鍵是把握住消費時尚，抓住消費心理，打動消費者從而贏得信任和青睞。在未來的旅館業競爭中，旅館的品牌建設將成為旅館發展很重要的部分。所以，品牌競爭要求旅館更加重視每一個細節，是對旅館長期保持良好穩定的服務水準的考驗。

(三)人性化管理成為主導經營管理理念

知識經濟時代，人才不僅是生產要素，更是企業寶貴的資源。旅館企業產品和服務品質的決定因素關鍵在於「人」的資源。因此，旅館將採用以人為本的管理方式強調企業與員工的關係。人本管理的最終目的不是規範員工的行為，而是創造一種員工自我管理、自主發展的新型人事環

境。因此，未來的旅館企業將更加注重提高員工的知識修為。建立一套按能授職、論功行賞的人事體制，透過員工的合理流動，發揮員工的才能。通過目標管理，形成一套合理的激勵機制，確保旅館企業人力資源的相對穩定。

(四)定制化服務滿足不同客人的不同需求

市場競爭帶來了更多樣的選擇，也培養了更加成熟挑剔的消費者。他們對個性化、差異化的產品的需求越來越旺盛，這種市場導向使得定制化服務將成為旅館產業今後發展的趨勢之一。

(五)產品形態更加多樣化，競爭深入到新的細分市場

旅館市場的日趨成熟將使市場競爭向更細、更新的方向推進。相應地，產品和服務的形態也將更加多樣化。在近年旅館業整體發展的情況下，經濟型旅館的異軍突起就是很好的說明。在未來的旅館產業發展中，這種趨勢還將繼續下去，隨著人們對產品精神價值的逐漸重視，文化旅館、創意旅館、主題旅館等產品形態也將會有更進一步的成長。敏銳的市場眼光將成為在競爭中制勝的法寶，尋求、引導潛在的市場機會並迅速占領新的市場空白點將成為旅館業競爭的又一主要內容。

二、民宿

(一)民宿的定義

依據民國90年12月12日交路發90字第00094號令發布，所稱民宿，指利用自用住宅空閒房間，結合當地人文、自然景觀、生態、環境資源及農林漁牧生產活動，以家庭副業方式經營，提供旅客鄉野生活之住宿處所。

民宿的主管機關，在中央為交通部，在直轄市為直轄市政府，在縣（市）為縣（市）政府。

(二)民宿經營管理相關規定

1.民宿經營規模，以客房數五間以下，且客房總樓地板面積150平方公尺以下為原則。

2.位於原住民保留地、經農業主管機關核發經營許可登記證之休閒農場、經農業主管機關劃定之休閒農業區、觀光地區、偏遠地區及離島地區之特色民宿，得以客房數十五間以下，且客房總樓地板面積200平方公尺以下。

3.民宿建築物設施應符合相關建築物防火避難設施及消防設備改善辦法規定。

4.民宿消防安全設備應：

(1)每間客房及樓梯間、走廊應裝置緊急照明設備。

(2)設置火警自動警報設備，或於每間客房內設置住宅用火災警報器。

(3)配置滅火器兩具以上，分別固定放置於取用方便明顯處所；有樓層建築物者，每層應至少配置一具以上。

5.民宿之經營設備應符合下列規定：

(1)客房及浴室應具良好通風、有直接採光或有充足光線。

(2)須供應冷、熱水及清潔用品，且熱水器具設備應放置於室外。

(3)經常維護場所環境清潔及衛生，避免蚊、蠅、蟑螂、老鼠及其他妨害衛生之病媒及孳生源。

(4)飲用水水質應符合飲用水水質標準。

6.民宿經營者應將房間價格、旅客住宿須知及緊急避難逃生位置圖，置於客房明顯光亮處。

(三)民宿經營管理的重點——如何塑造主題，吸引客源

　　民宿的經營不同於觀光旅館或休閒旅館，除了要有安全居住的環境、清潔的客房、具中等等級以上的餐飲，更要有自己民宿經營的主題特色，才有辦法吸引外地的客人專程前往投宿。

1. 可結合當地的文化：成立文化導覽或規劃相關路線，如筆者曾投宿宜蘭縣一家頗具特色的民宿，其除提供安全舒適的居住環境，更規劃了宜蘭本土文化之旅，除帶領客人參觀很具宜蘭特色的景觀外，更規劃了田園之旅讓不識鄉野之美的台北小孩，認識了農田、耕作物及周遭的昆蟲水鳥等，讓人印象深刻。

2. 山地文化的融入：有許多原住民部落，仍保留了許多原住民文化，除可規劃如原始部落的居住環境，讓投宿者有重回過去的經驗；亦可將原住民的一些特色餐飲設計入菜單中；原住民的以往的育樂（如打獵、歌舞等）列入住宿的活動中。

3. 善用當地的資源：

    (1) 有效規劃觀光途徑：例如騎單車欣賞田野風光，再參觀當地的農業特色或專業栽培，可讓遊客自助採摘茶、花卉、有機蔬果等，認識當地鄉土民情再返回住宿地點。

    (2) 民宿本身周遭特色的設計：例如泡湯、玩陶享受農莊特有的風味美食，或有任何可為此次旅遊留下紀念、由遊客自行設計或製造的物品，讓人對此次的旅遊難以忘懷。

    (3) 經營管理者的專業傳授：例如如何種植花卉、培育昆蟲、種植烘焙茶葉或咖啡、手工藝品的製作、如何分辨有機蔬果的真偽、燒陶等專業性知識的傳授，讓遊客在旅遊之餘能夠學習不同的知識。

4. 自成一格的風味：有民宿業者利用建築物的風格、不同於市場的餐

飲料理或是藝術的各項創作風格而給予消費者不同的感受，而有穩
定的市場及客源。

(四)民宿未來的發展及經營重點

目前民宿已漸漸由萌芽階段進入到百家爭鳴的局勢，如何在日益競
爭的環境中脫穎而出，對民宿管理者是一個很大的挑戰。

1. 穩定的財務規劃：翔實規劃自我及借款的資本、保守的投資報酬率
   （初期應不要估計的太樂觀）、整體的收支計畫等（建築物及人力
   經營成本等）。
2. 中長期的投資策略：國內的投資者常因一股熱潮而一味的投入，再
   因市場悲觀而急急撤出，往往造成投資成本血本無歸而前功盡棄。
   而民宿的經營應看好中長期的市場努力經營，而非且戰且跑的短線
   獲利策略。
3. 主題的經營：塑造自己的特色就是最好的行銷，其注意事項如「民
   宿經營管理的重點」中所說明。
4. 服務的特色：

   (1)貫徹「home away from home」的精神：日本的「民宿」經營往
      往讓人很驚訝，因為經營者把每一個上門的顧客都當成了自己家
      中的貴賓，而經營者常常就是女主人。她們的細膩及貼心往往慰
      藉了離開家鄉異鄉人那一份不安的心，更符合了旅館經營服務的
      最大精神指標「home away from home」的理念。再反觀國內的
      民宿經營，似乎仍停留於物質層面（如何讓客人溫飽而已，最多
      再加上一些當地旅遊及特產的經營），那麼客人將只會選擇最新
      最便宜的，沒有所謂的忠誠度可言。如此一來，民宿的經營也只
      是另一波的「蛋塔」風而已！

(2)塑造自己服務的風格：許多國內民宿的經營者，常常埋首於忙碌的日常工作中而忽略了與旅客那一份休閒心態的契合，雖然民宿的經營常常只是夫妻或親友，往往在工作與客人之間的互動關係中很難取捨，但是若與客人維持朋友間的關係，將提高顧客對民宿的忠誠度，就長期的經營而言是較正面的！

Chapter 2

旅館的組織與結構

　　旅館為求維護品質及提高員工的工作效率，常依照組織企業文化、管理功能及服務動線等因素，將各個職能劃分出不同部門，除清楚地表達旅館各單位的指揮系統外，更讓員工明瞭其定位各司其職。

　　本章將針對旅館組織架構加以介紹，更將深入說明各部門在整體經營團隊中所扮演的角色及應有的功能。

第一節　組織架構介紹

　　各旅館因應其規模的大小在組織的分類上略有不同，但基本功能皆相符合。整合各型旅館的現況，其主要的部門可分：(1)營運部分：因業務需要與客人直接接觸的所有部門；(2)後勤部分：不直接與客人接觸且為營運作後援的部門。

　　旅館在規劃組織系統圖時，經常會考慮到以下的功能：(1)必須說明組織包含哪些部門；(2)整體指揮系統明確化；(3)各部門在組織中的地位；(4)部門與部門間的相互關係；(5)部門中各單位的相互及從屬關係。

　　目前常為旅館業界使用的組織架構系統圖，可區分以下三種：

一、組織系統圖

　　組織系統圖具有整體旅館指揮系統、各部門的名稱及其下的各基層單位。由此圖可清楚看出該旅館各部門的相互及從屬關係（**圖2-1**）。

二、單位組織圖

　　每一個部門依其業務功能，可細分單位組織圖。單位組織圖包含各職級名稱、人數及各單位的相互及從屬關係（**圖2-2**）。

專欄2-1　新開業旅館需要什麼樣的管理團隊

　　旅館在籌備階段以至於新開幕營業的這段期間，旅館管理團隊的核心成員（總經理、副總經理或總監、協理乃至各部門經理）須具備哪些條件？依筆者經驗分享如下：

一、人品

　　優秀的職業經理人有三個特點，按重要性排序分為：品德、態度與專業。品德是工作的基石，能以工作為重心而毫無私心，如此才能服眾；如果品德不良，則整個旅館經營將會出現問題。

二、業績

　　業主（owner）聘請高層管理團隊，以往的業績是其考慮的一個大方向。個人認為，業績包含的概念是豐富的，不單指以往經營業績，應該還包括以往的就職經歷。核心團隊成員如果原來就職的單位在業內很有名、所擔任的職務越高，越能得到業主的信任。

三、敬業

　　敬業精神是業主最注重的項目。以筆者的經驗來看，業主最喜歡的管理人員應該是上班早到晚退，因為這是旅館業工作的特殊性。能在關鍵的時候出現在關鍵的地方解決關鍵的問題。總而言之，業主的視野範圍之內要能時刻看到管理人員的身影。平常能犧牲掉自己的節日、假日而為旅館做奉獻。這也許是狹義的理解，但這也是最現實的情況。

四、學歷

　　學歷雖然不是最重要的，但作為一個初次合作方來講，這也是評估團隊成員的一個尺規和砝碼。所以，有時候適當鍍鍍金，包裝一下

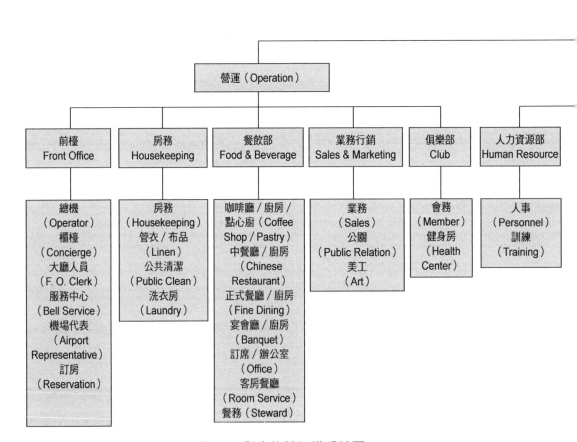

圖2-1　觀光旅館組織系統圖

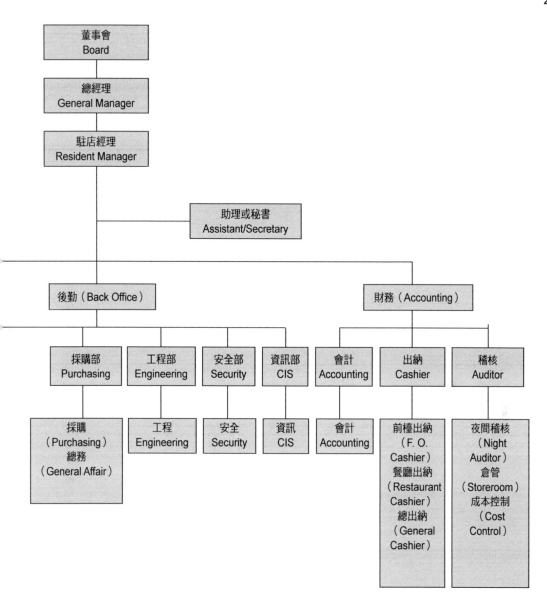

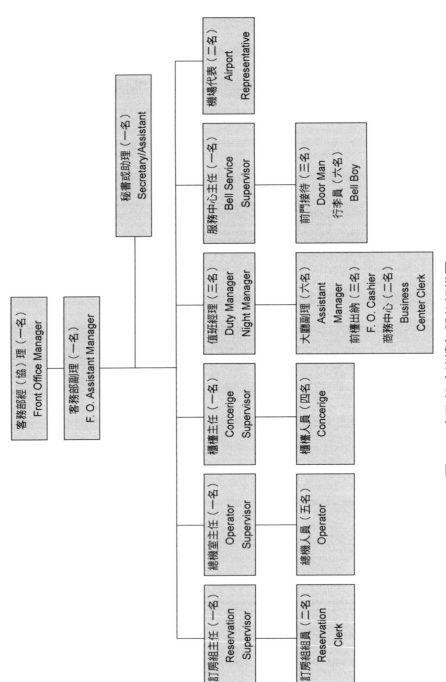

客務部經（協）理（一名）
Front Office Manager

客務部副理（一名）
F. O. Assistant Manager

秘書或助理（一名）
Secretary/Assistant

機場代表（二名）
Airport
Representative

服務中心主任（一名）
Bell Service
Supervisor

前門接待（三名）
Door Man
行李員（六名）
Bell Boy

值班經理（三名）
Duty Manager
Night Manager

大廳副理（六名）
Assistant
Manager
前檯出納（三名）
F. O. Cashier
商務中心（二名）
Business
Center Clerk

櫃檯主任（一名）
Concerige
Supervisor

櫃檯人員（四名）
Concerige

總機室主任（一名）
Operator
Supervisor

總機人員（五名）
Operator

訂房組主任（一名）
Reservation
Supervisor

訂房組組員（二名）
Reservation
Clerk

圖2-2　客務部（前檯）單位組織圖

自己，也是可以考慮的。畢竟，自己的能力是靠時間檢驗的，但是，進入新旅館之初，學歷具有一定的參考價值，雖然，筆者不贊同完全靠學歷混飯吃。

五、奉獻

作為旅館高層，尤其是核心管理團隊成員。不要與業主談工作時間，尤其是新開業旅館，事無巨細，工作繁瑣，加班加點、廢寢忘食都是應該的。

六、協作

旅館管理團隊之間的相互協調合作，默契配合，也是業主關注的。業主最忌諱的是管理團隊成員之間相互指責，相互推卸責任。

七、務實

業主其實最不喜歡的就是言過其實。在接旅館職務時，應腳踏實地的做事，客觀地分析事物，以成熟的感情去對待處理，而不是唱高調，剛愎自用。

三、職位等級圖

組織中依個人所負責業務等級功能，可區分各種職等圖。每家旅館因體系、制度、員工福利等不同而有各式的職等，**表2-1**中包括職級、職稱及特殊權益內容。

專欄2-2　單位合併化，服務更便捷

　　旅館組織有一定的部門及相關單位，所以在服務客人上，向來都是各司其職。台中永豐棧酒店率先推出前檯業務相關單位合併化，其做法為合併負責執行遷入作業（check in）的大廳櫃檯、辦理遷出及結帳作業（check out）的前檯出納以及專為客人辦理商務事宜的商務中心，成立三合一的大廳櫃檯（front office counter）。如此一來客人即可在大廳的任何櫃檯獲得以上三種服務，既方便又有效率。

　　無獨有偶的在西元2000年正式開幕的六福皇宮（The Westin Taipei），該旅館推出多項獨特專屬的服務，如快捷服務（service express）、兒童俱樂部（Westin kid's club）、天堂之床（heavenly bed）等。其中的快捷服務最引起同業間的廣泛研討，其做法為只要住客打快捷服務專線，無論是前檯、房務、餐飲等相關的要求，該單位即可處理不需再轉至其他單位或請客人再重新打其他分機。雖然執行的時間縮短了，但服務的效率及品質卻不打折，推出之後深受客人的肯定。

第二節　各部門職掌說明

　　旅館的經營不但需要管理上的專業，一個緊密團結的專業團隊，才有辦法將旅館的服務提升到最高的境界。而要如何擁有一支超強的隊伍，除了靠最高經營者的智慧外，更要有一套紮實的制度來管理，因此各部門的職掌是否確實執行將會有決定性的關鍵。

表2-1　職位等級

職級	職稱	特殊權益
E級主管（executive grade）	總經理、副總經理、駐店經理、行政主廚、財務長等（或海外聘用的高階主管）。	1.享有二至三餐的飯店內用餐（house use）。 2.因業務需要時可留宿於飯店內。 3.享有每月定額的招待（業務需要—entertainment）。 4.享有每月定額的私人招待（personal entertainment）。 5.享有定額的購買折扣（staff discount）。
A級主管	協理級、總監、部門經理級以上（前檯、房務、餐飲、主廚、業務行銷、會務、人力資源、採購、工程、安全、資訊、財務部）。	1.享有一至二餐的飯店內用餐（house use）。 2.享有每月定額的招待（業務需要—entertainment） 3.享有每月定額的私人招待（personal entertainment）。 4.享有定額的購買折扣（staff discount）。
B級主管	副理級以上主管，值班經理／各部門副理（前檯副理、房務副理、洗衣房經理、各餐廳經理、廚房副主廚、業務副理、公關副理、會務副理、人事副理、訓練副理、採購副理、副總工程師、安全副理、財務部副理等）。	1.享有一餐的飯店內用餐（house use）。需事先申請、且因員工餐廳無法提供時才可使用。 2.享有每月定額的招待（業務需要—entertainment）。 3.享有每月定額的私人招待（personal entertainment）。 4.享有定額的購買折扣（staff discount）。
C級主管	各部門主任級以上主管，大廳副理／總機主任、管衣室主任、房務主任、公清主任、各餐廳副理／主任、廚房領班、餐務主任、美工主任、健身房主任、人事主任、總務主任、資訊主任、會計主任、出納主任、倉管主任、成控主任等。	1.享有每月定額的招待（業務需要—entertainment）。 2.享有每月定額的私人招待（personal entertainment）。 3.享有定額的購買折扣。
一般員工	一般員工、工讀生、實習生等。	無

註：表所說明各級人員的權益內容，依各家旅館人事制度不同而有差異。

本節中將旅館內最重要幾個部門的職掌列出，除可得知各部門負責的內容外，更可清楚的看出部門的特色及相互間的關係。

一、總經理室（執行辦公室）

1. 依據政府法令規定，董事會的議決，負責訂定旅館長程及中程的經營政策，擬定施行計畫及方法，提報董事會同意後，確實施行。

2. 建立旅館管理制度並督導全體主管訂定作業程序，使全體員工遵照制度確實施行。

3. 督導業務行銷、餐飲、客房、會務等有關營業部門訂定近程營業政策、年度市場行銷營業計畫，並督導確實施行。

4. 督導各部門擬定整體之年度工作計畫及收支預算，提報董事會同意後據以確實施行。

5. 旅館整體的發展、擴充、開發新企業等計畫之擬訂，經提報董事會同意後施行。

6. 逐月督導各營業部門，檢討是否達到原定計畫之營業目標或各部門之預算工作目標，依據情形作正確之指示。

7. 督導人資部門建立全盤工作職掌權責劃分，用人政策精簡編制，充分運用人才及人力考核職工能力品德。

8. 旅館各一級主管及重要職員之任免案，由人資部統一作業，以總經理名義發布。

9. 決定及主持全盤性經營管理或特定事項的會議，及會中討論事項的裁決。

10. 灌輸全體主管皆有經營管理、市場行銷、成本計算之正確觀念，培養幹部有創造力、計畫力、執行力，能事後考核、檢討及改進。

專欄2-3　希爾頓飯店的總經理

一天夜裡，一對年老的夫妻走進了一家旅館想要開一個房間。但是這家旅館的房間已經都住滿了，前檯值班的接待員就只好說：「對不起兩位，我們的旅館已經客滿了，一間空房也沒有了。」

可是，看出兩位老人當時非常的疲憊，而且無比失望時，這位櫃檯接待員一想：這麼大深夜的，一對老人在這樣一個小城裡，別的店估計也都客滿打烊了，難道讓他們流落街頭嗎？於是這位接待員就把兩位老人帶到了一個房間，對他們說：「這房間也許不是最好的，但是湊合著住吧！我也只能給您兩位提供這樣的服務了。」

兩位老人一看，眼前是一間整潔乾淨的屋子，當然很高興的就住了下來。

就這樣住了一宿，到了第二天，兩位老人到前檯結帳的時候，接待員對他們說，不用結帳。為什麼呢？原來這兩位老人住的是這位接待員自己的住處。老人聽到這裡十分感激，對他說：「沒有這個屋子，你怎麼辦呢？」「我還年輕，一夜沒睡沒什麼，就當做加班了。」聽到這裡，兩位老人相當的感動，說：「小夥子，叫我怎麼說呀，你真是我們倆老見過最好的服務員。我們怎麼報答你呀！」

接待員笑了笑說：「這沒什麼，兩位別放在心上，祝您們旅途愉快。」於是接待員就這樣告別了兩位老人，過了幾天就把這件事忘得乾乾淨淨了。

突然有一天，接待員接到了一封信，打開之後發現裡面是一張去美國紐約的單程機票。上面還有簡短的留言，大意是：「歡迎你來到紐約。按照信上所說的這個地方，自然有好事情等著你。」接待員看了之後，心裡想，反正有人贈送機票，就當旅遊算了。接待員也沒想太多就這樣來到了紐約。並按照信中所標明的路線去到了那個地方。

抬眼一看，眼前是一座金碧輝煌的大飯店，而站在門口接待他的就是在幾個月前他接待過的那對老夫婦。

原來這對老夫婦是有著億萬資產的大富人家。「小夥子，還認得我們嗎？從那天晚上我就看出來你是個人才。告訴你，這座大飯店是我們專門為你買下來的，就交給你管理了，我相信你一定能把它管好。」這就是後來全球赫赫有名的希爾頓飯店其中一家新館的總經理走馬上任的故事。

11.主持處理住客與客戶的抱怨及有關缺點問題之補救、改進或補償，當面或書信或派員向其致意或洽商處理。

12.綜理並督導各部門編撰年終工作成績檢討報告書，於次年元月底前提報董事會。

13.檢視旅館整體財務狀況及財務部門現金帳及倉庫帳是否相符？作業是否符合規定？

14.旅館內部各種災害預防，安全維護之措施及急救，督導安全及工程部門會同訂定預防計畫及應變處理措施，及定期實施訓練演習計畫。

二、業務行銷部

1.依據本旅館客房、餐飲及其他附屬等營業設施、調查研究結果、客源變動狀況及國內外市場情形，訂定年度中程或遠程的業務推廣及市場行銷計畫。

2.依據國內外各地客源情形，擬定預估報告。再依據旅館設備、服務及國內競爭市場情形，擬定客房或餐飲價格。

3.依據業務推廣、市場行銷計畫，擬定訪問接洽之客戶對象（公司、團體或個人）、路線日程之順序，及聯絡方式與內容，付諸實施建立客戶網。

4.利用淡季或特殊季節，適時會同各相關部門派員至國內外舉行各式推廣活動。

5.依據聯絡接洽結果，與已洽妥之公司行號、貿易中心、大使館、銀行、政府機關，簽定訂用客房、宴會用餐或會場之合約或會員合約。

6.建立客戶資料名冊或資料卡檔案，並不斷增新內容，保持正確完整的客戶資料。

7.隨時與所有客戶保持密切聯繫，依客戶性質狀況，排定日程定期或不定期以信函、電報、電話或拜訪或其他方式聯繫活動。

8.不斷地作市場調查、研究及分析，並開拓新市場：

(1)既有市場：顧客狀況之變動、季節性之變動、特殊因素或其他原因之變動所受影響。

(2)同業現況：目前所供應之餐宿型態、營業活動情形，是否有變動或跡象？影響如何？

(3)新的同業：營業設施型態、顧客類別路線（市場方向）之預測分析、可能之價格，影響如何？

9.處理及答覆顧客現時現場之抱怨，或事後來函之抱怨，並將有關意見反映給上級主管。

10.編列預算，會同公關計畫印製摺頁手冊或有關宣傳品，以備與客戶聯絡訪問時使用。

11.其他業務行銷相關事宜。

三、客務部（前檯）

1.迅速處理及答覆顧客訂房業務有關事項的來函、電話及傳真。

2.負責房客所有遷入、遷出、房間分配、各項通訊（郵件、傳真、電話、電報、留言、訪客等）、房客各項會計帳務等業務。

3.有效管理確保前檯大廳的秩序及清潔，並保持最高效率的服務及禮貌。

4.接待重要貴賓有關工作，依旅館標準作業程序，提供適切的安排與服務。

5.處理客人抱怨及疑難，並將處理結果向上級主管反應，以作為後續追蹤的依據。

6.處理各種住客的緊急及意外事件。

7.其他客務（前檯）管理相關事宜。

四、房務部

1.提供客房、樓層走道、房務庫房等地區的清潔整理服務。

2.負責保養及維護客房內的設備。

3.依旅館規定提供客房內部相關的備品。

4.客房內冰箱飲料、食品的檢查、開具帳單、領貨、補貨等工作。

5.依據國內客源情形、本旅館設備服務及國內競爭市場情形，擬定客房內部各相關收費價格。

6.所有布品類的管理及控制，如桌布、口布、員工制服及各部門布品的清潔、整燙、整理及控制。

7.提供客房內相關的服務（貴賓接待服務、客房飲料服務與管理、客房遺留物服務、擦鞋服務、房客借用物品服務、房客換房服務、房客代請臨時保母服務、請勿打擾服務等）。

8.與房務部辦公室及前檯密切聯絡配合，以瞭解住客及客房實際狀況。

9.所有旅館公共區域的清潔、保養、維護等相關工作。

10.其他房務管理相關事宜。

專欄2-4　房務部門需要更多年輕學子關愛的眼神

　　旅館中房務部門屬於最基礎及辛苦的部門，所以在早期旅館人員的徵募及任用上，多為主婦或二度就業婦女的天地，相對的年齡層也較其他部門要高。因此房務部門一直為年輕學子心中較排斥的單位。

　　筆者曾於旅館業界從事管理工作近十年，另在台北景文科技大學教授「房務理論及實務」課程四、五年，瞭解旅館經營現況及未來發展的趨勢，故一再鼓勵同學以房務部門作為進入旅館工作的第一階段。其原因可分析如下：

1.旅館的兩大產品「客房」及「餐飲」，必須有相當的實務基礎經驗，才有辦法執行中階主管的管理，而房務部門是累積客房基礎經驗最好的訓練場所。

2.房務部門因事務繁瑣需要有敏銳且細緻的觀察力，對其相關從業人員的訓練，有助於提供給客戶更細微的服務。

3.房務部門多數從業人員年齡層較高，對所屬人員較有耐心，對剛踏入旅館業的社會新鮮人而言，可適時降低職場的衝擊。

4.房務部門目前面臨人材中斷的現象，老一輩的房務專業人員許多已面臨退休，而中階主管的培育也如火如荼地在進行；選擇此部門會有比較多的晉升機會，對將邁入旅館業的年輕學子而言，將是最好的選擇。

五、餐飲部

1. 提供旅館內餐廳及俱樂部（或會務部）等各營業單位各項餐飲服務。
2. 旅館內各項喜宴、會議及招待會等的事先準備、會中餐飲及會後整理的各項事宜。
3. 旅館內客房餐飲的各項服務工作。
4. 負責餐廳、廚房及各項設備的保養及維護。
5. 不定期舉辦各式餐飲美食的推廣，以增加業績及旅館的知名度。
6. 配合行銷業務部，實施相關的市場調查、顧客意見調查及各餐廳銷售業績分析等。
7. 與餐飲訂席及辦公室密切聯絡配合，以積極達成業務目標及各廳營業實際狀況。
8. 建立標準人力架構及妥善安排人員，協調內外場及各單位，以利現場作業的流暢。
9. 建立各餐廳外場及廚務人員的標準作業，並定期舉辦人員的訓練及觀摩。
10. 其他餐飲管理相關事宜。

六、人力資源部

1. 依據政府法令規定，經營管理上的需要，擬定旅館組織制度、員額編制、職責職掌、人力運用等人事政策。
2. 管理制度執行及修正並確定全體員工遵行。
3. 員工晉用面談、甄選測驗、缺員補充及配合員工個人發展潛力，擬定調訓、儲訓、輪調、升遷等人事計畫工作。

4.進行同業薪資調查，並依此調整員工薪資基準點。另擬定旅館調薪、加薪辦法及加班費、各項獎金辦法等。

5.管理員工出勤、考勤、考績、獎懲、各種休假事宜。

6.負責員工更衣室、辦公室、更衣櫃、伙食管理。

7.辦理員工任職、到職、在職、離職應辦之手續程序和證明事項及人事通報發布，建立正確的人事資料檔案。

8.執行員工保險事宜及醫藥衛生等有關工作。

9.員工輿情之瞭解，抱怨處理及勞資雙方之諮詢。

10.依旅館之需求，編定年度訓練預算，並依實際狀況安排固定及機動性訓練。

11.依所規劃之訓練課程安排相關（講師、地點、對象等）事宜。

12.制定相關訓練辦法，記錄員工訓練資料，以利為員工晉升、調職、生涯規劃等的依據。

13.負責報聘公司僱用外籍人員及本國員工簽證等有關工作。

14.其他人力資源管理相關事宜。

七、採購部

1.辦理全旅館各部門因經營、服務、管理、工作等方面所需要物品、設備之一切採購、訂貨、交貨及品質、價格控制等事項。

2.進行市場價格波動之調查事項，研究瞭解貨物產地、產季，及其品質價格，保持最新完整之資料表。

3.後續貨源供應情況的調查事項。

4.供應商選擇工作，依信實程度建立供應商名冊資料，及其信實程度的徵信調查事項。

5.提供新產品（樣品），開發新貨源，發掘新供應商等事項。

6.辦理全旅館鮮花、盆景、樹木訂購或更換事項。

7.對外承租房屋、器材、設備等事項。

8.修繕、保養、消毒工作之比價、發包、訂約及會同驗收事項。

9.掌理一切退貨及向供應商索賠事項。

10.其他採購管理相關事宜。

八、工程部

1.負責旅館內部各項設施如客房、餐廳、俱樂部等各項水電及機器設備的維修與保養。

2.建立各項設備定期檢查表，並實際檢視以確保其皆在正常運作。

3.督導及參與申請外包工程之招標、監標、比價、設計、監督施工、收工驗收。

4.負責防颱防災設備、消防設備等器材檢查，並派所屬參與旅館定期的防災訓練及演習。

5.督促各級工程人員參加專業技術訓練及取得相關政府單位規定所需的水、電、鍋爐、勞安等技術人員證照。

6.控制旅館內部水、電、油、瓦斯等使用狀況。

7.依政府相關法規執行旅館廢、汙水相關處理事宜。

8.其他工程管理相關事宜。

九、安全部

1.遵守政府治安規定，依旅館的需要，負責計畫、執行及督導有關旅客、員工及財產的安全業務。

2.平時經常密切聯繫官方情報及治安單位，建立良好的公共關係，對

旅館安全事件能及時有效地支援及處理。

3.督導安全部門所屬人員執行下列各項工作：

(1)新進員工之安全查核。

(2)建立員工安全資料卡。

4.預防及處理火警、竊盜、毆鬥、搶劫、凶殺、破壞、突然死亡、非
法活動及防颱、防火災及其他災害等事件的處理（訂定處理要領、
督導執行表），以維護旅館內旅客及員工之安全，並力求減免旅館
人員及財務之損失。

5.防止色情媒介。

6.旅館公共區域秩序及安全維護。

7.員工上下班打卡監督、服務證卡、攜帶物品及放行條查核與職工出
入門規定，員工會客處理及外包工人、供應廠商出入管制、建立會
客登記簿。

8.電視監視及防盜系統的操作及運用，並建立值班記錄簿。

9.管制緊急用鑰。

10.各項安全設施及相關器材的使用與維護。

11.負責旅館交通指揮管制與停車場的管理。

12.督導旅館防颱事宜。

13.其他安全管理相關事宜。

十、資訊部

1.負責旅館所有硬體和軟體的維護，問題的排除，使電腦系統得以正
常運作。

2.維持電腦中心的正常溫度、濕度及整潔。

3.電腦中心的門禁管理，並防止電腦軟硬體遭到破壞。

4.電腦的開機、關機,資料的複製及備檔等相關事宜。

5.使用電腦處理資料,提供管理所需各項相關報表。

6.各部門電腦使用人員的訓練。

7.旅館電腦系統的維護與設計開發。

8.軟體及硬體供應商的督導、溝通、協調。

9.負責編列資訊部年度預算及擬定年度工作計畫。

10.配合客房、餐廳所需,提供軟、硬體的評估報告,以利採購部門後續作業。

11.其他資訊管理相關事宜。

十一、財務部

1.建立旅館所有會計制度、內部稽核制度,以確定所有會計帳表適時而準確記錄。並隨時注意政府相關法令,以確保旅館正當經營及避免觸犯法令規章。

2.根據帳卡完成每月月報表,所有支出、各項收入的審核。

3.負責應收帳款政策的擬定及督導催收。

4.定期盤點存貨及固定資產。

5.辦理員工薪資計算與發放審核。

6.製作各種財務檢討分析報表,並辦理國外廣告費等申請結匯、財產帳的登記與處理。

7.所有稅捐的計算、申報與繳稅,營利事業所得稅之結算申報事宜。

8.負責整體旅館年度預算編審擬訂及每月檢討分析。

9.督導及審核櫃檯及各餐廳出納填寫或印製報表。

10.管理櫃檯及各餐廳出納將值班所收現金依旅館規定存放妥善。

11.清點及管理每日營收現金。

12.建立付款相關流程，並督促廠商依規定請款及執行各廠商付款事宜。

13.研擬旅館內部成本控制制度並確實執行。

14.其他財務管理相關事宜。

Chapter **3**

房務部組織與功能

第一節　房務部在旅館組織中的角色扮演

　　在觀光旅館的組織結構內，任何部門不管其處理的事務性質如何，都不會像房務管理人員那樣，每天都必須與顧客及各部門發生直接而頻繁的接觸。因此，房務管理人員若可以扮演好在旅館內的角色，對旅館整體營運及內部溝通是具有正面性的關鍵。

　　「客房」是旅館的最重要產品之一，完全要靠房務人員的適當準備與周密的處理。而房務人員準備的速度及品質對於旅館的服務及形象，具有決定性的影響。客人一進旅館就得有事先準備妥善的房間等待著，這是最基本的，所以房務管理人員在這方面應做的準備是絲毫大意不得。

　　任何旅館都不會讓客人住進一間沒有收拾好的房間，所以房務管理人員應隨時告知櫃檯房間準備的最新情況，以配合前檯當天出租客房的需要。由於旅行方式的改變，客房準備也成為一項不小的挑戰。顧客進出的流動量越來越大，房務管理人員與前檯間的協調聯繫也越來越重要。

　　房務管理若要做得井井有條，有很多事情都要依靠工程保養部門，所以這兩者的合作也非常的重要。如果客房的牆上毛巾架鬆動了，或是底座動搖了，房務管理人員就不能向前檯報告那間房間可以出租；但是如果工程人員可以隨時配合及注意到這些小細節，那間客房就可以適時準備妥當而不會受到耽誤。如果空氣調節器故障，電器技術人員若能及時接到通知，便可即時修復，免得房務人員傷腦筋；其他如油漆人員等均須和房務管理人員保持密切聯繫，通力合作，隨時粉刷房內油漆剝落的地方，而使客房保持完美如新的景觀。

　　旅館內部各種公共場所的整修或維護，都是房務部門的職責。但在人員方面卻牽涉到各個部門的員工，所以房務人員應和各個部門的各個階層人員都能合作無間才行。綜觀以上所述，房務管理工作必須擁有各項技能及知識，是一個極具挑戰性的角色！

專欄3-1 客人為何選擇回到你的旅館呢？

許多旅館在客源的開發，花費了許多的心力，不過一旦客人上門後，無法提供給客人滿意的服務，客人就會像斷了線的風箏般，一去不回！

根據統計，有許多因素影響客人再上門的意願，而這些都是旅館經營者必須去面對的挑戰；由下面的統計數字可以看出，房務部門工作的品質常常是有決定性的關鍵。

您為何要回到您曾經住過的旅館呢？

1. 清潔（cleanliness）　　40%
2. 服務（service）　　　　30%
3. 設施（facilities）　　　15%
4. 價格（price）　　　　　10%
5. 地點（location）　　　　5%

一家旅館若服務、設施、地點都是最好的，也提供了相當優惠的價格，但仍沒有吸引到客人，最大的原因就應該是出在「清潔」的問題。對商務或旅遊的客人來說，最可怕的經驗，應該是住進了一家床單不乾淨、浴室有毛髮、房間空氣有異味、冰箱飲料過期、地毯有破洞的旅館吧！

第二節　房務部門各單位職務說明

旅館房務部門的組織架構依其旅館大小、客源特色、服務動線及實際營運需要等不同的因素，而各有不同的分類。觀光旅館房間數在二百間

左右的中型旅館房務部門的單位組織圖（**圖3-1**），可明顯的看出，房務部門在整體旅館組織中所肩負的任務。

1. 房務組：負責樓層客房與庫房等區域的清潔、保養及提供房客各項館內服務。
2. 管衣室：負責旅館客房、餐廳所使用的各項布品及員工制服的管理。
3. 公共清潔（公清）：負責旅館內、外的公共區域及後勤辦公室各場所的清潔及保養。
4. 洗衣房：負責客衣、布品、員工制服等的清洗與整理等事宜（但目前有些旅館並未設立洗衣房，而是以外包的方式委託洗衣公司負責）。

房務部辦公室：房務部辦公室可說是房務部門的訊息中心，負責房務人員工作調度、協調各相關部門（前檯、工程等）及其他相關的行政事務。

第三節　房務部從業人員服務理念

各級旅館在建造之初，都設立豪華的裝潢及具備相當先進的設備，無論在客房的電子商業化的腳步、一流的美食佳餚，及各式各樣的現代化健身美容的設施等等。但若無法提供相對高水準的服務，是無法取得客人的認同，對旅館長期的經營影響十分重大。而客房服務好壞的關鍵取決於房務部門的主管及所有人員是否具備該有的服務理念。有了正確的理念，才有辦法整合所有人員的觀念，執行旅館企業文化，發揮獨特的服務特色。

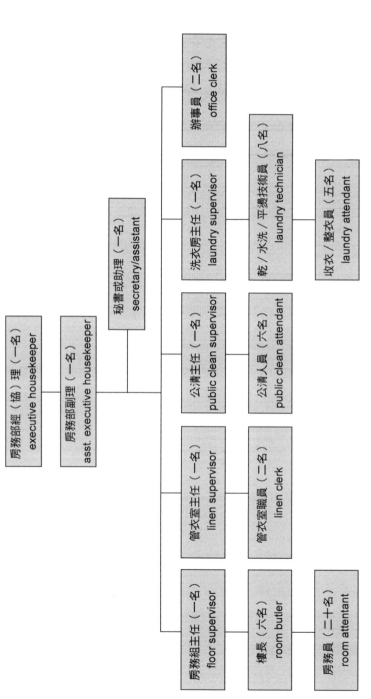

圖3-1　房務部單位組織圖

房務部總計人員數：五十六人。

註：圖中的人力配置是依據中型旅館（200間客房）所訂立。

一、房務部人員正確的服務理念及工作態度

(一)服務的理念

1.服務的真諦——服務與服侍的差別。

2.角色的扮演。

3.每位員工都是主人。

4.尊重客人的獨特性。

5.凡事想在客人之前。

6.絕不輕易說不。

(二)正確的工作態度

1.房務工作的重要性。

2.如何從工作中獲取樂趣。

3.行行出狀元，位位出冠軍。

4.全方位的考量。

二、房務部人員應有的禮儀與守則

(一)禮儀

禮儀不只是代表個人的外表，更表達全體員工的基本精神，甚至於一個旅館的好壞也可由全體員工的基本儀態表達出來。以下為一高服務水準旅館的全體房務人員應有的禮儀規範：

◆儀容

1.平時應保持和藹親切的微笑。

2.女性員工不留長指甲，不塗鮮艷指甲油，更不可以濃妝豔抹。

3.男性員工應每日刮鬍鬚，不可戴耳環以保持潔淨的外觀。

4.不奇裝異樣髮型（不可染異於黑或深咖啡色的頭髮），以免讓客人留下不良印象。

◆服裝

1.隨時注意制服的乾淨與筆挺、是否有破裂、鈕釦是否有缺少、口袋是否破裂等。

2.夏天應隨時注意制服的清潔，髒了或有異味時應立即更換。

◆禮貌及態度

1.新旅客遷入時應立即表示歡迎與問好。

2.隨時使用「請」、「謝謝」、「對不起」及日常的招呼語「早安」、「晚安」、「您好」等。

3.站立時應抬頭挺胸，不得彎腰駝背，以飽滿精神及微笑的面容與顧客接觸，並不應有貧富好壞厚此薄彼之分。

4.不得先伸手與客人握手，除非客人先伸手。且態度須端莊大方，手勿插腰、插入口袋或比手畫腳。

◆談吐

1.與客人談話聲音只令對方聽清楚為限。

2.說話應清晰簡單不要有含糊不清的聲音。

3.說話時不宜過快，因有部分的人說話會不小心將唾液噴到對方，這是最不禮貌的舉止。

4.同事間交談應輕聲細語，且嚴禁在走廊大聲喊叫及嬉戲。

(二)守則

客房服務人員與住客因工作需要，會有較頻繁的接觸；為提供客人最貼心及安全的服務，客房人員的行為規範是非常重要的。所以在一般大

型旅館常會有許多規定要求員工遵守。以下列出一些通例:

1. 全體房務部員工應遵守旅館員工手冊規定的各類事項。

2. 不得主動服務房客,房客要求始依所求服務,以避免有強索小費之嫌。

3. 嚴禁為房客媒介色情,違者依旅館員工手冊規定予以開除。

4. 不得使用客房電話、使用客房浴室、收看電視或收聽音樂。

5. 嚴禁翻動房客物品、文件、抽屜或衣櫥櫃。

6. 嚴禁工作時吃零食、吸菸或喝酒。庫房裡及服務間裡絕對禁止吸菸、喝酒。

7. 嚴禁使用客房會客、聊天或從事私人事務。

8. 嚴禁取食客房剩餘食物或將遷出的房間裡客人所遺留物品占為己有,均需報告領班或房務部辦公室處理。

9. 嚴禁將公物占為己有。

10. 嚴禁代客購物,應聯絡前檯接待處理。

11. 進入客房,不論房客是否在房內,房門必須保持敞開。

12. 嚴禁搭乘客用電梯、使用客用洗手間及使用客用電話。

13. 嚴禁在庫房或辦公室裡更衣。

14. 保持客房樓層寧靜,嚴禁高聲談話、嬉笑、喧譁及製造碰撞聲。

15. 不可與房客外出。

16. 嚴禁替房客私兌外幣或收購房客的洋菸、洋酒。

17. 嚴禁私自存放及偷賣飲料,或私自向房客推銷紀念品。

18. 與房客或同事應保持適當距離避免過於親密,或主動向房客傾訴私事。

19. 嚴禁隨意開啟房間任人進入,或將主鑰匙交他人開門。主鑰匙應由資深房務員隨身攜帶。

20. 嚴禁擅離工作場所、逗留公共場所及樓層中聊天。

21.進入客房務必按門鈴，如無回音，應隔數秒後再按，並應表明「housekeeping」，確定無人在房裡，始能開門進入。

22.絕不可有任何失態及冒犯房客的言行。

23.嚴禁利用客人浴室就地清洗水杯，清理客房工作應逐房一一完成，不可先完成清潔工作，再開門逐房地毯吸塵。

24.上午十點以前不可在掛有DND牌客房門前吸地毯及製造聲響而妨礙客人安寧。

25.正在清潔中的續住房，禁止外人進入或參觀。

26.對查詢有無空房可供參觀之客人或外人均應婉詞拒絕，並請其與前檯聯絡。

27.絕對替客人保密姓名、行蹤、習慣等，不可告訴無業務相關的人。

28.正在客房裡清潔打掃時電話鈴響，一律不可接聽。

29.嚴禁強索小費或有類似意圖。

30.不得拒絕客人所要求之分內服務工作，或與客人爭吵。

31.隨時注意本身服裝儀容，嚴禁在客人面前摳鼻孔、挖耳朵或打哈欠。

32.破舊物品應更換，不得供客人使用，以維持旅館該有的標準。

33.上班時不得擅離工作崗位，如有必要須離開時，務必向值班人員報備；下班後迅速離開，不可隨意逗留在樓層或庫房。

34.嚴禁故意破壞、拋棄或浪費公物。

35.虛心接受上司的指導，若有特殊狀況應提出報告，以免事況惡化造成彼此傷害。

36.不可做出過分服務，以免使房客厭煩。

37.不可攜帶有洋蔥、大蒜口味的食物至樓層。

38.嚴禁攜帶中大型皮包到樓層。

專欄3-2　旅館武林各派的葵花寶典

在當今旅館林立的時代，猶如群雄各據山頭的江湖，如何在競爭的環境下脫穎而出，是考驗各家旅館經營者的大智慧。知名的企業都各自有精心研發出的文化，而此文化不但可呈現出各家的服務特色，更是其角逐武林盟主的葵花寶典！

★國賓飯店

笑神好嘴、賓至如歸、從心求新。

★六福皇宮

Starwood的關懷。

★亞都麗緻飯店

四大服務管理信念：

1. 每個員工都是主人。
2. 設想在客人前面。
3. 尊重每個客人的獨特性。
4. 絕不輕易說不。

★福華飯店

積極進取、正直誠信、團隊合作、創新求變。

★西華飯店

兩大服務理念：

1. 以服務紳士、淑女為榮；期許自己也可成為紳士、淑女。
2. CARE：C（Courtesy，細緻的），A（Attentive，慇勤的），R（Respectful，有禮貌的），E（Efficient，有效率的）。

★君悅飯店

　　六大企業文化：

　　1.創新開拓（We are innovative.）。

　　2.彼此關懷（We care for each other.）。

　　3.鼓勵個人（Encourage personal growth.）。

　　4.群策群力（We work through team.）。

　　5.文化繽紛（We are multi-culture.）。

　　6.以客為尊（We are customer focused.）。

★台中永豐棧酒店

　　體貼入心，更甚於家。

資料來源：感謝各家旅館人力資源部提供。

 第四節　各級人員職責介紹

　　房務部門因為工作十分繁瑣，所以工作的分工也相當精細，其各相關的從業人員所需的任職條件及工作內容也不相同。茲將房務部門所有人員的任職條件、職掌說明分列於下：

一、房務主管（協理／經理）

　　房務主管（executive housekeeper）之任職條件和職掌說明如下：

(一)任職條件

1. 工作時間：八小時／天，休假依勞基法規範。
2. 對誰負責：總經理或駐店經理。
3. 相關經驗：五年以上旅館房務部主管管理經驗。
4. 年齡限制：三十至五十歲。
5. 工作能力與專長：英或日語說寫流利、具管理能力、負責協調部門內部所有管理事務。
6. 工作職責：負責指揮督導房務部的作業、人員、財產管理，指導所屬服務住房客人，維持客房樓層及責任公共區的整潔美觀。
7. 儀表要求：主動積極，整潔有禮，親切熱忱，口齒清晰。
8. 教育程度：大專以上程度。
9. 工作性質：督導管理房務整理及環境整潔工作、辦公、檢查、服務住客等事宜。
10. 體位要求：體健耐勞，無傳染病。

(二)職掌說明

1. 承總經理指示，負責督導所屬對客房層、責任公共區之整潔美觀維護，服務住客及所有布品的管理。
2. 負責管理督導所屬員工遵照規定施行各項作業，保持優良品質，服務住客。
3. 負責建立所屬各單位之工作程序、作業規定、工作處理方法、注意事項、遵守事項及各級人員職掌，確實督導施行。
4. 負責部門人員之管理、指揮、督導及平時工作、品德的管理。
5. 建立標準清潔作業方法、程序及所要求的清潔程度，督導所屬確實施行。

6.建立標準清潔檢查項目，交各級幹部施行，並隨時以敏銳、標準的眼光檢查。

7.編定所屬人員的訓練計畫，如何去完成工作、分配工作及時間調配。

8.找出最有效益的清潔用品或物品，使成本降至最低。

9.依據年度工作計畫，訂定工作進度，負責確實施行。

10.建立客房日用品預算及消耗標準，促使所屬降低損耗率。

11.建立標準房間清潔作業程序，配合旅館目標，訂出員工的班次以利營業進行。

12.研定房間檢查辦法及檢查項目表，自己、副理或交給領班確實施行。

13.編定所屬訓練計畫及目標，配合淡旺季會同人力資源部施以定期訓練或在職訓練。

14.建立房間養護計畫，作定期與不定期保養制度，編列預算，協調工程部、採購部及前檯，按期實施。

15.協助安全、消防、衛生有關的檢查及部門員工應用之訓練。

16.會同安全部門處理客房樓層發生的特殊客房事件或其他突發事件。

17.旅客遺失物的處理報告及協助尋找。

18.依據服務需要，訂定合理而精簡的組織架構，充分有效運用人力，並編定人事費用預算。

19.依旅館人事規定負責部門員工的僱用及解僱，控制部門員工名額與工作量，保持平衡及符合旅館應有的服務標準。

20.維護旅館人事規定及執行、控制部門員工人數，確實控制薪資預算。

21.訂定客房樓層及清潔責任區內牆壁及屋頂、裝飾地毯、家具、壁

紙色澤之汰舊更新及保養預算，按期施行。

22.與前檯保持極密切的聯繫，全力配合前檯之作業，使每一個房間均能適時地讓客人住入。

23.負責督導所屬依標準做好住客或貴賓（VIP）、尊榮貴賓（VVIP）遷入前之準備、房間檢查工作、住房服務及遷出與前檯密切聯繫等事宜。

24.與工程部及洗衣房協調並取得密切合作，應顧客之需要，於適當時機給客人及時的服務。

25.建立服裝及布品管理制度，擬定員工制服及全旅館布品類汰舊更新的年度預算。

26.督導洗衣房的管理，編定年度收支預算，定期保養汰舊更新計畫，技術工作之訓練計畫及職工管理。

27.擬定各部客房層及責任公共區內整潔維護及裝飾家具設備之檢查項目表，作定時與不定時確實施行。

28.保持本部門財產之完整及建立各項正確記錄。

29.考核各級人員之工作績效，薪資調整，以提高服務品質。

30.使自己所屬瞭解旅館政策規定、公司傳統文化、經營理念、各部門職掌、各營業項目及價格、各項設備與服務。

31.督導所屬利用時間蒐集及瞭解同業旅館的客房整理、設備、服務之更新方式或組成小組前往觀摩學習。

32.參加旅館各定期會議。

33.上級臨時或特別交辦事項。

專欄3-3　房務主管的養成並非一朝一夕

　　房務部門工作十分複雜，需要具有細心、耐勞及有熱心個性的人，才有辦法執行旅館嚴厲要求的標準及應付各種不同需求及個性的客人。所以目前在觀光旅館業界資深的房務管理專才，皆是在此專業已磨練了十幾年功力的主管。

　　目前擔任六福皇宮房務部協理謝鄉盈小姐，即是觀光旅館專業房務傑出前輩之一，謝協理在二十二年前最早在亞都飯店由最基層的樓層服務員做起，當時正值觀光飯店最輝煌的時期，所以應徵的人就有二千人之多，當時的面試樓層服務員都必須要有簡單英文的應答能力。在亞都任職期間因為努力、過人的體力及積極學習的態度，而慢慢升遷至領班一職，在此階段慢慢累積了英文及基礎領導的能力。西元1983年富都飯店招考資深領班，便轉戰富都飯店由資深領班升到房務部副理一職。因為喜歡挑戰及具求新求變的企圖心，在西元1990年轉任當時將開幕的台北晶華酒店（當時為香港麗晶集團管理），希望學習到國際級旅館的房務管理及一家觀光旅館開幕前籌備時的各項制度建立及開幕後營運的管理工作。一家觀光旅館的籌備是非常繁瑣及辛苦且具挑戰性，若非有專業的管理及能力者，是無法應付排山倒海似的各階段工作。繼此之後，她轉任遠東飯店、台中永豐棧麗緻酒店及目前的六福皇宮，謝協理都從事觀光旅館房務部門開疆闢土的工作。

　　筆者曾好奇地請教過謝協理，為何老是選擇這麼辛苦的工作？她的工作名言是自己的個性比較喜歡具有挑戰性的工作，籌備觀光旅館雖然很辛苦，卻可滿足她創新房務工作的理念及多國性（具國際觀）的學習，如此一舉數得何樂而不為呢？在這幾家國際級旅館從事開墾的工作，最大的收穫是學習到各家不同旅館對房務管理的理念、服務

等級的訓練、標準化房務操作的流程、房務成本的管控、語言的訓練（因為必須與外籍主管溝通）及認識房務部門的老前輩（嚴師益友）等，是很難在此專欄中一一道盡。

　　謝協理最感到驕傲的是在六福皇宮的挑戰，在有限的人力狀況下必須配合總部在台灣市場推出的「天堂之床」如此繁重的工作（光是三層床單、五個枕頭及超重的進口床等就比一般業界的工作量多出很多）、寰宇客房的文具配備及超高的操作及清潔標準（如每一個月的翻床）等等，都需要專業知識及經驗作後盾才有辦法一一解決及贏得總部對六福皇宮的高標準評定8.7～9.0（依據總部的「國際清潔評分」的標準JSI）。此時，自己在房務部門工作已達到最佳的狀況，未來仍有許多的挑戰等著去迎接，所以將好好地把自己二十多年來的經驗應用在六福。

　　謝協理對將從事房務管理工作的年輕學子有許多建議：

　　「房務部的工作需要吃苦耐勞的個性、嚴苛的服務技巧、高標準的自我要求，所以時下年輕學生的接受度較差；但是如果你有挑戰工作的野心、求知慾及希望有向上發展的空間，那麼從事這份工作就錯不了！」

　　謝協理的一番話讓筆者有許多省思，許多旅館從業人員及年輕學子，認為房務部門是一個辛苦又乏善可陳的工作，事實上只要你我多用一些心思，它應該會是一個非常有挑戰及創意的工作。

二、房務副理

　　房務副理（assistant executive housekeeper）之任職條件和職掌說明如下：

(一)任職條件

1. 工作時間：八小時／天，休假依勞基法規範。
2. 對誰負責：房務部主管。
3. 相關經驗：三年以上旅館房務管理經驗。
4. 年齡限制：二十七至五十歲。
5. 工作能力與專長：英語或日語說寫流利、具管理能力、負責協調部門內部所有行政事務。
6. 工作職責：負責協助經理，每日檢查責任區內整潔，房務工作管理，服務住客及人員指揮督導與管理。
7. 儀表要求：積極負責、溫和有禮、口齒清晰。
8. 教育程度：大專以上程度。
9. 工作性質：中級領導，檢查整潔，指導部門內人員完成工作，協助行政，服務住客。
10. 體位要求：體健耐勞，無傳染病。

(二)職掌說明

1. 協助主管推行本部門政策及接受主管交辦事項，於經理因公因假時的第一代理人。
2. 依旅館要求標準複檢大廳、公共場所及廁所、辦公室、員工更衣室等的清潔、整齊及花木情形。
3. 每日定時及不定時依所規定要求，檢查客房清潔及安全消防設備情形，蒐集領班的檢查資料，並綜合特殊問題提出報告加以討論。
4. 隨時保持可用客房的正確記錄，與前檯密切聯繫瞭解需要情形。
5. 督導各樓層確實依規定整理、清潔及保養客房的內外。
6. 督導各樓層確實依規定完成貴賓、尊榮貴賓進住前的各項準備事宜及房間檢查。

7.每日上午定時對客房樓層作計畫的檢查，及對責任公共區內（包括一樓大廳區、停車場建築物四周、公共區等），作全面的檢查；下午再對全部作不定時抽查，發現不妥時應即督導所屬完成更正。

8.每日各辦公室區域清潔督導。

9.發現以上各區域內建築設備有損壞情形，主動填寫請修單送工程部辦理。

10.客房層各項物品申請的初審、申購及請修報告、汰舊更新建議。

11.檢查督導旅館內外樹木、盆景、鮮花之定時換新，使保持新鮮美觀。

12.會同後勤部門督導及檢查外包清潔公司、除蟲公司在旅館工作情形，促使達到旅館所要求之標準。

13.協助經理擬定每月工作計畫、財產、布品等類的盤點，以及年度計畫、支出預算等各項目的表格，及所屬工作程序。

14.協助經理建立本部門所保管使用物品的財產登記，督同領班每月清點一次，並作正確的記錄報告。

15.協助經理瞭解所屬人員工作情緒、能量、興趣及私生活狀況，供作管理考核參考。

16.協助領班、資深服務員訓練新進員工，向經理提出訓練計畫建議。

17.負責保管部門檔案資料及協助一般行政事項。

18.負責旅館全體職工制服及各項布品申請管制。

19.會同安全部門處理客房層發生特殊事件或其他突發事件。

20.迅速順利地處理住客的抱怨，瞭解癥結將情形反映上級。

21.上級臨時或特別交辦事項。

三、房務領班／主任

房務領班／主任（floor supervisor）之任職條件和職掌說明如下：

(一)任職條件

1.工作時間：八小時／天，休假依勞基法規範。

2.對誰負責：房務部經理／副理。

3.相關經驗：二年以上旅館房務部領班管理經驗。

4.年齡限制：二十四至四十五歲。

5.工作能力與專長：英或日語流利，擅長房務工作處理及服務住客。

6.工作職責：負責客房的清潔與保養、服務及管理房務服務員。

7.儀表要求：端莊、溫和有禮、主動積極、口齒清晰。

8.教育程度：高職以上程度。

9.工作性質：初級領導、指導房務服務員工作、檢查客房、服務住客、人手調動。

10.體位要求：體健耐勞，無傳染病。

(二)職掌說明

1.每天上班時應首先查閱房務部辦公室的工作記錄簿，立即處理昨日晚班交待事宜。

2.領取保管所屬樓層的主鑰匙，於下班時交回辦公室。

3.妥善安排當日樓層服務人員的工作。

4.建立標準作業程序，督導所屬依標準規定清潔及整理房間。

5.及時地檢查每一個遷出的房間，並報告房務部辦公室。

6.檢查所屬樓層的公共區域，並對所有的請修事項填寫請修單。

7.執行不定時的房間檢查並記錄。

8. 正確的指導房務員進行為客服務，瞭解客人習性，以及客人對所提供的設備、服務是否滿意，如有任何抱怨，當迅速處理之並向經理、副理報備。

9. 負責每月財物的清點，嚴格維護財物的耗損量，使能降至最低程度。

10. 負責控制各樓層各項日用品的節約使用。

11. 注意可疑或行動詭異的客人及來往訪客，協助安全事項。

12. 確實做好房客內冰箱飲料、食品的檢查，開列帳單、領貨及補貨工作。

13. 瞭解所屬的工作情形及生活狀況，並加以考核。如發現有異，以合理疏導或報告主管處理。

14. 負責安排訓練及協助員工工作，並向主管正確報告有關其員工的工作及反應能力。

15. 於淡季時安排人員休假及客房保養事宜。

16. 應熟悉旅館各項服務項目及營業項目價格，以備住客之詢問。

17. 遵守公司規定，參與相關訓練會議及活動。

18. 負責訓練員工對消防常識的認知、器材的使用及緊急狀況處理。

19. 上級臨時或特別交辦事項。

四、夜間主任

夜間主任（night floor supervisor）之任職條件和職掌說明如下：

(一)任職條件

1. 工作時間：八小時／天，休假依勞基法規範。

2. 對誰負責：房務部經理／副理。

3.相關經驗：二年以上旅館房務部領班管理經驗。

4.年齡限制：二十四至四十五歲。

5.工作能力與專長：英或日語流利，擅長處理房務工作以及夜間服務客人。

6.工作職責：負責客房情況控制、前檯聯絡、客房整理準備以及房務行政工作。

7.儀表要求：端莊、溫和有禮、主動積極、口齒清晰。

8.教育程度：高職以上程度。

9.工作性質：於夜間處理房務工作，協助服務住客。

10.體位要求：體健耐勞，無傳染病。

(二)職掌說明

1.與下午班辦事員交接班，洽取各樣主鑰匙及房務部的工作日誌。

2.領取第二天各類報表，並分配遷出（C/O）的資料以便給樓層領班。

3.處理大夜班房務部辦公室一般行政事務。

4.負責夜間客人來電詢問或要求物品等服務的立即處理。

5.與前檯夜間經理保持聯繫，核對房間的情況，經常保持正確記錄。

6.新出現的任何情況報告，緊急時應立即處理及報告夜間經理。

7.臨時情況發生的應變及協助處理安全消防事項或特別交辦事項。

8.應熟悉旅館各項服務項目、營業項目及價格、各部門職責，以配合服務住客。

9.房客遺失物記錄的保管及備詢。

10.負責第二天早上房務員的工作分配。

11.下班時將房務部日誌主鑰匙交與早班辦事員。

12.上級臨時或特別交辦事項。

五、資深房務員／房務員

資深房務員／房務員（senior room attendant/room attendant）之任職條件和職掌說明如下：

(一)任職條件

1. 工作時間：八小時／天，休假依勞基法規範。
2. 對誰負責：房務部主任／領班／夜間主任。
3. 相關經驗：一年以上旅館房務經驗／有少許旅館房務經驗。
4. 年齡限制：十八至四十五歲。
5. 工作能力與專長：具整理客房清潔工作能力，諳英或日語。
6. 工作職責：負責整理客房清潔，隨時保持客房清潔，保管客房財務完整及放置適當位置。
7. 儀表要求：端莊、整潔樸素有禮、主動負責、口齒清晰、體壯。
8. 教育程度：國中以上程度。
9. 工作性質：清理客房，保持客房雅靜整潔，注意住客動態。
10. 體位要求：體健耐勞，無傳染病。

(二)職掌說明

1. 換好制服至房務部辦公室簽到，簽領所屬樓層master key、當日住客名單。
2. 依照領班安排的房客，順序整理房間。
3. 與同組房務員一起拉床單，一起鋪床。
4. 負責浴室及客房內部的清潔工作，包括浴室清潔，乾、濕擦家具，物品的補充，家具的擺放及垃圾清倒工作。
5. 填寫工作報表，並記錄浴袍、墊腳布的換取數量。

6.有關房內各項設施失靈、故障的請修處理，要隨時隨地向領班反應。

7.隨時保持客梯前落地菸灰缸及周圍的清潔。

8.隨時保持庫房之清潔。

9.瞭解房客的習性，並向領班報備。

10.視住客狀況由領班安排對人力的統一運用及工作的分配。

11.定時的保養及維護的工作。

12.整理工作車、庫房（摺洗衣夾、垃圾袋等）及清潔走道地毯。

13.配合工程部門的請修工作，當領班不在樓層時配合開門。

14.確實掌握備品及消耗物品的遺失及損壞，應迅速向領班反應。

15.清理浴室及補足浴室內各項備品。

16.確實記錄更換浴袍之數量。

17.清洗所有水杯及刀、叉（在庫房進行）。

18.參與公司各項訓練。

19.上級臨時或特別交辦事項。

六、房務辦事員

房務辦事員（housekeeping office clerk）之任職條件和職掌說明如下：

(一)任職條件

1.工作時間：八小時／天，休假依勞基法規範。

2.對誰負責：房務部經理／副理／主任／夜間主任。

3.相關經驗：二年以上旅館房務經驗。

4.年齡限制：二十二至五十歲。

5.工作能力與專長：英或日語流利，擅長處理房務工作，服務住客，處理房務部行政及管理工作。

6.工作職責：負責客房情況控制、前檯聯絡、客房整理準備以及房務行政工作。

7.儀表要求：端莊、溫和有禮、主動負責、口齒清晰、體壯。

8.教育程度：高職以上程度。

9.工作性質：聯繫相關單位（前檯、工程、安全等），保持客房最新狀況，注意住客動態。

10.體位要求：體健耐勞，無傳染病。

(二)職掌說明

◆上午班

1.與房務部夜間主任交接班，洽取各樓主鑰匙及房務部工作日誌。

2.處理辦公室一般行政事務。

3.向前檯接待報告可售房間（O.K. room）及故障須修理而不能賣的房間。

4.貴賓訂房應於上午十時前及下午一時前各一次通知有關樓層準備。

5.處理貴賓房送花及各項贈送物品工作。

6.記錄樓層領班電告及書面報告的遷出房（C/O room）及可售房間整理後，立即報給前檯接待。

7.一般日常客房用品、辦公室用品的申請及保管。

8.記錄及填寫緊急（樓層領班用電話請求支援）和一般修理申請表。

9.確實記錄掛有請勿打擾房間（DND room），並於下班時特別注意交代給下午班人員。

10.保管及記錄客人遺留物品，以備滿六個月後仍無人認領的遺留物，依旅館規定處理。

11.安排保母替住客照顧小孩。

12.早晨將每樓主鑰匙及聯絡器交給各樓領班及服務員並翔實記錄。

13.與樓層領班保持聯繫，核對房間之情況，經常保持正確記錄。

14.與前檯接待保持聯繫，核對房間的最新情況，並經常保持電腦資
料正確。

15.接受客人服務要求的電話，立即轉知各樓層或有關部門辦理。

16.新出現的任何情況報告主管或上級主管，緊急者應立即處理。

17.臨時情況發生的應變及協助處理安全消防事項或特別交辦事項。

18.應熟悉旅館服務項目、營業項目及價格、各部門職責，以配合服
務住客。

19.於樓層領班休假時代理其職務。

20.處理前檯出納送來已入帳單及將以預行結帳之房號、客人姓名轉
告樓層服務員，注意結帳後另行食用物品之帳款。

21.上級臨時或特別交辦事項。

◆下午班

除擔任上午班有關工作外，主要事項如下：

1.提供晚到客人的各項服務。

2.與各樓層下午班人員保持聯繫，核對房間的狀況，經常保持正確記
錄。

3.與前檯人員保持聯繫，核對房間的最新情況，保持正確記錄。

4.登記並檢查各樓所交回的主鑰匙。

5.審核晚上樓層領班下班前交回的房間報表，並轉報前檯接待。

6.接受客人服務要求的電話，立即轉知各樓層晚班人員或有關部門辦
理。

7.房客遺留物記錄的保管及備詢。

8.下午三時，仍掛「請勿打擾」房間的立即處理。

9.保管所有文件及各種記錄。

10.安排保母替住客照顧小孩。

11.下班時將房務部日誌主鑰匙交房務部夜間主任。

12.其他臨時或特殊交辦事項。

七、管衣室主任

管衣室主任（linen supervisor）之任職條件和職掌說明如下：

(一)任職條件

1.工作時間：八小時／天，休假依勞基法規範。

2.對誰負責：房務部經理／副理。

3.相關經驗：二年以上旅館房務布品管理經驗。

4.年齡限制：三十至五十歲。

5.工作能力與專長：具管理制服、布類品質認識、簡易簿記。

6.工作職責：負責全旅館布料品、制服管理、預估、策劃、排列、倉庫管理。

7.儀表要求：端莊、溫和有禮、主動負責、體壯。

8.教育程度：高職以上程度。

9.工作性質：布料品、制服、統籌管理、帳卡登記。

10.體位要求：體健耐勞，無傳染病。

(二)職掌說明

1.全旅館內制服及布料物品的收洗、發放、整理、收繳、更新、補充、申請、控制修補等管理工作及建立收發記錄。

2.建立全旅館每位員工制服記錄卡。

3.處理員工制服及布品的報廢事宜。

4.定期盤點布品及制服，並填列報表，提出破損、遺失及報廢數目比率，以讓主管瞭解。

5.定期清點財物，建立報表。

6.排定所屬員工班表。

7.保持與房務部工作上的聯繫及工作報告。

8.參加房務部幹部會議。

9.應瞭解所屬工作能量、情形及生活狀況，作管理考核的依據。

10.遵守旅館規定，參與有關訓練、會議及活動。

11.其他臨時或特殊交辦事項。

八、管衣室職員

管衣室職員（linen clerk）之任職條件和職掌說明如下：

(一)任職條件

1.工作時間：八小時／天，休假依勞基法規範。

2.對誰負責：房務部經理／副理。

3.相關經驗：一年以上旅館房務布品經驗。

4.年齡限制：三十至五十歲。

5.工作能力與專長：管理制服、公物等一般常識，具備縫紉手工藝技巧。

6.工作職責：負責全旅館制服、布品及公物修補、發放、排列、整理工作。

7.儀表要求：端莊、整潔、體壯。

8.教育程度：高職以上程度。

9.工作性質：縫補制服、公物及協助發、收工作。

10.體位要求：體健耐勞，無傳染病。

(二)職掌說明

1.處理全旅館內制服及布料物品的整理、排放、發放、收繳、修改、
報廢及所有相關記錄。

2.修補破損制服，修改不稱身之制服。

3.修補尚堪用之旅館布料品，如床單、窗簾、浴袍等。

4.代客縫補簡單的衣物及釘釦子、換拉鍊等工作。

5.樓層mini bar飲料發放及帳單整理入電腦。

6.協助領班負責本單位財產保管、清點及整理。

7.主任忙碌或休假時，協助或代理主任執行相關工作。

8.遵守旅館規定，參與有關訓練、會議及活動等。

9.其他臨時或特殊交辦事項。

九、公清主任

公清主任（public clean supervisor）之任職條件和職掌說明如下：

(一)任職條件

1.工作時間：八小時／天，休假依勞基法規範。

2.對誰負責：房務部經理／副理。

3.相關經驗：二年以上旅館公共清潔相關經驗。

4.年齡限制：三十至五十五歲。

5.工作能力與專長：擅長地板打蠟、洗地毯，指揮督導清潔員工作。

6.工作職責：負責本旅館外圍區域、全旅館內外公共區域及各辦公室之清潔維護工作與臨時性工作，指揮管理公共清潔。

7.儀表要求：整潔、有禮、主動負責。

8.教育程度：高職以上程度。

9.工作性質：帶領清潔員工作，洗刷擦拭等工作，及請領清潔器材物品。

10.體位要求：體健耐勞，無傳染病。

(二)職掌說明

1.指揮督導、管理及帶領全體清潔人員執行固定及臨時交辦工作，負責旅館外圍、公共區域及各辦公室的清潔維護工作。

2.安排各清潔員之工作性質及地點，並督導確實完成。

3.建立公共清潔單位的「標準作業程序」，並要求全體人員澈底實行。

4.每日巡視責任區及檢查區內整潔情形並確實保持良好。

5.瞭解責任區內營業場所之設備物品狀況，發現損壞及欠妥之處，立即請修並報告主管。

6.每月負責輪班表的排定，處理所屬調班、外遷、加薪、考核等事宜。

7.清潔員因工作需用物品材料的請領、保管及核發。

8.負責本單位新進人員及在職人員的定期或不定期訓練工作。

9.瞭解並疏導各清潔人員的工作情緒，瞭解其工作能量。

10.遵守旅館一切規定，參加有關訓練、會議及活動。

11.其他臨時或特殊交辦事項。

十、公清人員

公清人員（public clean attendant）之任職條件和職掌說明如下：

(一)任職條件

1.工作時間：八小時／天，休假依勞基法規範。

2.對誰負責：公清主任。

3.相關經驗：一年以上旅館公共清潔相關經驗。

4.年齡限制：十八至五十五歲。

5.工作能力與專長：擅長擦洗工作，善用各項清潔劑，男性會使用打
　　蠟機。

6.工作職責：負責旅館外圍區域、全旅館內公共區域及各辦公室的清
　　潔維護工作及臨時性工作。

7.儀表要求：整潔、有禮、主動負責。

8.教育程度：小學以上程度。

9.工作性質：擦地板、窗門家具、洗地毯、洗廁所等。

10.體位要求：體健耐勞，無傳染病。

(二)職掌說明

1.旅館外圍2公尺內區域的環境清潔及維護工作。

2.各部門辦公室的清潔及維護工作。

3.旅館公共區域的清潔及維護工作。

4.男女員工更衣室的清潔及維護工作。

5.客用及員工用男女廁所之清潔維護工作。

6.各餐廳廚房垃圾搬運。

7.其他臨時交待清潔、維護及搬運工作。

8.遵守旅館一切規定,參加有關訓練、會議及活動。

9.其他臨時或特殊交辦事項。

十一、洗衣房主任

洗衣房主任(laundry supervisor)之任職條件和職掌說明如下:

(一)任職條件

1.工作時間:八小時 / 天,休假依勞基法規範。

2.對誰負責:房務部經理 / 副理。

3.相關經驗:五年以上之洗、染相關經驗。

4.年齡限制:二十五至五十五歲。

5.工作能力與專長:洗染經驗豐富,具領導能力,擅長操作、保管相關洗滌整燙機械及洗滌各類布巾品除汙處理。

6.工作職責:負責所有洗衣房作業的督導與管理,洗滌客人衣物、旅館布品、物品及員工制服。

7.儀表要求:整潔端正,認真負責。

8.教育程度:中學以上程度。

9.工作性質:布料品、制服、洗衣用品之統籌管理及帳卡登記。在洗衣房內工作並指導所屬工作。

10.體位要求:體健耐勞,無傳染病。

(二)職掌說明

1.負責保管使用洗滌整燙機器,督導所屬洗滌整燙旅館的布品、衣物及客衣洗滌。

2.負責洗衣房所有作業正常運行,並將每日洗衣作業情形呈報給房務

部經理。

3.擔任對有關部門之協調、聯繫與接洽事宜。

4.負責使部屬確實瞭解所使用機械之性能，每日擦拭清潔及基本保養，維持洗衣房機器之正常運轉狀態。

5.旅館內制服及布料物品的整理、清洗等管理工作及建立收發記錄。

6.每日「工作檢查表」上所列項目一一詳細檢查，記錄並簽名。

7.負責選用洗衣機械與洗衣劑材料，洗衣劑材料使用情形控制工作。

8.維護洗衣房環境及員工之安全。

9.負責洗衣的「品質管制」工作。

10.負責洗滌衣物破損及遺失的處理，並須訂定相關獎懲規定。

11.編定洗衣房年度人事費用預算及設備用品汰舊換新消耗品的預算，並確實遵守使用。

12.保管使用洗衣房之所有機械及行政用設備物品，建立財產登記管理。

13.建立洗衣房工作程序及規定、工作處理方法及所屬注意遵守事項。

14.部門內員工考核管理工作，並督導所屬依規定實施洗衣等工作。

15.所屬員工在職訓練及有關訓練。

16.瞭解旅館的各項營業設施、營業項目，以及經常舉辦的營業活動。

17.瞭解所屬員工的工作能量、情緒及私生活狀況，以促使及保持洗衣房工作和樂、團結愉快。

18.遵守旅館一切規定，參加有關訓練、會議及活動。

19.其他臨時或特殊交辦事項。

十二、洗衣房乾／水洗／平燙技術員

洗衣房乾／水洗／平燙技術員（laundry technician）之任職條件和職掌說明如下：

(一)任職條件

1. 工作時間：八小時／天，休假依勞基法規範。
2. 對誰負責：房務部經理／副理。
3. 相關經驗：三至五年以上之洗、染相關操作經驗。
4. 年齡限制：二十至五十五歲。
5. 工作能力與專長：擅長操作並管理乾洗及水洗機，乾洗技術良好，識別衣料能力正確。
6. 工作職責：負責所有客衣、制服及布品毛巾的乾洗、水洗工作，以及機器日常的維護與清潔。
7. 儀表要求：整潔端正，勤快認真，敏捷警覺。
8. 教育程度：中學以上程度。
9. 工作性質：操作機械，判斷與處理乾洗水洗作業，在洗衣房內工作。
10. 體位要求：適應高溫環境，能長久站立，體健耐勞，無傳染病。

(二)職掌說明

1. 負責客人送洗衣物及員工制服之清洗與除汙處理。
2. 乾洗衣物的蒸、整燙工作、整型處理等工作。
3. 負責水洗機、烘乾機、脫水機、乾洗機、整型機之操作及日常之保養、清潔工作，並向主管報告使用情形。
4. 協助整燙員整燙衣物及包裝客洗衣物與職工制服。

5.控制乾洗油類等液體劑及其量之存放，並報告主管。

6.負責工作環境的整齊清潔，並參與全體洗刷工作。

7.負責水洗機區域排水溝及潮濕地的清潔洗刷工作。

8.洗衣房各項材料物品之貯存保管，存量控制，並將使用情形報告主任。

9.瞭解洗衣房內的各組人員職掌及作業程序。

10.遵守旅館一切規定，參加有關訓練、會議及活動。

11.其他臨時或特殊交辦事項。

十三、收衣／整衣員

收衣／整衣員（laundry attendant）之任職條件和職掌說明如下：

(一)任職條件

1.工作時間：八小時／天，休假依勞基法規範。

2.對誰負責：洗衣房主任。

3.相關經驗：一年以上的收衣／整衣相關操作經驗。

4.年齡限制：二十至四十五歲。

5.工作能力與專長：擅長處理事務，使用打號機，認識衣物質料及汙穢程度，具縫紉手工藝修補技巧能力。

6.工作職責：負責各區送洗布品的分類整理及客衣的整理、取送及相關記錄整理。

7.儀表要求：整潔端正，細心認真，敏捷整潔。

8.教育程度：中學以上程度。

9.工作性質：送洗衣物布品之收發與分類整理，協助收發工作及記錄整理。

10.體位要求：體健耐勞，無傳染病。

(二)職掌說明

1.負責至客房區點收待洗的客衣。

2.依據洗衣單核對洗衣的數目、種類，並將編號打於其上，作為辨識依據。

3.依衣服的質料、顏色、類別，水、乾、洗、燙，加以分類並分別交乾、水洗、整燙技工處理。

4.摺疊、包裝整燙好之客衣，並按房號歸類排列。

5.將包裝好之客衣，再次依據洗衣單，核對其數量、種類，檢查無誤附上洗衣單註明包數及掛數。

6.包裝整理好之客衣，送回客房區，並與客房服務員交接核對簽收。

7.依據洗衣單核對送洗之數量種類並統計共送洗金額，詳加記錄或輸入電腦。

8.負責號碼機之操作，以及日常之維護、清潔工作，並將使用情形報告主管。

9.負責整衣區工作場所之整潔，參與全體清潔洗刷工作。

10.協助單位之財產保管，清點庫房物品與整理之工作。

11.協助洗衣房技術員處理油汙衣物並做特殊處理。

12.協助洗衣房技術員對髒汙家具（布類）及客房的布品如床罩、毛毯等做特殊處理及例行清洗工作。

13.瞭解洗衣房內的各組人員職掌及作業程序。

14.遵守旅館一切規定，參加有關訓練、會議及活動。

15.其他臨時或特殊交辦事項。

問題與討論

一、個案

簡貝貝是一位剛從技術學院旅館管理科畢業的同學，因為在二專一年級時在某觀光飯店房務部實習過半年，雖然是很辛苦的一個歷程，實習期間也有過不適應、沮喪、憤怒的情緒。但因在半年內，透過旅館的輪調制度，對整體房務部門的工作已有概括性的瞭解；另外房務部門阿姨體貼的照顧及部門主管親切的鼓勵，也讓她對此部門產生極佳的好感。所以希望畢業後能以進入房務部工作，作為旅館生涯的第一站，除可再增加房務工作的實務經驗外，更可作為轉調其他相關部門的進階石。

簡貝貝六個月實習的安排：

1. 三個月的房務員：主要的工作為房務部基礎的操作——清理房間、做床、補備品及水果等。

2. 二個月的實習領班：主要學習到如何以嚴厲的眼光檢查整理好的房間及累積各項客房服務的心得及經驗。

3. 一個月的房務辦事員：學習到如何適當地回應房客要求的電話、與房務部內部（房務服務員、樓層領班、清潔人員、洗衣房人員等）及相關部門（前檯、工程部、安全部等）的聯絡技巧。

二、個案分析

目前在台灣許多設立有旅館管理科系的學校（高職、二專、技術學院等），皆實行所謂的「三明治教學法」，一學期在校內上課、一學期在校外實習，結合實用課程設計與校外實務經驗實習並重的原則，達成「一手拿證書、一手拿證照」的目標，以利學生畢業即可充分就業。

　　個案中的簡貝貝是一位肯吃苦耐勞的同學，而且實習旅館也十分有制度，不但有儲備人才的理念，適度給學生同一部門不同「職務輪調」，更有專人帶領初出社會的學生，給予其基本的就業心理建設，使學生就業初期的挫折感降到最低。簡貝貝因此對該旅館產生極大的好感及信心，畢業後準備投入該旅館就業成為中級管理人才，使得旅館省下不少人事訓練的成本，是一個雙贏的案例。

三、問題與討論

　　陳佳怡是一位技術學院旅館科一年級的學生，實習所分配的旅館是在中部一家知名的觀光飯店，進入旅館實習一個月後，便回學校欲申請中止實習。她的理由是：「在該旅館工作不但辛苦，而薪水也比北部同學少約一千多元；另外再加上跟的阿姨不太理她，主管也只是把她當成廉價勞工，不肯讓她有到別的單位見習的機會，讓她對旅館業很失望。」

三明治教學法

　　將學校教育與工作訓練交替實施，其方式為學校教育與企業內實習期間，各占半年；或兩年接受學校教育，兩年至企業內實習；或每年以九個月時間接受學校教育，三個月至企業實習等皆稱為三明治教學法。

職務輪調制度

　　企業為讓人才接受不同工作的經歷，讓員工熟練一個工作之後，把他調動到另一個新的工作，以增加他的技術、知識及能力。職務輪調也是一種工作設計的方法。一方面可以使員工學到幾個不同工作的技能，可增加公司人事調動的靈活度；另一方面職務輪調可以避免員工待在同一工作太久而覺得單調無聊。

Chapter

4

客房的特色及各項配備

第一節　旅館各級客房介紹

一、旅館籌建流程說明

　　一家觀光旅館的建立，需要耗費許多的人力、財力、物力，業主在投資如此龐大的資產，必須經過縝密的籌建過程，以及經營團隊專業的貢獻（**表4-1**），才有辦法營造出成功的旅館。申請籌建國際觀光旅館，除應遵守觀光局的相關法令（**表4-2**）之外，更須考慮到各項因素，以求降低投資者的風險、確認旅館市場定位及掌握經營目標。

表4-1　觀光旅館籌建流程及責任分工

負責團隊 流程內容	顧問公司	建築師、室內設計 及水電技師等	旅館經營專業人
市場評估	1.市場調查 2.可行 評估調查報告	基地條件分析	1.競爭者調查 2.財務預估
產品定位	1.市場區隔定位 2.客層定位 3.規劃產品的類別、等級及包裝等	1.建築、室內裝潢定位 2.旅館設計主題 3.設施、空間需求設定	1.管理定位 2.服務定位 3.作業定位 4.旅館形象的塑造
開幕前置作業	營運作業的籌備及規劃	施工期及完工後的工程視察	管理制度及作業程序的建立
開幕期	協助審視各項服務及管理	確認營運系統皆正常運作	1.各部門人員招募及訓練 2.維持各項營運作業正常 3.確認服務品質

表4-2　觀光旅館建築及設備標準

以下內容為依據中華民國99年10月8日交通部交路字第0990008297號、內政部台內營字第0990819907號令修正發布第13、17條條文。以下僅列出國際觀光旅館之相關規定。

第一條　本標準依發展觀光條例第二十三條第二項規定訂定之。

第二條　本標準所稱之觀光旅館係指國際觀光旅館及一般觀光旅館。

第三條　觀光旅館之建築設計、構造、設備除依本標準規定外，並應符合有關建築、衛生及消防法令之規定。

第四條　依觀光旅館業管理規則申請在都市土地籌設新建之觀光旅館建築物，除都市計畫風景區外，得在都市土地使用分區有關規定之範圍內綜合設計。

第五條　觀光旅館基地位在住宅區者，限整幢建築物供觀光旅館使用，且其客房樓地板面積合計不得低於計算容積率之總樓地板面積百分之六十。

　　　　前項客房樓地板面積之規定，於本標準發布施行前已設立及經核准籌設之觀光旅館不適用之。

第六條　觀光旅館旅客主要出入口之樓層應設門廳及會客場所。

第七條　觀光旅館應設置處理乾式垃圾之密閉式垃圾箱及處理濕式垃圾之冷藏密閉式垃圾儲藏設備。

第八條　觀光旅館客房及公共用室應設置中央系統或具類似功能之空氣調節設備。

第九條　觀光旅館所有客房應裝設寢具、彩色電視機、冰箱及自動電話；公共用室及門廳附近，應裝設對外之公共電話及對內之服務電話。

第十條　觀光旅館客房層每層樓客房數在二十間以上者，應設置備品室一處。

第十一條　觀光旅館客房浴室應設置淋浴設備、沖水馬桶及洗臉盆等，並應供應冷熱水。

第十一條之一　觀光旅館之客房與室內停車空間應有公共空間區隔，不得直接連通。

第十二條　國際觀光旅館應附設餐廳、會議場所、咖啡廳、酒吧（飲酒間）、宴會廳、健身房、商店、貴重物品保管專櫃、衛星節目收視設備，並得酌設下列附屬設備：

　　　　一、夜總會。

　　　　二、三溫暖。

　　　　三、游泳池。

　　　　四、洗衣間。

　　　　五、美容室。

　　　　六、理髮室。

　　　　七、射箭場。

　　　　八、各式球場。

　　　　九、室內遊樂設施。

　　　　十、郵電服務設施。

（續）表4-2　觀光旅館建築及設備標準

十一、旅行服務設施。

十二、高爾夫球練習場。

十三、其他經中央主管機關核准與觀光旅館有關之附屬設備。

前項供餐飲場所之淨面積不得小於客房數乘一點五平方公尺。

第一項應附設宴會廳、健身房及商店之規定，於中華民國九十二年四月三十日前已設立及經核准籌設之觀光旅館不適用之。

第十三條　國際觀光旅館房間數、客房及浴廁淨面積應符合下列規定：

一、應有單人房、雙人房及套房三十間以上。

二、各式客房每間之淨面積（不包括浴廁），應有百分之六十以上不得小於下列基準：

（一）單人房十三平方公尺。

（二）雙人房十九平方公尺。

（三）套房三十二平方公尺。

三、每間客房應有向戶外開設之窗戶，並設專用浴廁，其淨面積不得小於三點五平方公尺。但基地緊鄰機場或符合建築法令所稱之高層建築物，得酌設向戶外採光之窗戶，不受每間客房應有向戶外開設窗戶之限制。

第十四條　國際觀光旅館廚房之淨面積不得小於下列規定：

供餐飲場所淨面積	廚房（包括備餐室）淨面積
一五〇〇平方公尺以下	至少為供餐飲場所淨面積之三三％
一五〇一至二〇〇〇平方公尺	至少為供餐飲場所淨面積之二八％加七五平方公尺
二〇〇一至二五〇〇平方公尺	至少為供餐飲場所淨面積之二三％加一七五平方公尺
二五〇一平方公尺以上	至少為供餐飲場所淨面積之二一％加二二五平方公尺

未滿一平方公尺者，以一平方公尺計算。

餐廳位屬不同樓層，其廚房淨面積採合併計算者，應設有可連通不同樓層之送菜專用升降機。

第十五條　國際觀光旅館自營業樓層之最下層算起四層以上之建築物，應設置客用升降機至客房樓層，其數量不得少於下列規定：

（續）表4-2　觀光旅館建築及設備標準

客房間數	客用升降機座數	每座容量
八〇間以下	二座	八人
八一間至一五〇間	二座	十二人
一五一間至二五〇間	三座	十二人
二五一間至三七五間	四座	十二人
三七六間至五〇〇間	五座	十二人
五〇一間至六二五間	六座	十二人
六二六間至七五〇間	七座	十二人
七五一間至九〇〇間	八座	十二人
九〇一間以上	每增二〇〇間增設一座，不足二〇〇間以二〇〇間計算	十二人

國際觀光旅館應設工作專用升降機，客房二百間以下者至少一座，二百零一間以上者，每增加二百間加一座，不足二百間者以二百間計算。前項工作專用升降機載重量每座不得少於四百五十公斤。如採用較小或較大容量者，其座數可照比例增減之。

二、客房設計及各級客房介紹

　　旅館經營中，占旅館收益最高的自然是旅館的客房，而旅館的客房產品合理的設計定位及客房的舒適性，往往最能影響客人滿意度。一般情況下，客人在旅館住宿，停留時間最長的不是在餐廳，也不是在娛樂場所，而是在旅館的客房。據統計，現階段我國旅館中客房收入占旅館收入的40%～60%。在歐美國家，客房收入比例還要更高一些，所以客房是旅館收入的主要來源。因此，把客房產品稱作旅館的「核心產品」應該是沒有異議的。

(一)客房設計

　　事實上，客房設計應具有完整、豐富、系統和細緻的內容，這已經

是世界上很多優秀旅館幾十年經營管理經驗的結晶；同時，隨著時代與科技的進步，以及人類生活與消費觀念的更新，又使「客房」這個與旅行者個人關係最為密切的private space（私人空間），面臨著不斷的、新的變革與新的需求；而在設計責任劃分上，客房設計也並非只是室內設計師的工作，建築師對客房平面的最初布置是客房設計的第一步。一個旅館客房的未來命運，很大程度上就取決於最初的建築設計與室內設計是否準確、恰當，是否有經驗、有思維、有遠見。

旅館的客房室內設計有三個主要內容：第一是功能設計，第二是風格設計，第三是人性化設計。

在設計的流程順序上，功能第一，風格第二，人性化第三；但在設計的整體構思上，三項內容則要統一思考、統一安排，不分先後，不可或缺。功能服務於物質，風格服務於精神，而人性化思維是對物質與精神融合以後實際效果的檢驗與加工。這三項工作的共同目的就是要為旅館贏得品牌和經營上的成功。

旅館客房的基本功能是：臥室、辦公、通訊、休閒、娛樂、洗浴、化妝、衛生、行李存放、衣物存放、會客、私晤、早餐、安全等。由於旅館的性質不同，客房的基本功能會有增減。

在旅館客房的建築設計中有多種性質的平面選擇，舉幾例供參考：

◆五星級的都市商務旅館

這種客房的空間要求是：寬闊而整體；布置要求是：生動、豐富而緊湊；平面設計尺寸是：長9.8公尺，寬4.2公尺，淨高2.9公尺，長方形；面積41.16平方公尺。現代城市的高檔商務旅館客房一般不要小於36平方公尺，能增加到42平方公尺就更好。而浴室乾濕兩區的全部面積不能少於8平方公尺。

◆城市經濟型旅館

　　這種客房只滿足客人的基本生活需要。平面設計是以長6.2公尺，寬3.2公尺，建築面積19.84平方公尺來構成的，這差不多是中等級酒店客房面積的底線了。但儘管這麼小，仍然可以做出很好的設計，滿足基本的功能要求。

◆觀光旅遊區的渡假旅館

　　這種客房的首要功能是要滿足家庭或團體旅遊、休假的入住需求和使用習慣，保證寬闊的面積和預留空間是最基本的平面設計要求。最起碼，房間尺寸不應小於都市五星級商務旅館。

專欄4-1　旅館名家真面具的告白

> 許多長期的成功都基於無形資產：信仰和理念。
>
> ——伊薩多‧夏普（Isadore Sharp）

　　人們常問我，對四季酒店最初的設想是怎樣的。實際上，根本沒有設想或任何宏偉的計畫。1961年，當我在建造我的第一座酒店時，我根本不懂酒店業。我唯一的專業經驗就是建造公寓和房屋。我僅僅是一個建築商，而這座酒店則是我要建的另一棟建築。我從未想到過這將會變成我一生的事業，我也從未想到過有一天我將建造和管理世界上最大和最負盛名的五星級酒店集團。

　　我從客戶的角度開始涉足酒店業。我是主人，客戶是我的賓客。在建造和經營酒店時，我這樣問自己：客戶認為最重要的東西是什麼？客戶最認同的價值是什麼？因為如果我們給予客戶最有價值的服

務，他們就會毫不猶豫地為他們認為值得的東西掏腰包。這就是我一開始的策略，直到今天仍然如此。

起初，公司進展緩慢。我承認我犯了一些錯誤，但我從沒有犯下看重利潤勝過看重人這種錯誤，並且我相信四季酒店得到的全球性的廣泛讚譽也主要是建立在我與朋友的密切關係上：投資人、合作夥伴、董事會主席，他們贊同我的主張；成千上萬的雇員、經理和主管，他們幫助我讓公司如此成功。

回顧過去的四十年，我確信是四個關鍵戰略奠定了四季酒店堅如磐石的基礎。它們被稱之為我們商業模型的四大支柱：品質、服務、文化和品牌。

有意思的是，這四個關鍵目標在1986年就已經定下來了。有時人們問我：「那是否意味著從那以後你再也沒有任何創新？」我告訴他們每年我們都有新的動力，但到目前為止還沒有什麼在根本上比這四點更加重要。我們的主要目標就是持續不斷地精煉和強化這最初的四根支柱。

這一切並不是我有一天突然心血來潮跳起來喊「我有個新主意」，然後在一天之內將其付諸執行。這些決策經過了二十五年的發展，是環環相扣的。在過去的歲月裡，我們有過許多新鮮創意，這些創意很多被人複製並最終成為業界的標準。但有一項無法複製，這也是我們的客戶最為認同的一項——我們始終如一的優質服務。這樣的服務品質是基於企業文化本身，而文化不能像政策規範一樣被複製。文化一定是發自內在的需求，並建立在公司職員的長期一致的行為之上。

四季酒店是人的集合——眾多善良的人們。

資料來源：摘自伊薩多·夏普（2009），《金色團隊》，三采。

(二)客房介紹

◆客房功能

　　客房設計除了考量豪華精緻外，住客在客房中的各項住宿機能與清潔操作及管理上的動線，也必須在建造時一併設定：

1.臥室：提供房客休息及睡眠的區域。
2.起居室（客廳）：會客、看電視、觀賞風景及兼具處理簡單商務及用餐（含小酒吧）的區域。
3.化妝及浴廁區：提供房客沖洗、化妝、更衣、入廁、刷牙洗臉等功能的區域。
4.儲物區：包括衣櫃、行李櫃、小酒吧等區域。

◆客房類型

　　結合以上的功能，再考量到起建的建設費用及客房出租房價的回收經濟效益，一般觀光旅館的客房型態可分為單人房（single room）、雙人房（twin room）、三人房（triple room）、四人房、套房（suite）等種類。

1.單人房：指客房內只布置一張床鋪，無論是單人床（single bed）或雙人床（double bed）。一般而言其多提供給一般商務功能或夫妻旅行使用為主。以亞都麗緻大飯店為例（**表4-3**），其客源80%以上為商務客人，故其在客房上以單人房居多，約占客房比率40%。
2.雙人房：指客房內布置兩張床鋪，多提供團體旅客（group）住宿為主。兩張床的排列布置是分開而中間放置床頭櫃，稱為twin style；若兩張床的排列布置是合併，而兩側各放一個床頭櫃，稱為hollywood style。此種房型為日本旅客的最愛，以來來大飯店為例（**表4-3**），其客源以日本旅客居多，故其在客房上以雙人房居

表4-3　國內觀光飯店客房型別　　　　　　　　　　　　　　單位：間數

飯店＼房型	單人房	雙人房	套房	合計（間數）
君悅大飯店	432	320	131	873
王朝大飯店	342	249	129	720
來來大飯店	16	497	192	705
福華大飯店	242	316	48	606
晶華大飯店	460	84	26	570
圓山大飯店	102	328	59	489
國賓大飯店	147	292	18	457
西華大飯店	223	81	45	349
霖園大飯店	15	247	86	348
亞都麗緻大飯店	80	40	85	205
老爺大飯店	12	171	20	203
台北長榮大飯店	12	44	15	71

註：以上各類型旅館房間數，會因業務調整、旅館整修等因素而產生變。

多，約占客房比率70%。

3.三人房：通常布置一張雙人床（double bed或queen bed）和一張單人床（single bed），以提供小家庭旅遊住宿。

4.四人房：此種房間以渡假旅館或以旅行團為主的旅館居多，房內設有四張單人床，或兩張雙人床，或可設二張小床一張雙人床，皆可容納四人。

5.套房：一般的旅館在籌建規劃時，會依市場評估內容及旅館的定位，考慮其型態及數量。標準的套房是同時使用兩個單位客房空間，一供客廳起居使用，一供臥室及浴室使用。套房的建材配置及標準及衛浴設備，都較一般客房高級。套房可分下列幾種：

(1)標準套房：有兩單位房間，一間為客廳，另一間為臥室與浴室，設計尊貴優雅，溫馨舒適，在五星級旅館套房可享受32寸液晶電

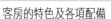
視,客廳及臥室均設衛星電視介面,共可接收全球各地節目百餘套,並配備有DVD播放機,方便個性化碟片欣賞。又稱為junior suite。

(2)豪華套房:套房裝設更豪華,空間更寬廣,除設有標準套房的配備外,房間內設有獨立廚房,配備有整體櫥櫃、電磁爐、油煙機、消毒櫃、微波爐、櫥櫃內置式專用冰箱等全套豪華廚房用家電設備。分離式衛浴,即能享受泡澡帶來的spa式享受,也可體驗淋浴的暢快。又可稱之為senior suite。

(3)行政套房(executive suite):典雅精緻,營造出尊貴的住宿空間,設施與上述豪華套房大致相同,其特色服務為:提供私人辦公桌、傳真機、行動電話、數位光纖入戶,客廳及臥室均預留寬頻介面,免費寬頻上網,浴室裡為客人提供標準的衛浴用品外,還有的旅館精心提供按摩油、浴鹽和磨砂膏,為旅途勞頓的商旅之最愛。

(4)總統套房(presidential suite):總統套房是高檔星級旅館用來接待外國元首、高級官員或高級商界人士、大牌藝人等重要貴賓的豪華客房,其氣派之大、檔次之高、房價之昂貴,也就不言而喻。正是因為其高不可攀的定位,才被人稱之為總統套房。總統套房代表的是一個高高在上的世界,一個少數人的世界。它不再是權力王國的象徵,而是一個金元帝國的標誌。

總統套房一般設在旅館的最高層及樓層的盡頭,面積為半個樓層甚至是一個樓層,有獨立的附帶庭院(或露臺花園)、游泳池等。能自成一個獨立的體系,設置獨立的出入口,便於安全保衛及管理。

總統套房提供了最貼心和尊貴的服務,二十四小時私人管家,有的高檔旅館還以勞斯萊斯幻影IV(Phantom VI Rolls-Royce)、

圖4-1　總統套房臥室

圖4-2　總統套房客廳

賓利（Bentley）或梅賽德斯‧賓士（Mercedes Benz）作為來回機場接送的豪華專車服務，費用都已經包含在租金中。值得一提的是總統套房同時還可作宴客之用，可舉行容納多人的雞尾酒會。

其各式房間包括：數間豪華臥室、浴室（含按摩浴缸、三溫暖、烤箱、蒸氣室）、衣帽間、書房、會議室、化妝室、廚房閉路及衛星電視、國內／國際直撥電話，還可提供寬頻上網以及其他娛樂、服務設施等。

每一家旅館因設定不同，在房間數量及型態也不盡相同，以下列出小型、中型及大型飯店在房間的分配上之內容（**表4-4～表4-6**）。

表4-4　小型觀光飯店客房結構表（房間數71間）

客房名稱	房間數量	面積 （平方公尺／坪數）	床鋪尺寸 （公分）／數量
精緻套房 superior suite	12	42.9／13	200x200／1
豪華套房 deluxe suite	44	66／20	135x200／2 200x200／1
桂冠套房 executive spa suite	10	66／20	200x200／1
闔家套房 family suite	4	132／40	135x200／2 200x200／1
長榮套房 evergreen suite	1	149／45	200x200／1

註：以上房間類型、數量、面積、床鋪尺寸僅作參閱，並非標準化的數字。

表4-5　中型觀光飯店客房結構表（房間數211間）

客房名稱	房間數量	面積 （平方公尺／坪數）	床鋪尺寸 （公分）／數量
精緻客房（單人房） standard（single）	80	28.05 / 8.5	135x200 / 1
精緻客房（雙人房） standard（twin）	40	28.05 / 8.5	100x200/2
主管客房 executive studio	39	39.6 / 12	145x200 / 1
行政套房 executive suite	29	50 / 15	145x200 / 1
景隅套房 corner suite	20	56 / 17	200x200 / 1
莫內套房 monet suite	1	66 / 20	200x200 / 1
雷諾套房 renoir suite	1	100 / 30	200x200 / 1
麗緻套房 ritz suite	1	158 / 48	200x200 / 1

表4-6　大型觀光飯店客房結構表（房間數489間）

客房名稱	房間數量	面積 （平方公尺／坪數）	床鋪尺寸 （公分）／數量
經濟客房 budget room	44 74	26.4 / 8 26.4 / 8	100x193 / 2（雙人） 140x197 / 1（單人）
標準客房 superior room	46 24 5	26.4 / 8 29.7 / 9 33 / 10	110x193 / 2（雙人） 140x197 / 2（雙人） 215x197 / 1（單人）
高級客房 deluxe room	22 100 11	33 / 10 42.9 / 13 46.2 / 14	110x193 / 2（雙人） 140x197 / 2（雙人） 215x197 / 1（單人）
豪華客房 grand deluxe	92 12	46.2 / 14 46.2 / 14	140x197 / 2（雙人） 215x197 / 1（單人）
商務套房 junior suite	14 6	66 / 20 66 / 20	140x197 / 2（雙人） 215x197 / 1（單人）

（續）表4-6 大型觀光飯店客房結構表（房間數489間）

客房名稱	房間數量	面積 （平方公尺／坪數）	床鋪尺寸 （公分）／數量
高級套房 executive suite	22 6 5	79.2 / 24 92.4 / 28 92.4 / 28	140x197 / 2（雙人） 215x197 / 1（單人） 220x245 / 1（單人）
豪華套房 grand suite	2 3	92.4 / 28 92.4 / 28	140x197 / 2（雙人） 220x245 / 1（單人）
總統套房 deluxe studio	1	25,872 / 280	140x197 / 2（雙人） 140x220 / 2（雙人） 220x245 / 1（單人）

 第二節　客房各種配置說明

一、客房的設備說明

　　旅館客房設計的次序為首先決定浴室、臥室、床鋪等關係位置後（床鋪配置要考慮單人床或雙人床，尺寸要預留做床空間），再來為各項家具的配置、各項電器用品、空調出風口、電器開關、插座等控制器的安排，最後再作各項備品的布置工作（圖4-2）。

二、客房各項設備與用品的配備

(一)起居室／客廳

　　起居室／客廳（living room area）之設備與用品的配備，見表4-7。

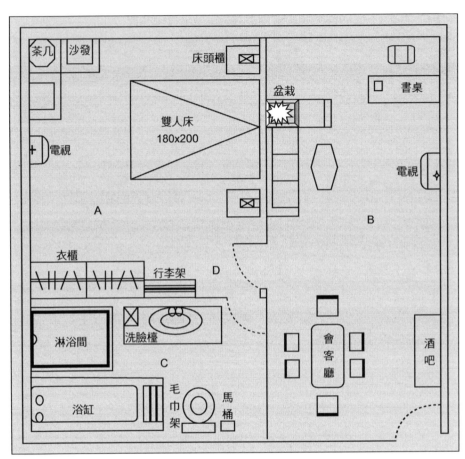

A：臥室　　　B：起居室（客廳）　　　C：化妝及浴廁區　　　D：儲物區

圖4-2　套房平面配置圖

表4-7　起居室／客廳之設備與用品的配置

設備或備品名稱	木作類	家具類	電器類消防等	備品類	備註
一、門（entrance door）及玄關區（hallway area）					
1.入口木門（entrance door）	◎				與整體木作及家具配合
2.房號牌（room number board）	◎				銅牌、玻璃或木製品
3.門鈴（door bell）			◎		
4.請勿打擾／請打掃指示燈（D N D/ please make up room light）			◎		目前部分旅館使用此系統，其他則使用掛卡式（掛於門把上）
5.門鎖（door lock）	◎				目前使用鑰匙（key）或卡式鑰匙（key card）
6.避難指示圖（emergency map）	◎				依消防法規規定製作
7.窺視孔（peep hole）	◎				
8.安全扣（safety lock）或門鉸鏈（chain lock）	◎				銅製品（有塑膠套可保護門）
9.門擋（door stop hook）	◎				銅製品（有塑膠套可保護牆面）
10.客房總開關（power switch）			◎		1.省電插鑰匙型總開關（insert key power） 2.一般型開關
11.溫度調節（thermostat）			◎		部分旅館採常溫設定
12.空調出風口（air condition grill）			◎		
13.走道燈（hallway light）			◎		一般多為崁燈式
14.壁紙（wall paper）	◎				須配合整體室內設計
15.地毯（carpet）	◎				配合客房氣氛及須為防燃材質的圖案
16.天花板（ceiling）	◎				
17.煙霧偵測器（smoke detector）			◎		依消防法規設定
18.灑水器（sprinkler）			◎		依消防法規設定
19.掛畫（picture）		◎			依旅館整體室內設計而選擇

（續）表4-7　起居室／客廳之設備與用品的配置

設備或備品名稱	木作類	家具類	電器類 消防等	備品類	備註
二、起居室（living room）					
1.沙發組（sofa set）		◎			一般型客房為二人／三人組式，套房則採多樣式組合
2.扶手椅（armchair）		◎			一般型客房多設置在窗台旁，套房則在起居室／臥室皆有擺設
3.長沙發（couch）或貴妃椅（chaise）		◎			多為套房以上的客房，才會有的家具
4.椅墊（cushion）		◎			與沙發花色成套或相配
5.茶几（coffee table）		◎			須搭配整體家具
6.邊桌（side table）		◎			須搭配整體家具
7.花及花瓶（flower & vase）		◎			多擺設在套房以上客房
8.落地燈（floor lamp）及燈罩（lampshade）			◎		一般型客房擺置在沙發或扶手椅邊，套房則在起居室／臥室皆擺設
9.壁燈（wall light）			◎		須配合整體室內設計
10.盆樹（plants）		◎			一般為盆栽，部分旅館使用乾燥或人造盆景
11.電視櫃（television cabinet）		◎			通常會附轉盤，以方便房客觀看，木櫃門多採橫拉可收藏式
12.電視（television set）			◎		套房在起居室／臥室皆有擺設
13.搖控器（remote control）			◎		電視／錄影機適用型
14.錄放影機（video cassette player）			◎		部分旅館會有的設備
15.電視節目單（TV program card）（satellite channels/pay movie channel）					旅館會與有線電視廠商簽定可看的節目，包括付費或免費的
16.年曆卡（calendar）				◎	多為旅館本身的文宣品
17.餐桌（dining table）		◎			一般型客房的餐桌及茶几有合併的功能

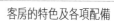
（續）表4-7　起居室／客廳之設備與用品的配置

設備或備品名稱	木作類	家具類	電器類消防等	備品類	備註
16.水果籃（welcome fruit）餐盤（plate）／刀（knife）叉（fork）／口布（napkin）				◎	一般型客房與套房，在水果的內容及擺設上有等級上的差異
17.歡迎蛋糕（welcome cake）歡迎卡（welcome card）				◎	一般為貴賓級（VIP）以上房客才擺設
18.餐椅（dining chair）		◎			須搭配整體家具
19.菸灰缸（ashtray）				◎	會有旅館的標誌（logo）
20.火柴盒（matches）				◎	會有旅館的標誌（logo）
三、辦公區（office area）					
1.寫字桌（desk）		◎			一般型客房的寫字桌及化妝桌有合併的功能
2.檯燈及燈罩（lamp/lampshade）			◎		
3.雜誌（magazine）				◎	依各旅館設定內容會有差異（英／日／中文為主）
4.小冊子（brochure）				◎	多為旅館本身簡介
5.服務指南（service directory）				◎	內容包括旅館各項設施、餐飲、育樂及周邊名勝等介紹
6.便條紙夾（memo/note pad）				◎	會有旅館的標誌
7.便條紙（memo/note paper）				◎	會有旅館的標誌
8.旅館原子筆／鉛筆（pen/pencil）				◎	會有旅館的標誌部分的原子筆會兼具拆信刀的功能
9.客房餐飲菜單（room service menu）				◎	部分旅館無單獨擺放，是合併在服務指南內
10.歡迎信（welcome letter）				◎	為旅館總經理所發給房客的歡迎信函
11.文具組（stationary set）				◎	部分商務旅館才會有的備品
(1)迴紋針（paper clip）					
(2)橡皮筋（rubber band）					
(3)大頭針（straight pin）					
(4)釘書機（stapler）					
(5)釘書針（staple）					

（續）表4-7　起居室／客廳之設備與用品的配置

設備或備品名稱	木作類	家具類	電器類 消防等	備品類	備註
(6)膠台（tape set）					
(7)膠水（glue gum）					
(8)尺（ruler）					
(9)橡皮擦（eraser）					
(10)拆信刀（letter opener）					
12.文具夾（stationary folder）				◎	印製精美的紙夾，會有旅館的標誌
(1)信封中西式（envelope）					
(2)信紙（writing paper）					
(3)名片（name card）					
(4)明信片（postcard）					目前郵簡已幾乎不適用
(5)顧客意見書（questionnaire）					
(6)傳真紙（fax paper）					
(7)備忘卡（tent card）					
13.針線包（sewing kit）				◎	一般型客房用普通式針線包，部分國際旅館有成套式的針線包
14.辦公椅（office chair）		◎			須搭配整體家具
15.電話機（telephone）			◎		電話機系統配合整體服務內容而設定
16.留言系統（voice message system）			◎		多設置在電話機系統內或在床頭櫃內
17.國際電話說明卡（IDD card）				◎	國際電話操作說明書
18.電話簿（telephone directory）				◎	電話分類及索引表
19.傳真機（fax machine）			◎		部分旅館並不是常態性設置，而是預留插座孔
20.電腦插座（modem hoop-up）			◎		商務型旅館都有的e化設備
21.字紙簍（waste basket） 垃圾袋（trash bag）		◎			可為竹籃型或搭配家具的木製紙簍
22.工商分類簿（yellow pages）				◎	

（續）表4-7　起居室／客廳之設備與用品的配置

設備或備品名稱	木作類	家具類	電器類消防等	備品類	備註
四、迷你吧檯區（mini bar area）					
1.迷你吧檯（mini bar）		◎			一般旅館為設立在冰箱櫃上／內，套房級以上則多為獨立小型吧檯
2.冰箱櫃（refrigerator cabinet）		◎			木櫃門多採橫拉可收藏式
3.冰箱（refrigerator）			◎		以小型、省電、無聲冰箱為主
4.冰桶／夾（ice bucket/tong）				◎	多為不鏽鋼製品
5.托盤（tray）				◎	配合旅館提供相關備品多少而特製的托盤或盛器
6.保溫瓶（hot water dispenser）			◎		目前旅館採一般保溫瓶或快速煮水器為主
7.茶／咖啡包（tea/coffee bag）				◎	茶以中式茶包或紅茶為主，咖啡包則以三合一為主，部分高級套房則會採用濾紙式咖啡包
8.中式茶杯組（tea cup）				◎	玻璃製品
9.咖啡杯組（coffee cup）				◎	玻璃製品
10.茶／咖啡包盅（container）				◎	玻璃製品
11.杯墊紙（coaster）				◎	多為可吸水雙層的紙墊，會有旅館的標誌
12.果汁杯（highball glass）				◎	玻璃製品
13.酒杯（wine glass）				◎	玻璃製品
14.開罐器（can opener）				◎	採簡單塑膠製品，會有旅館的標誌
15.花瓶（flower vase）				◎	玻璃或磁器製品
16.雞尾酒調酒棒（cocktail stick）				◎	採簡單塑膠製品，會有旅館的標誌
17.面紙盒（tissue paper box）				◎	壓克力製品
18.迷你吧檯帳單（mini bar bill）				◎	帳單明列冰箱內／上陳列的各式點心／飲料
19.防煙面罩（fire safety mask）				◎	依消防法規擺設

專欄4-2 床鋪種類的介紹

床是旅館客房內最重要的基本設備之一，也是各家旅館標榜的等級指標。通常在市場定位後，即會依客房的大小、客源、定位及操作的流程等因素，決定其規格及相關配備（床單、羽毛被、床罩等）。近來商務型旅館客房尺寸有加大的趨勢，所以相對地床的尺寸也有加大或由單人床改為雙人床。

目前床的一般分類法有（可參閱**表4-4**、**表4-5**、**表4-6**各型觀光旅館目前採用的床鋪尺寸）：

1. 單人房（single bed）：規格為寬（95～100）公分 ×長（195～200）公分。
2. 雙人床（double bed）：規格為寬（120～135）公分×長（195～200）公分。
3. 半雙人床（semi-double bed）：規格為寬（120～150）公分×長（195～200）公分。
4. 大號雙人床（queen-size double bed）：規格為寬（150～160）公分×長（195～200）公分。
5. 特大號雙人床（king-size double bed）：規格為寬（180～200）公分×長（195～200）公分。
6. 折疊床（加床、extra bed）。
7. 嬰兒床（baby cot）。
8. 沙發床（comfortable sofa）。

在部分商務旅館的配備，可將沙發座墊拉出成為一張單人床。

床鋪一般的高度為45～60公分的規格，視各家旅館市場消費及製造規格習慣而定。床鋪通常分為上下床墊，目前大多數觀光旅館上床

墊多以金屬彈簧為主；下床墊底部裝設有腳架及活動球型滾輪，以方便房務人員清理時移動床鋪。實務上為延長床的使用壽命，定期翻轉床墊（其轉動時間則依房間的使用率的高低而定）。

(二)臥室區

臥室區（bed room area）之設備與用品的配備，見**表4-8**。

(三)儲物區

儲物（store room area）之設備與用品的配備，見**表4-9**。

(四)化妝及浴廁區

化妝及浴廁區（bathroom area）之設備與用品之配備，見**表4-10**。

表4-8　臥室區之設備與用品的配備

設備或備品名稱	木作類	家具類	電器類消防等	備品類	備註
1.玻璃（window glass）	◎				防震、安全性高，須符合相關法規
2.窗台（window sill）	◎				與整體木作及家具配合
3.窗簾盒（curtain box）	◎				與整體木作及家具配合
4.窗簾（curtain）/ 遮陽簾（shade）				◎	須配合整體室內設計，防燃及防汙性強及遮光作用的
5.床鋪（bed）		◎			一般型客房多為單人床，套房級以上則多為雙人床以上
6.床墊（matters）				◎	須考量人體工學及舒適度
7.床墊布 / 保潔墊（bed pad）				◎	保護床墊並容易清洗，四角以鬆緊帶固定
8.床裙（bed skirting）				◎	須搭配整體床組各項備品設計

（續）表4-8　臥室區之設備與用品的配備

設備或備品名稱	木作類	家具類	電器類消防等	備品類	備註
9.床單（bed sheet）				◎	以白色為主，配合床鋪尺寸及操作作業
10.羽毛被（down comforter）				◎	目前觀光旅館已多採用羽毛被取代舊式的毛毯
11.羽毛被套（down comforter cover）				◎	以白色為主，配合羽毛被尺寸及操作作業，部分未蓋床罩的旅館，被套靠床尾部分會有花樣設計
12.毛毯（blanket）				◎	一般為棕色，部分採羽毛被之旅館仍有放置毛毯，以備房客要求
13.羽毛枕（down pillow）				◎	與羽毛被同一系列
14.枕頭套（pillow case）				◎	以白色為主，配合枕頭尺寸及操作作業
15.床罩（bed spread）				◎	須搭配整體床組各項備品設計
16.夜床巾（foot mat）				◎	開夜床時須擺放於床邊
17.早餐卡（breakfast menu）				◎	開夜床時須擺放於床上
18.床頭櫃（bedside table）／控制面板（control panel）／電燈控制（light control）／信號燈（message light）		◎	◎		須搭配整體家具，並另設置控制面板（燈、音響、冷氣、電視及鬧鐘等開關組合）
19.鬧鐘（alarm clock）			◎		除設於床頭櫃面板者，部分旅館擺放床頭櫃上
20.小夜燈（night light）			◎		設於床頭櫃下方處
21.手電筒（flash light）			◎		設於床頭櫃下方處，屬緊急時（停電／地震／火災等）使用
22.聖經（bible）				◎	放於床頭櫃內

（續）表4-8　臥室區之設備與用品的配備

設備或備品名稱	木作類	家具類	電器類消防等	備品類	備註
23.床頭板（head board）		◎			須搭配整體家具，與床為一體的組合
24.化妝桌（dressing table）		◎			須搭配整體家具，部分旅館會結合辦公桌功能使用
25.化妝鏡框（mirror/frame）		◎			須搭配整體家具
26.化妝凳（stool）		◎			須搭配整體家具
27.沙發組（sofa set）		◎			一般型客房為起居室專用，套房臥室內多為二／三人式組合
28.扶手椅（armchair）		◎			會有置腳矮凳，一般型客房多設置在窗台旁，套房則在起居室／臥室皆有擺設
29.椅墊（cushion）		◎			與沙發花色成套或相配
30.邊桌（side table）		◎			須搭配整體家具
31.落地燈（floor lamp）及燈罩（lampshade）			◎		一般型客房擺置在沙發或扶手椅邊，套房則在起居室／臥室皆擺設

表4-9　儲物區之設備與用品的配備

設備或備品名稱	木作類	家具類	電器類消防等	備品類	備註
1.行李架（baggage rack）	◎	◎			部分旅館以木作處理，有些則以家具訂作
2.穿衣鏡（long mirror）	◎				須搭配整體家具
3.立式衣架（stand hanger）		◎			須搭配整體家具，提供房客掛放西裝或外套
4.衣櫃（hall closet）	◎				須配合整體室內設計或家具
5.衣櫃門（closet door）	◎				目前旅館多採用左右拉門式或伸縮式拉門
6.輪軌（rail）	◎				
7.隔板（shelf）	◎				

（續）表4-9　儲物區之設備與用品的配備

設備或備品名稱	木作類	家具類	電器類消防等	備品類	備註
8.衣櫥燈（closet light）			◎		目前旅館多採用觸碰式開關
9.洗衣袋（laundry bag）				◎	部分旅館採塑膠製品，但較環保的作法為使用布製袋並在中間部分縫製口袋裝洗衣單
10.洗衣單（laundry form）				◎	一般分為三種不同顏色，以區分不同的洗衣功能（水洗、乾洗、燙衣）
11. 物袋（shopping bag）				◎	紙製品一般印有旅館的標誌
12.雨傘（umbrella）				◎	一般印有旅館的標誌
13.緞帶衣架（stain clothes hanger）				◎	套房以上的備品，以利房客掛絲綢類的衣物，但近來許多商務旅館於一般型客房也有擺設
14.衣架（hanger）				◎	木製品一般印有旅館的標誌，分為一般型及夾式（可夾裙或褲）
15.衣刷（clothes brush）				◎	木製品一般印有旅館的標誌，多為兩面式的設計
16.擦鞋袋（shoeshine bag）				◎	pp製品提供房客裝欲擦拭的鞋子
17.鞋籃（shoe basket）				◎	藤製品提供房客裝欲擦拭的鞋子
18.擦鞋布（shoeshine cloth）				◎	布製品或合成樹脂製品，提供房客自行擦鞋用
19.擦鞋盒（shoe polish sponge）				◎	附有鞋油的海綿式擦鞋盒
20.擦鞋卡（shoe shine service card）				◎	提供擦鞋服務等的說明指示卡
21.鞋刷／鞋拔（shoe brush & horn）				◎	木製品一般印有旅館的標誌，多為兩段式的設計（一段為鞋刷另一段為鞋拔）
22.拖鞋（slipper）				◎	紙製品或不織布製品，一般印有旅館的標誌

（續）表4-9　儲物區之設備與用品的配備

設備或備品名稱	木作類	家具類	電器類 消防等	備品類	備註
23.備用枕頭（spare pillow）				◎	一般型客房放置一顆，套房以上則為二顆
24.備用毛毯（spare blanket）				◎	多放置一件毛毯
25.浴袍（bathrobe）/浴衣（yukata）				◎	白色布製品一般印有旅館的標誌，套房以上客房會有二件或二件以上的擺設
26.保險箱（safety deposit box）			◎		分為鑰匙式或電子設定式，進來為保障房客權益，多數觀光旅館已改為電子設定式
27.保險箱說明（safety box instruction）				◎	提供保險箱操作及相關訊息等的說明指示卡
28.磅秤（scale）			◎		
29.磅秤墊紙（scale paper）				◎	墊在磅秤上方以維持清潔衛生
30.抽屜墊紙（drawer paper）				◎	紙製品，可保持衣櫃抽屜及房客衣物的清潔
31.請勿打擾/請清潔房間卡（please do not disturb/please make up room）				◎	多設計為兩面掛式，提供房客希望「請勿打擾/請清潔房間」服務等的指示卡。部分旅館採用指示燈（位於門口處）
32.垃圾袋（plastic bag）				◎	

表4-10　化妝及浴廁區之設備與用品之配備

設備或備品名稱	木作類	家具類	電器類 衛浴等	備品類	備註
1.浴室門（bathroom door）	◎				
2.掛衣鉤（hook）	◎				裝置於浴室門內側上方，提供房客掛置衣物
3.浴墊（bath mat） 尺寸：22英寸×36英寸				◎	白色棉製品一般織有旅館的標誌

（續）表4-10　化妝及浴廁區之設備與用品之配備

設備或備品名稱	木作類	家具類	電器類衛浴等	備品類	備註
4.洗臉檯（wash counter）			◎		多採用易清洗的石材製品
5.洗臉盆（sink）			◎		多採用下崁式安裝的衛生瓷器製品
6.水龍頭（faucet）			◎		多採用不鏽鋼製品
7.浴室燈及燈罩（light & lightshade）			◎		配合整體室內／衛浴設計，提供重點照明
8.鏡子（mirror）			◎		一般鏡後多裝置防止熱氣及除霧的功能
9.吹風機（hair dryer）			◎		多採用固定式
10.浴室備品托盤／籃（bath accessories/amenity tray or basket）				◎	擺製各式浴室備品，一般使用托盤或是藤籃
11.洗髮精（shampoo）／潤絲精（conditioner）／沐浴精（shower & bath gel）／泡泡浴精（bubble bath）／乳液（lotion）				◎	一般型客房採旅館本身選擇或設計的瓶身，套房以上多數旅館會選擇名牌用品（如Nina Ricci等）
12.刮鬍刀／膏（razor/shaving cream）				◎	目前有分開式或是一體式
13.牙刷／牙膏（tooth brush/tooth paste）				◎	以塑膠袋裝再放入小紙盒（有logo）內保持衛生
14.浴帽（shower cap）				◎	多為透明簡式浴帽
15.衛生袋（sanitary bag）				◎	多為透明塑膠帶以供女性房客使用
16.梳子（comb）				◎	多為簡式扁梳或排骨梳
17.指甲挫片（emery board）				◎	多為長條沙紙式設計
18.棉花棒（cotton swab）				◎	以塑膠袋裝起再放入小紙盒（袋）內保持衛生
19.肥皂（soap）				◎	一般分為洗手（25g）用及洗澡（65g）用
20.肥皂碟／盒（soap box）				◎	多為磁或壓克力製品
21.水杯（water glass）				◎	玻璃杯

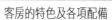

（續）表4-10　化妝及浴廁區之設備與用品之配備

設備或備品名稱	木作類	家具類	電器類衛浴等	備品類	備註
22.水杯墊紙（coaster）				◎	紙製品，印有旅館的標誌
23.水杯套（water glass plastic cover）				◎	塑膠製品，包在水杯外以保持衛生
24.小花瓶及花（vase & flower）				◎	多為磁或壓克力製品，花則以玫瑰或康乃馨為多
25.面紙盒（tissue paper dispenser）				◎	紙盒裝或壓克力等材質製盒裝，一般印有旅館的標誌
26.棉花球罐（cotton ball canister）				◎	多為玻璃製品，內放置化妝棉球
27.毛巾架／浴巾架（towel rack）				◎	位於浴室洗臉檯及浴缸上方
28.浴巾、大毛（bath towel）尺寸：26英寸×54英寸				◎	白色棉製品一般織有旅館的標誌，一般型客房以二條為標準配額，套房以上客房會有三條以上的擺設
29.面巾、中毛（wash towel）尺寸：16英寸×32英寸				◎	白色棉製品一般織有旅館的標誌，一般型客房以二條為標準配額，套房以上客房會有三條以上的擺設
30.手巾、小毛（hand towel）尺寸：13英寸×13英寸				◎	白色棉製品一般織有旅館的標誌，一般型客房以二條為標準配額，套房以上客房會有三條以上的擺設
31.礦泉水（mineral water）				◎	品牌由各旅館自行設定，最基本的數量為二瓶
32.客衣藤籃（wicker laundry basket）		◎			多放置於洗臉檯下方，方便房客放置衣物
33.馬桶（toilet）			◎		磁或琺瑯製品，目前多採用靜音省水的單體馬桶為主
34.下身盆／免治馬桶（bidet）			◎		一般為套房以上的客房才會有的設備，提供房客更高級的享受
35.衛生紙架（toilet paper holder）			◎		多為不鏽鋼製品

（續）表4-10 化妝及浴廁區之設備與用品之配備

設備或備品名稱	木作類	家具類	電器類衛浴等	備品類	備註
36.菸灰缸架／菸灰缸（ashtray holder/ashtray）			◎		不鏽鋼製品／磁器類製品
37.電話（telephone）			◎		電話機系統配合整體服務內容而設定
38.垃圾桶及蓋（trash can & cover）		◎			
39.浴缸（bath tub）			◎		目前業界採用玻璃纖維、鋼板琺瑯、鑄鐵琺瑯等材質
40.按摩浴缸（whirlpool bath tub）			◎		高級套房以上的設備
41.浴缸防滑握桿（grab bar）			◎		不鏽鋼製品，斜設於浴缸壁面，以防止滑倒
42.止滑浴墊（non-slip bathtub mat）				◎	多為橡膠製品具防滑效果
43.浴簾桿（shower curtain rail）			◎		木或塑膠製品
44.浴簾（shower curtain）				◎	pvc製品、圖案顏色與浴室整體設計搭配，且須易於清洗
45.晾衣繩（clothes line）			◎		最新採隱藏式，使用時才拉出較不占空間
46.沖浴蓮蓬頭／水龍頭（shower head/faucets）			◎		沖浴蓮蓬頭有分固定式（由客人自行調整）或自動設定以利清理。
47.淋浴間（shower room）			◎		最新旅館的設計標榜每一個客房都有獨立的淋浴間，一般旅館則是套房級以上房間才設
48.浴鹽罐（bath salts jar）				◎	以玻璃或壓克力製品為主，內擺放浴鹽或香精，可提供客人泡浴
49.排氣系統蓋（ventilation plate）			◎		
50.空氣清香器（air freshener）			◎		一般設置在馬桶後方

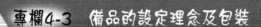

專欄4-3　備品的設定理念及包裝

　　一家觀光旅館客房最大的吸引處，除了豪華亮麗的裝潢、高級的家具陳設、最新的各項設備外，就是足以代表各旅館精髓的備品及各項消耗品。所以各家觀光旅館無不費盡心思地設計，讓客人真正享受到家外之家的感受。

　　備品的設定除了要考慮到實用性外，以下各項因素也必須一併考量，才有辦法在旅館界出類拔萃，真正贏得客人的歡心。

一、形象化

　　整體設計與各項外包裝必須吻合旅館的企業形象（Corporate Identification System, CIS）。陳列在客房內的各項備品可以說是企業形象的一個表徵，也是企業企圖傳達給客人的一種訊息，若是可以適宜地表達，無非是一種無言的公關。

二、實用性

　　備品最重要的功能為提供房客於使用客房時，會使用到的一些商務、貼身等用品，所以它們的實用性與便利性是房客所最重視的。例如，永豐棧麗緻酒店曾因房客（牙醫）反應牙刷的毛太硬，而選擇了四、五種牙刷讓此客人挑選最適合的，以後全旅館則改用此種牙刷，而深受房客的肯定。

三、完整性

　　觀光旅館的客源非常廣泛，所以近年來除了增加商務型客房，另親子型客房、仕女客房、老人（殘障）客房等也慢慢地增加，相對的針對特殊類型的客房所獨特設定的備品（如商務型：文具組合；親子型：兒童衛浴用品；仕女型：化妝品或衛生用品；老人（殘障）型：

放大鏡、防滑設備等）也必須符合客人的需求。

四、設定主題

備品的設計走向，也應符合時代的潮流。如目前市場最流行的風潮為環保（使用紙、布製品取代原來的塑膠製品，如購物袋、洗衣袋等）、SPA（增加衛浴的浴鹽或香精，甚至有旅館擁有泡SPA專用的客房）、季節（如保養品選擇不同季節不同的設定）等，都可以成為一些別家旅館無法取代的主題，適切地吸引特定消費族群的客人。

五、成本及操作性

在設定備品時必須考量房務人員於清潔、擺置或操作時的便利性；客房備品的成本也是影響營運的因素之一，但千萬不要為了節省成本，而將原本備品的「美意」，讓房客錯覺為「應付」。

六、安全性

備品的選擇應著重在其無危險、殘留物、安全指數高的。例如客房內使用的拖鞋鞋底最好為防滑性高的，清潔用品也最好選擇一般膚質都可適用的，個人貼身用品也必須有內包裝以確保其衛生。

第三節　房務專業術語

房務部門的日常工作十分複雜與繁瑣，在本書第四章以後將介紹各種作業流程，特於本節中列出房務部門專用的術語及用詞，以利後續各章節的介紹。

一、各項房間狀況專有名詞

1.遷入（check in，簡寫為C/I）：房客辦理住宿登記手續。

2.續住房（occupied，簡寫為OCC）：目前已有房客完成登錄手續並住宿於該房內。

3.招待房（complimentary，簡寫為COMP）：為旅館公關需要而將房間免費給房客使用，但內部須付費的部分（如迷你吧或洗衣費等），則視招待的約定而有所不同。

4.休息（day use）：房客僅於白天使用該房間，並非所有觀光旅館都有此項產品，須視旅館政策而定。

5.完成房（vacant and ready或OK room）：該房已完成清理、檢查，並已報前檯可供下位房客住宿。

6.故障房（out-of-order，簡寫為OOO）：該房間無法出租給下一位客人，可能因為需要維修、保養、消毒等等原因。

7.請勿打擾（do not disturb，簡寫為DND）：該房房客掛出或按燈表示請勿有人打擾。

8.更換、打掃中（on-change）：該房房客已遷出，但房間尚未完成整理的工作。

9.未回過夜（sleep-out或not sleep in）：房客完成登錄手續但未在該房間過夜。

10.簡便行李（light baggage，簡寫為LB）：該房房客僅攜帶輕便的行李。

11.未帶行李（no baggage，簡寫為NB）：該房房客未攜帶任何的行李，此註明房間狀況表中提醒服務人員及檢視人員特別注意，以免有跑帳的情況。

12.門反鎖（double lock）：該房房客仍在房間中，但房門反鎖但未掛

　　請勿打擾卡、按燈或曾指示前檯或辦公室。

13.預走（due out）：該房房客預計於次日辦理遷出手續。

14.遷出（check out，簡寫為C/O）：房客辦理遷出手續，結完所有帳務並離開。

15.延時遷出（late check out，簡寫為LC/O）：房客要求比旅館規定遷出時間較晚，並事先取得旅館同意。

16.跑帳（skipper）：房客未辦理遷出手續、未結帳就離開旅館。

17.提早到達（early arrival，簡寫為EA）：該房房客比預計到達的時間早抵達旅館。

18.空房（vacancy，簡寫為V）：未有房客預計住宿的房間。

19.常住客（long staying guest，簡寫為LSG）：表示該房房客住宿時間超過二週（視各旅館規定）。

20.未遷入（no show，簡寫為NS）：表示預計住宿該房房客未出現辦理遷入手續。

21.未清潔房間遷入（relet）：遷出房還未整理完畢，便讓房客遷入；在整理房間時要優先處理。

22.內部使用（house use，簡寫為H/U）：表示此房間為旅館內部高階主管（如總經理／駐店經理）所使用。

23.自行遷入（walk in，簡寫為W/I）：指此房間客人未經訂房，自行進入旅館辦理遷入手續。並非所有觀光旅館都接受，須視旅館政策而定。

24.暫時保留房（keep room）：指客人原住的房間因故離去而不能回來住宿，仍保有這個房間，但須事先取得旅館之同意，且離去的房租仍照計算，但計費標準由上級主管決定。

25.升等（upgrade，簡寫為U/G）：表示本房間的房客因某些因素升等至套房或更高之房型。

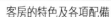

26.換房（change room，簡寫為C/R）：表示本房間的房客因某些因素（如房間太吵、有異味、人數增減等），要求至別的房間。

27.可售房間（availability）：可提供出售的房間，即飯店的一些客房還沒有被出售或為團體保留之房間，或是客人在預訂時，飯店仍然有客人所需的房間種類。

28.保留房（block，當「名詞」時）：為已預訂客房的客人和團體保留之房間。

29.保留房（block，當「動詞」時）：為客人分配房間住宿的流程或過程。

30.訂房確認（confirmed reservation）：同意並確認客人的預訂客房；飯店以口頭、電話、簡訊、E-mail等形式通知客人，同意並接受客人的客房預訂，並確認客人的預訂日期、客房價格、客房類別、數量及其等級、到達人數等項內容。

31.臨時訂房（simple reservation）：指當天訂房的客人，當天即會抵達旅館住宿。

32.客滿（full house）：客房全部售出，沒有多餘的客房再進行出售或接待客人。

33.sleeper：這裡是指實際上的空房而電腦房態上仍然標誌是占用的；其原因是住宿客人遷出以後並沒有從房態上更改所致。

34.延長住宿（overstay）：客人延長原定在飯店的住宿日期／時間。

35.銷售點（point-of-sale）：即向客人銷售「商品」或服務的地方，如旅館內的餐廳、禮品商店等等。這些銷售點一般所處位置都相對較遠，但它們均與電腦結帳系統相連結。

36.rooming：為下榻旅館的客人開房；即包括歡迎問候客人、為客人開房、陪同客人前往住宿房間的全部過程或全部流程。

37.提前離店（under stay）：客人提前遷出離店，即客人比他原定計

畫的日期提前離店結帳。

二、各項房務管理及服務專有名詞

1.員工更衣室（staff locker room）：一個備有許多儲藏櫃的房間，以
   提供每位須換制服的員工，擺置私人衣物及物品於儲藏櫃中並加
   鎖。

2.樓層主鑰匙（floor master key）：此鑰匙可開該樓層的每個房間，
   通常為樓層房務員所配戴的鑰匙。

3.通用主鑰匙（grand master key）：此鑰匙可開每樓層的每個房間，
   通常為主管所配戴的鑰匙。

4.緊急主鑰匙（general/emergency master key）：此鑰匙可開整棟大
   樓任何一個房間，通常為總經理、副總經理或駐店經理所配戴的鑰
   匙。

5.樓層備品間（floor store room）：每一層樓均有設置一間，內可放
   置備品車及各項房間備品，通常也有洗手檯及廁所（可能為二至三
   個樓層才有）的設備。

6.客房樓層服務檯（floor station）：在部分大型旅館於各樓層（或二
   樓）設置一服務檯，以提供該樓層（或二樓）房客各項服務。

7.房務部辦公室（housekeeping office）：為房務部門的心臟區域，所
   有簽到、聯絡、辦公、管理、訓練等事項皆在此辦理。

8.簽到（sign in）：房務部所有人員每天除依旅館規定打卡外，另須
   在辦公室設置的簽到處簽名。

9.公布欄（bulletin board）：在辦公室設置的公布欄可將旅館的新公
   告及通知或交辦事項張貼於此，以利所有人員方便閱讀。

10.早會（morning briefing）：每日上班前的集會及短暫事項的宣告。

11. 記錄本（log book）：在旅館中的每一個部門都有記載該部門每日
   發生或重要事項的記錄本。房務部門依其工作性質不同而有以下
   不同的記錄本：

   (1)辦公室記錄本（housekeeping log book）：辦公室為整個房務部
      門的中樞，所以有許多單位間需要溝通及聯繫的事項，應一一
      記載在此，才不會有遺漏，而影響到整體部門的運作，每天由
      房務部最高的值班主管負責查閱及簽名及後續追蹤。

   (2)樓層記錄本（floor log book）：在各樓層皆有獨立的記錄本，
      包括該樓層清潔、保養、各項客房服務的記錄，該樓層領班或
      主管於每日巡樓時，均要查閱及簽名。

   (3)公共區域記錄本（public area log book）：房務部門所管轄的區
      域十分廣，所以設置公共區域記錄本才有辦法有效地管理各相
      關單位及各清潔人員的所在處，每天由公清主管負責查閱及簽
      名及後續追蹤。

12. 工作車（working trolley）：每一位房務服務人員於工作時，放置
   需要備品的推車。

13. 布品車（linen cart）：每日載運乾淨備品或運送換下的布品、檯
   布、垃圾袋等的工具。

14. 團體客人（group inclusive tourist，簡寫為GIT）：團體同時遷入及
   遷出的客人。

15. 散客（foreign independent tourist，簡寫為FIT）：為單獨遷入及遷
   出的客人。

16. 貴賓（very important person，簡寫為VIP）：為旅館重要的房客，
   如國家元首、政要、大公司行號老闆等。

問題與討論

一、個案

湯姆是City Hotel一位很重要的貴賓,第一次住宿於該旅館,總經理非常重視且親自迎接其至客房。但第二天早上該層樓領班即氣急敗壞地找房務部主管投訴,聲稱該房間無法清理,且要主管親自向客人反應。經冷靜地瞭解事情的始末,才知道看似十分紳士的湯姆,居然將房間浴缸沾上了排洩物。該主管思索了許久,判斷該房客應不是惡意做如此事情,但事關個人隱私該如何向客人開口呢?尤其他又是旅館的VIP客人?第三天早上他特別一早就到樓層等待該房客出門與其話家常:「湯姆先生,您好!不知您住在本飯店是否習慣?所有的設備及服務是否適合您呢?」,哪知此話一開客人居然很不好意思地將他拉到一旁很神秘地說:「對呀!你不說我也不好說,你們飯店很奇怪居然沒有清潔用的馬桶(免治馬桶),讓我很不方便!」原來湯姆先生在其家鄉皆使用慣了免治馬桶,所以才會產生房間浴缸沾上了排洩物的事件!知道了客人的困擾後,該主管立刻主動為湯姆先生換到有免治馬桶的套房,並向領班及房務人員解釋,順利地化解了此次的危機,並取得重要貴賓湯姆先生的信任。

二、個案分析

該案例為多年前發生,當時具有免治馬桶的旅館並不是很普遍,而房客的各項習慣是無法預測的。個案中的主管冷靜且迂迴的試探方法,其實是唯一且不得罪房客的方式,不但解決了客人難以向別人道出的隱忍、贏得了屬下的信服力,更讓旅館保有了這樣一位重要的房客,是一個非常成功的案例。

三、問題與討論

　　張清揚為一位剛升任房務主管的資深房務人，一天夜間領班向其反應一間套房的日本房客抱怨該房充滿了尿味，但該房間每日皆有房務人員清理且其親自前往檢視，亦未發現異狀，不知是管道的問題或是其他因素引起。但首要之務為先處理該房客要求換房事宜，再查出問題的根源。但該房客換至另一套房，問題又再一次發生，請問如果你是張清揚，你要如何處理如此棘手的問題呢？

Chapter **5**

房務實務操作

　　觀光旅館最重要的兩項產品「客房」及「餐飲」，看似單純但需要很多人力團結一致地完成，才有辦法提供出清潔、美味的產品。客房清潔為房務部最重要的工作，也是各項評比（如星級、國際連鎖等）的重要指標，更是影響住客是否繼續住宿或會考慮回住（return）的最重要因素（請參閱第三章**專欄3-1**）。所以各家旅館無不費盡心思地建立完整的標準作業流程、訓練各級專業人才，才有辦法取得客人的青睞，以達到雙贏的局面。

第一節　客房清潔前的前置作業

一、進入客房前的準備作業

(一)各級人員值勤前的準備工作

◆**房務部經理（主管）**

1.於上班時間之前換好制服，檢查本身儀容後，至辦公室主持每日早會（morning briefing），公布今日重要事項（如VIP以上客人的招待、旅館重大事項宣告、客訴抱怨處理及相關人員應注意事項等）。

2.查閱辦公室記錄本（housekeeping log book），簽名並處理特殊事宜。

3.開始到各個公共區域及客房區域巡查。

4.必須掌握每日的住客狀態，並與前檯、餐飲、後勤等部門保持密切的聯繫。

5.充分掌握當日同仁作業的情形。

6.處理突發事件及前日未完成事項。

◆ **房務部副理（副主管）**

　1.更換制服後至房務部辦公室。

　2.參加或主持（當主管不在時）每日房務早會。

　3.查閱辦公室記錄本（當主管不在時），簽名（sign in）並處理特殊事宜。

　4.與經理協調並瞭解當天所發生的一切狀況。

　5.協調安排隔日當班同仁的上班狀況。

　6.配戴呼叫器。

　7.配合早班領班做巡查及檢查房間作業。

◆ **房務部（主任）領班**

　1.更換制服後至房務部辦公室簽到檢查本身儀容。

　2.查閱辦公室記錄本，簽名並協助處理特殊事宜。

　3.安排當日的值班人員工作分配。

　4.參加每日房務早會。

　5.記錄特殊交待事項於「每日房間檢查表」（housekeeping daily inspect sheet）（**表5-1**），如要求先整理的房號、要求借用物品的房號、其他交辦事項、將各樓服務員姓名填寫於檢查表上。

　6.領取主鑰匙及呼叫器。

　7.開始樓層及公共區域的巡查及房間檢查的工作。

◆ **房務部辦事員**

　1.到前檯辦公室領取住客名單、房務部交待簿及辦公室鑰匙，與各樓層房間之主鑰匙（當夜間主任休假時）。

　2.更換制服後至房務部辦公室簽到，並檢查本身儀容。

　3.開啟電腦及電話系統與呼叫器系統。

　4.參加每日房務早會。

表5-1　每日房間檢查表（housekeeping daily inspect sheet）

floor（樓層）：　　　　　　　　　　　　date（日期）：
room attendant（房務員）：　　　　　　　butler（樓長）：

room no. （房號）	bedroom （臥室）	bathroom （浴室）	trouble report （請修）	remark （備註）	sign （簽名）

5.標記長期住客房號於住客名單上，以便房務員加以注意。

6.整理各樓層分配的房間號碼（住客名單分割）。

◆房務部房務員

1.更換制服後至房務部辦公室簽到，並檢查本身儀容。

2.查閱辦公室記錄本及瞭解住房狀況。

3.接受領班及辦事員的排房順序及特殊注意事項。

4.領取樓層主鑰匙及呼叫器、住客名條等物。

5.參加每日房務早會。

6.查看樓層資料木格子是否有自己所屬樓層之信件或資料。

7.到樓層時開啟所有電源及飲水電源。

8.查看樓層的記錄本。

9.依照住客名單及檢查表上的資訊速查冰箱飲料及安排整房順序。

10.擦拭公共區域，並追蹤及修報公共區域任何電源及物品故障。

11.收取客人皮鞋並加以記號，於工作告一段落時做擦鞋服務。

12.查看空房（vacancy room）。

13.記錄客人洗衣的訊息。

14.收取客人置放於走道上之餐車、餐盤於規定之地方，以便客房餐飲服務員收取。

15.開始房間的整理工作。

(二)清理客房前的準備工作

1.先將工作車（working trolley）（備品配置見圖5-1）及布品車（linen cart）整理乾淨，把所需要的布巾類（床單類、毛巾類）及玻璃杯、菸灰缸和文具類、備品（香皂、衛生紙）等整齊的依公司規定排列在車上。

2.準備工具：小水桶一個、乾抹布二條、濕抹布二條、刷子一個、塑膠泡棉一塊、清潔劑一套，整齊的與工作車排列在備品室（庫房）或依旅館規定的位置。

3.將交待簿上前一日所交待的事項登錄於每日房間檢查表上，以利查詢及備忘。

4.研讀住客名單並先查清今日「每日房間報表」（room daily report）（表5-2）以方便瞭解自己所負責房間狀況，並依領班所列的做房順序依次整理客房，不能重複打擾住客。

5.熟記VIP客人的名字，並能隨時叫出房客名字。

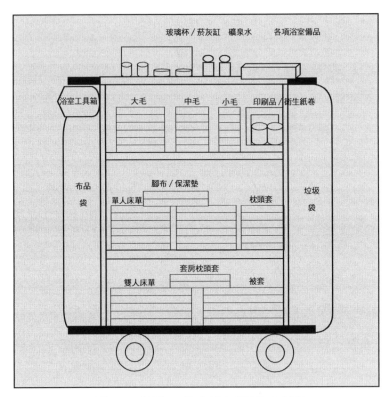

玻璃杯／菸灰缸　礦泉水　　各項浴室備品

浴室工具箱　　大毛　　中毛　　小毛　　印刷品／衛生紙卷

布品
袋

腳布／保潔墊

單人床單　　　　　　　　　　　　枕頭套

垃圾
袋

套房枕頭套

雙人床單　　　　　　　　　　　被套

圖5-1　房務工作車備品配置示意圖

(三)房務工作車運作流程

1. 在走廊上應慢慢地直線推進房務工作車，眼看前方，謹防碰到任何住客或物品。

2. 當推著工作車轉角時，要先留意有無客人。

3. 推車時手應緊緊握住車的扶手。

4. 不要在前面拉動車子，因為這樣容易導致肌肉拉傷。

5. 工作車應停靠在房門前，車的正面就應正對著大門口，使人不易進入房間，當房務員在房內或浴室工作時，須提高警惕。

表5-2　每日房間報表（room daily report）

floor（樓層）：　　　　　　　　　　　　　date（日期）：　　月　　日
room attendant（房務員）：　　　　　　　　supervisor（領班）：

room no. （房號）	guest name （客人姓名）	room type （房型）	room structure （房間狀況）	remark （備註）	special note （特別事項）	supervisor direction （上級指示）
01	Mr. Lee White	single	occup'd	D N D	no one allowed before 11:00am	早上11以後再清理
02	Ms. Mary Gatti	twin	C/O	VIP	下個客人會早遷入	第一優先清理
03	Mr. John Smith	suite	C/I		準備貴賓歡迎水果籃及蛋糕	第二優先清理

專欄5-1 服務高手的條件

腦

1. 記住常客的習慣與喜好。
2. 保持冷靜。
3. 有禮貌地接待客人。
4. 隨時保持誠懇親切的笑容。

手

1. 不可用手觸摸頭臉或置於口袋中。
2. 不可當客人的面抓頭髮或挖鼻等不雅動作。

視

1. 和顧客交談時要正視對方的眼睛，以表示禮貌。
2. 服務時不可阻擋客人之間的視線。
3. 在庫房時，隨時注意監視器以掌握客人的進出及樓層的安全。

行

1. 在任何情況下，不可在公共區域跑步或過分慢行，也不可由兩人中間穿越。
2. 行進間抬頭正視，不可閱讀資料，與客人保持距離。
3. 帶領客人時，要保持與客人同樣的速度，不可過急或緩慢。

言

1. 在服務時，要措詞得當且有禮貌。
2. 任何情況下不得打斷顧客談話。插話時必須先向客人致歉。
3. 服務客人時必須冠姓氏以先生或小姐稱呼之，不可直呼其名。

4.隨時記得說「請」、「謝謝」或「對不起」。

5.只有在不影響服務的情況下才可與客人聊天。

6.除非情況需要，避免聆聽客人的閒聊，更不可以給自己的意見。

7.互相交待公事一定要低調。

8.在掛DND的客房附近行進或工作時，要輕聲交談。

禮儀

1.勿將制服當抹布，經常保持制服的整潔。

2.確保庫房及工作車隨時保持乾淨。

3.保持良好儀容及機敏。

4.不可在備品室或庫房內吸菸。

(四)如何觀察客房動靜

1.房門上是否掛有「請勿打擾」或有「Do Not Disturb」燈顯示著。

2.房內是否有燈光或聲音。

3.房門鎖針露出時（表示房門反鎖）。

4.門縫下報紙未收時，絕不可打擾住客，尤其是在早上（除非客人有特殊交待）。

(五)敲門進入客房的流程

凡進入客房前，先要在外敲門，並報聲「housekeeping」（客房整理），其原因為：(1)保障住客的隱私；(2)防止困窘事情發生。

其流程如下：

1.以手指背在門上輕敲三下，並用適當的聲音說：「housekeeping」，

以引起客人的注意。

2.站在門前適當位置，面對防盜眼約五秒鐘，等待住客的回應。

3.如沒有回應，則用同樣方法再次敲門並報原因。

4.如仍沒回應，則有四種可能性發生，當開門後：

(1)發現客人仍在熟睡中，或正在浴室中，這時應輕聲關門然後離開。

(2)如發現客人剛睡醒，未及更換衣物，應說：「先生／小姐，對不起」，然後離去。

(3)如客人已醒並換好衣服，則應說明理由：「先生／小姐，對不起，請問現在可否清潔房間？」

(4)如房間內沒有客人，則可立即清潔房間。

5.如果客人有回應，則應說：「先生／女士，請問可否現在清潔房間？」

6.如你當時正在檢查房間，則應說：「先生／女士：對不起，房間檢查。」

7.如果門上整天掛著「DND牌（請勿打擾）」，房務員應報告樓層領班或當值主管，不可隨意敲門。

8.從防盜眼可以留意有否人影走動，用耳朵細聽是否有人聲或水聲，物件移動的聲音。

9.開門時要用手按住門鎖手柄，慢慢推開門，留意防盜鏈是否扣上，關門亦要手按門柄，輕輕關上。

(五)「請勿打擾」的處理

◆ 早班服務員

在下午一時和二時之間，房務員將所有掛有「請勿打擾」而未能清潔的房間，報告早班樓層領班。

◆**早班的辦公室職員**

　　1.收集所有從房務／樓層主管交來「請勿打擾」的房間號碼。

　　2.用電腦檢查和找出客人資料，打電話給客人，如客人接聽並拒絕接受服務或要求延遲服務時，要及時通知樓層服務員。

　　3.當房間無人聽電話時，也要及時通知樓層主管及房務員。

◆**早班樓層房務員**

　　將「請勿打擾」而未能清潔的房間，以及「住客告知不需服務或要求延遲服務」等特別事項寫在交班簿上，並需知會中班樓層領班。

◆**中班樓層領班**

　　至下午五時至六時之間仍發現「請勿打擾」牌未除下，打電話進房間查詢，如仍沒有人回答，則須通知大廳副理一同上房間檢查情況，如客人不在房間內，仍掛「請勿打擾」牌，則留言給大廳櫃檯接待，待住客回來通知清潔房間，將事情記在辦公室的日誌上，並應知會中班當值主管、夜班清潔領班及辦公室，並且記錄在交班紙上。

　　在實務上也有很多情況，即客人早已不經櫃檯而遷出離店，多數客人是不會把牌子卸下再掛回房間門內。這種情形比較單純，應趕快整理房間，以便即時售出。

第二節　客房清潔作業流程

　　客房清掃的一般原則為：從上至下，從裡到外、先鋪後抹、乾濕分開、環形整理。

一、客房清潔整理的準備工作

1. 聽取工作安排，領取樓層卡（卡式鑰匙），房務員應按旅館要求著裝，準時上班簽到，聽取主管或領班工作安排，之後簽名領取樓層卡及工作日報表、工作日誌。領用樓層卡須注意領用時間，並隨身攜帶，嚴禁亂丟亂放，工作結束後要親自繳回，簽寫名字與繳回時間。

2. 瞭解分析房間狀況。目的是為了確定客房清掃順序和對客房的清理程度，避免隨便敲門打擾客人，這是清掃客房前必不可少的程序。

3. 確定清掃順序。客房的清掃順序不是一成不變的，應視住客情況而定。因此房務員在瞭解自己所負責清掃的客房狀態後，應根據輕重緩急、客人情況，和領班及主管的特別交待，決定當天客房清掃的順序。

   (1)一般情況下應按下列次序清潔房間：VIP房→請即打掃房→續客房→長住房→遷出房→空房。

   (2)住房較為緊湊時，次序可稍作變動：VIP房→請即打掃房→遷出房→續住房→長住房→空房。

二、房間的整理

(一)續住客人房間的整理

1. 敲門，等候房裡面回應，然後才進入房間（請參考敲門禮節）。
2. 將工作車停靠在房間門口處。
3. 熄掉多餘的燈光，留意燈泡及各電器有無損壞。
4. 拉開房內所有的窗簾，讓光線透進來。
5. 開啟或調整冷氣，打開浴室的門，讓室內的空氣流通。

6. 檢查及報告迷你吧使用情況。

7. 收集杯子及清理菸灰缸，然後置於浴室洗臉盆內（現已有多家旅館施行全館禁菸，所以客房內不擺菸灰缸，在外國有些飯店規定周圍20公尺內禁菸）。

8. 收集房內垃圾，倒進工作車的垃圾袋中，清潔垃圾箱。

9. 收掉所有食用完的餐盤及餐具，先收回工作間去。

10. 收拾妥及掛起住客的衣服、鞋襪（若住客有衣物送洗，應按規定程序處理）。

11. 收拾睡過的床鋪，將床單等布巾放進工作車的布巾袋中。

12. 重新整理所有的床鋪。

13. 清理浴室，將用過毛巾放回布巾袋中。

14. 重新鋪回毛巾及浴室的供應品。

15. 房內家具擦拭灰塵及打蠟，留意哪裡有損壞及缺少用品。

16. 補充房間各種用品、迷你吧、更換水壺。

17. 吸地毯。

18. 關閉窗簾。

19. 再觀察房間一遍，留意有否漏補用品，家具、床鋪是否完好，門窗是否關好。

20. 冷氣調到原來的溫度。

21. 關掉所有燈。

22. 關閉妥房門，然後離開。

(二)遷出房的清潔整理

整理遷出離店後的房間應先按前述敲門禮節，若門旁「請勿打擾」燈亮著（或掛「請勿打擾」牌）則不要敲門，於中午十二時或下午二時電話詢問客人是否需要整理房間，不管什麼狀況，要養成先敲門後進去的習

慣。清掃時有幾個方面要注意：

1. 拉開房內所有窗簾，打開窗戶。打開窗簾時應檢查有無脫鉤和損害情況。

2. 必要時將空調打開，加大通風量，保持室內空氣清新。

3. 迅速逐一檢查房內，如：燈具、抽屜、衣櫃、床底、浴室等；如有客人遺留物，要立即通知樓層領班或電話通知辦事員。檢查燈具時應全部打開，檢查是否有毛病，之後隨手關燈。一旦燈泡有損害，應立即更換。

4. 檢查各家具設備有否被破壞或拿走，如有要立即通知樓層領班或電話通知辦事員。

5. 檢查迷你吧，如客人使用過飲料或食物應通知櫃檯補足金額。

6. 撤走房內用餐（room service）的餐車、餐具。通知收餐員收餐具。

7. 撤走用過的茶杯，收集房內垃圾，倒進工作車的垃圾袋中，清潔垃圾箱。

8. 撤走髒的布巾，將羽毛被（毛毯）摺疊並放好，把髒布巾放進工作車的袋子內。在撤床單時，要抖動數次，確認裡面無其他物品。若發現布巾有破損及汙染情形，應立即報告領班或主管。注意不要把布巾扔在地面或樓面走道上。收走髒布巾後帶進相應數量的乾淨布巾。

9. 做床。按鋪床的程序及要求操作。

10. 擦拭灰塵，檢查設備。從房門開始，按環形路線依次把客房家具、用品、吸塵等要做得更加澈底，特別留意家具後的隱蔽處。

11. 補充足夠的房間應有備品。

12. 房間如有異味，應先將噴灑空氣清新劑及將冷氣維持低溫，待氣味消散後才轉到標準位。

13. 窗簾拉至兩邊並以繫帶繫整齊，將白色紗窗關閉。

14.再檢視房間一遍，留意有否漏補用品，家具、床鋪是否完好，門
窗是否關好。

15.關閉電源再關妥房門，然後離開。

(三)空房的清潔

空房是指房間未出售，也多少會積塵，所以空房的保養也是很重
要。其清潔程序如下：

1.敲門，等待裡面回應，當確定沒有住客在內方可進入，如已有客人
住宿則告訴客人你正在查房。

2.進入房間後，將工作車停在門口。

3.鋪床整理，如昨晚開了夜床，則須把被單重新整理好（如有床罩則
須蓋上）。

4.擦拭灰塵，包括各種家具及擺設。

5.沖洗馬桶，浴室須擦拭灰塵。

6.檢查房間一切備品是否齊全，應放回早餐牌，收回送給客人的巧克
力等東西，如有水果在房中，則通知餐飲部收回，如有鮮花，則收
回工作間，並且要報告樓層領班。

7.重新更換水壺的清水。

8.記下及報告任何損壞的物品。

三、做床

1.依照該房房型，攜入所需更換的床單、被套（使用羽毛被者）及枕
頭套。

2.做床前若發現床上有衣物，要用衣架掛起放入衣櫥內，如有睡衣褲
則整齊疊好，置於床頭櫃上，做好床再放回床頭。

3.將床拉出約離床頭櫃5～10公分（若旅館之床太重或為固定式的則依各旅館規定作業——如拉出床墊等）。

4.拉掉床單及毛毯（或羽毛被），須注意床上的客人物品或旅館內部的用品（最常發生的為電視遙控器、鬧鐘等物），不可混在床單內。

5.檢查毛毯（或羽毛被）及床墊布（保潔墊）是否汙損，有則更換之，並將換下的交給布品間領班處理。

6.檢視床墊及枕頭是否有特殊汙損，有則記錄於報表上，交給領班以上主管處理。

7.將用過的床單、枕頭套及毛巾等收入工作車的汙衣袋內。

8.鋪床：

(1)先將床墊布平坦的鋪在床上（通常不髒時不加以更換）。

(2)鋪第一條床單：

‧站於床的兩側，把床單平均攤開，將床單分別拉往床頭及床尾處，並把床單的四面角塞入上床墊（四個對角摺成四十五度或平行塞入——依各旅館規定）。

‧注意床單兩側垂下的部分要平均（以床單的摺痕為基準點）。

(3)鋪第二條床單（若旅館使用羽毛被者不需要此項程序）：要領與第一條相同，床頭處床單則下垂約至下床墊的一半位置大約30公分。

(4)鋪毛毯或羽毛被：

‧毛毯一邊與床頭對齊，而垂下的兩側則平均其長度。

‧鋪羽毛被：

◇站在床頭之兩側（以自己順手或房間之狀況而定），先將羽毛被之頭部甩向對側攤好，再將包被之被單缺口朝向自己，

將被單順勢甩向對側。

◇將羽毛被兩側先行塞入包被內將反面翻出放好，將單手伸入
被單內夾住羽毛被順勢將被單轉為正面約三分之一之處（另
側同樣做法），再提起稍用力攤開將頭部轉向床頭鋪好後，
並把羽毛被塞入床墊內或整齊鋪好即可（須依各旅館之規
定）。

(5)鋪第三條床單（若旅館使用羽毛被者不需要此項程序）：

‧床單平鋪於床上，要領與鋪第一條相同，但床頭處床單距離
床頭約10公分。

‧拉起床頭處第二條床單，包住毛毯及第三條床單，往下摺疊
約20公分寬（一個枕頭的寬度），兩側的床單及毛毯，平坦
的塞入兩床墊之間。

(6)床尾處作業：房務員分站床的兩側，一起將床面拍平。將床尾的
第一、二條包住毛毯，拉高往前摺30公分。後再反摺與床尾對
齊，兩側之床單拍順後塞入兩床墊之間（羽毛被者只須拍順即
可）。

(7)包裝枕頭套：

‧雙手探入枕頭套中將其拉下放置在旁，拿起枕頭兩角用力塞
入，再將枕頭套拉好。

‧多餘之部分應回折塞入枕頭內（塞法依各旅館規定）。

‧要注意枕頭包好要平整、美觀，並須注意床罩之折線須對齊且
工整。

(8)床罩：將床罩床尾套好後順勢拉平至床頭，再依各旅館規定包好
枕頭（單層或雙層），最後須注意整體床罩是否平整及對齊。

注意事項：凡所有床上布品包含床單、枕頭套、毛毯、床墊布、床
罩等不可有破損、汙點及毛髮。

專欄5-2　床罩的趨勢？爭議？

　　以往在觀光旅館客房的設計上，最為設計師所重視；例如圓山飯店特別商請輔大織品系為其設計床罩的圖案，以配合整體的設定，以突顯客房的高貴感。

　　但隨著最新幾家旅館的開幕後，床罩是否適宜也引起業界的討論，其原因如下：

1. 床罩的功能僅為保持床的乾淨，但其相關作業（如做床時鋪作、開夜床等）繁瑣，在人力吃緊的現狀下是否須持續，值得商榷（目前台灣休閒旅館幾乎沒有鋪床罩了！）。
2. 許多客人在不知情下，以床罩取代被子，不但不衛生更影響了整體清潔的作業。
3. 床罩的清潔僅為定期性（如每月或每兩個月），其清潔程度也是值得憂心的。

所以，目前業界有幾家已開始將床罩的作業做以下的修正：

1. 續住房不鋪床罩。
2. 遷入房不鋪床罩。
3. 床罩改為改良式（可直接罩入床鋪不須再花時間整理）、半罩式（裝飾床中央以避免床過分單調），或與羽毛被單結合（如床尾有漂亮的設計以取代床罩的高貴裝飾的功能，以搭配整體客房的設計）。
4. 部分客源（如團體客人、開會團體等）不做鋪床罩此作業。
5. 完全不做鋪床罩此作業。

　　目前，各家觀光旅館仍意見紛歧，傳統式業者仍堅持五星級應保有的水平及應給客人物超所值的回饋；改革者認為在環保（不須大量清洗）、節省人力資源及衛生等因素的影響下，應重新思索過去的傳統是否值得堅持！

第三節　清洗浴室作業流程

一、清洗浴室前置作業

　　攜入清洗用之工具，如水桶、馬桶刷、清潔劑、乾濕抹布、穩潔、海綿塊及手套。進入浴室先檢查所有布品是否短缺，如浴袍、毛巾、棉花玻璃瓶等物，若短缺，需記錄於報表上。

二、清理浴室

(一)清理垃圾

　　1.收集使用過的備品（消耗品）空盒及毛髮、面紙等，放入垃圾袋內（毛髮等不可丟入馬桶內，以免阻塞）。

　　2.收出用過的毛巾、浴袍等布品，放置於工作車的布品袋內。

(二)噴清潔劑

　　1.將適量清潔劑噴於設備上，如洗臉盆、馬桶、浴缸、沐浴室玻璃。

　　2.置放約三分鐘待其汙垢溶解。

(三)刷洗

　　1.依順序由洗臉檯、浴缸、沐浴室牆、門、馬桶等處開始刷洗，對特殊油汙處需用力刷。

　　2.用菜瓜布刷洗水龍頭、牆面隔間及馬桶四周（避免刷洗馬桶內部以確保清潔）。

　　3.馬桶內部利用馬桶刷刷洗。

4.C/O房需特別留意洗臉檯、蓮蓬頭、馬桶沖水器、地面四個角落，以及肥皂缸、肥皂盒等處，不可有任何遺漏。

(四)沖洗

1.由上往下的方式以水瓢盛滿熱水沖洗浴室每個角落。

2.洗臉盆盛水時水量勿開太大以免浪費水源。

3.沖洗浴缸及沐浴時，順便檢查水龍頭是否鬆動，有則記錄在報表上安排請修。

4.浴牆及浴缸必須光亮無油汙痕跡才是刷洗乾淨，若不光亮須加強刷洗一遍。

5.沖水時勿沖到電器插頭部分，以免漏電。

6.加強牆角縫的清理。

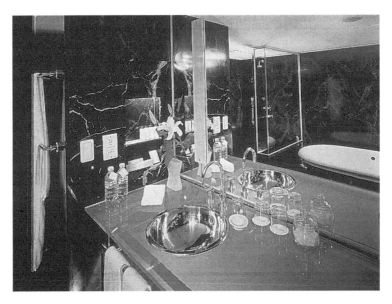

圖5-2　浴室

資料來源：台中永豐棧酒店提供。

7.沖洗馬桶時注意馬桶排水及馬桶沖水是否順暢。

8.若馬桶座墊螺絲鬆動或馬桶有排水、漏水及任何運作不正常時，要記錄下來並向領班級以上主管反應。

(五)擦拭

1.以乾抹布將洗臉盆、檯、浴缸周緣部分、浴牆、馬桶四周、馬桶沖水閥、水龍頭等處的水分擦乾，注意擦拭時皆由上往下，不可留下任何水分及毛髮。

2.浴門、抽風口、地面皆以濕抹布由上往下擦拭。

3.鏡子、面紙盒、圓筒衛生紙蓋、浴室電話、放大鏡、棉花罐、鹽罐及所有不鏽鋼部分都需要求光亮（以穩潔配合乾抹布擦拭）。

4.擦拭淋浴間玻璃門：

(1)以乾布將水漬擦拭乾。

(2)配合玻璃清潔劑擦拭門及玻璃隔間。

(3)檢視有無水印、水漬痕跡。

5.測試吹風機，若有故障需登記並告知領班請修。

6.等擦拭工作完畢後將所有更換下的毛巾及垃圾攜出，放於工作車（備品車）上，並取入乾淨之備品補充。

(六)補充浴室備品及用品

1.補充浴巾（大毛）、洗臉巾（中毛）、擦手巾（小毛）、腳墊布等物，確定每項布巾沒有破損、鬚邊。

2.毛巾數量如下（依各旅館規定）：

(1)標準房及單人房放二條大毛、二條小毛、二條中毛。

(2)雙人房放四條大毛、二條小毛、三條中毛。

(3)套房以上放四條大毛、三條小毛、三條中毛。

3.確定所有沐浴精、洗髮精、棉花棒、棉花罐、肥皂盒、棉花、肥皂等用品已補充齊全，並需將公司的logo朝上擺放整齊。

4.續住房內需以中或小毛巾平鋪於檯面上，並將客用物品整齊排列於上（注意客人物品須小心輕放，以免酸性化妝品損壞大理石檯面）。

5.登記換洗之布巾數量於報表上，以利下午之補充作業。

6.續住房浴袍應放於住客常放位置，長期客房需每三天更換一次。

7.浴袍補入時需確定其清潔無破損。

8.更換只剩下三分之一之面紙及衛生紙。

(七)最後巡視

全部清理完畢後必須再度檢查下列注意事項之後才可退出：

1.是否澈底清潔、光亮潔淨。

2.是否留下毛髮。

3.所有物品都補充齊全。

4.是否有任何故障待修。

第四節　擦拭各項家具作業流程

擦拭家具（臥室及客廳）

(一)濕擦範圍

1.特別注意事項：

(1)擦拭家具的順序依順時鐘方向從右邊（依個人習慣，若習慣使用

左手者則從左邊）開始，順著客房周圍擦拭。發現家具木質油漆脫落時需記錄並告知領班處理。

(2)濕抹布要經常清洗以免越擦越髒，並防臭味，並於適時更換以維持衛生。

2.擦拭衣櫥：

(1)擦拭衣櫥內置物架、掛衣架及衣櫥內抽屜、保險箱、鞋籃（擦鞋卡、擦鞋袋、擦鞋布、擦鞋盒等）、鞋拔、衣刷及領帶架上的灰塵。

(2)檢查衣櫥內燈、衣櫥門上開關等是否正常。

(3)檢驗衣櫃門的輪軌是否運作正常。

(4)整理男、女衣架依正確方式（依各旅館規定）擺放，並將旅館的標誌朝外；並同時檢查緞帶衣架是否完整及齊全。

(5)檢查購物袋、洗衣袋、洗衣單、雨傘、浴袍、拖鞋等是否齊全。

(6)備用枕頭（及毛毯）要依規定擺放。

(7)查看保險箱內是否留下客人物品（已C/O房才查）。

(8)任何故障需記錄下來、報修，並將不足的用品補齊。

3.擦拭寫字桌：

(1)擦拭寫字桌桌面。擦拭要領：為由一邊向另一邊規律地擦拭、特汙處可噴穩潔擦拭、桌上擺設移開以避免遺漏。

(2)擦拭抽屜把手、內部，順便檢查內部預備的用品是否補齊，例如文具用品、針線包等，並防止任何清潔用品遺留在抽屜內部。

(3)擦拭書桌椅，注意椅腳及椅背木質凹入部分的灰塵。

(4)擦拭燈座及電線部分——因濕抹布可以除塵。電燈泡、內部及燈罩則特別注意勿接觸到電的部分以免觸電，電線部分在擦拭前必須檢查是否有電線絲裸露，若有則先將電源插頭拔掉，再報請修理。留意燈泡故障時要更換。

(5)桌面依正確擺設規定放置,並將客人之物品擺放整齊(不可隨意翻閱客人文件),遷出房(C/O)則須特別注意客人是否有遺留物。

4.擦拭冰箱及電視櫃:

(1)擦拭冰箱櫃、冰箱上方及旁邊縫隙灰塵、冰箱內部汙漬。

(2)擦拭整個冰箱櫃內、外電視含本身上方及後方灰塵。

(3)擦拭電視櫃內抽屜(尤其注意抽屜四周角落)。

(4)擦拭托盤、保溫瓶、花瓶及面紙盒等。

備註:冰箱上方的茶杯、咖啡杯、水杯等若客人有使用時,要收下待下午有空時再到庫房清洗,不可在客人的吧檯間或浴室清洗。

5.擦拭邊桌、沙發及落地燈:

(1)擦拭桌面及椅背、椅腳、椅縫,尤其注意可樂、咖啡水漬及油汙的清除。

(2)查看椅邊及椅子底下是否有客人留下物品。

(3)擦拭落地燈燈座及電線部分——因濕抹布可以除塵。電燈泡、內部及燈罩則特別注意勿接觸到電的部分以免觸電,電線部分在擦拭前必須檢查是否有電線絲裸露,若有則先將電源插頭拔掉,再報請修理。留意燈泡故障時要更換。

6.擦拭床頭櫃:

(1)擦拭床頭櫃木質部分、櫃面灰塵、汙漬(順便檢查開關運轉是否正常)。

(2)擦拭床頭櫃底部灰塵(將雜誌、聖經等書籍移開)。

(3)擦拭抽屜:

‧檢查夜燈是否正常,如燈泡故障需即更換。

‧檢查緊急手電筒是否可使用,若運作失常則須報請立即修護。

‧留意床頭櫃四周地毯的菸灰、頭皮屑、垃圾等的清除。

7.擦拭窗台及窗戶：

　(1)擦拭窗台木質部分。

　(2)檢查紗窗簾及捲簾是否正常，故障則需請修。

　(3)檢視紗窗及捲簾是否破損或骯髒，有則記錄，反應給領班處理。

　(4)玻璃窗部分固定每週做一次定期保養，平時則保持玻璃光亮、無手印。

8.擦拭電話機及傳真機：

　(1)清潔電話機：

　　‧以濕抹布擦拭話筒及話機部分。

　　‧微量噴灑清潔劑。

　　‧以乾布均勻擦拭塗亮。

　　‧注意話機後方須擦拭及保養。

　(2)清潔號碼鍵接縫：以布包住原子筆筆尖，對號碼鍵接縫處除去累積的灰塵汙垢。

　(3)清潔話筒：

　　‧以棉花沾酒精擦拭話筒的收話及發話的部分。

　　‧針對發話部分要加強處理，消毒並除去異味。

　(4)最後清潔與檢視：

　　‧配合清潔劑將電話線擦拭乾淨。

　　‧以乾布將話機及工作區域再擦拭一次，確認未留下任何汙點及指印。

　　‧電話線依規定纏繞整齊擺放。

9.擦拭調溫器、回風口、冷氣出風口：擦拭調溫器、回風口、出風口之灰塵及霉斑，並檢查冷氣運轉是否正常。

10.擦拭門：

　(1)擦拭門框上、下、四周及門把（保養時需將不鏽鋼或銅製之設

備擦亮），每個月排定保養的時刻表。

(2)注意門鎖、門上房價表及防盜眼的乾淨及是否完整。有任何故障或異狀需反應給主管知悉。

11.擦拭大理石：

(1)以濕布先擦拭大理石面，並注意加強擦拭死角部分，以避免汙垢長期留存。

(2)以乾抹布擦去水漬。

(3)保持約25公分左右距離，噴口向前噴灑清潔劑。

(4)將清潔劑均勻地塗抹在大理石面上，以乾抹布以打圈圈的方式擦亮。

(5)大理石上沾有果汁、咖啡、茶等水漬，先用濕抹布擦過再以乾抹布配合穩潔擦亮。

(6)每週固定一次以上以美容蠟打亮保養。

(二)乾擦範圍（玻璃及鏡子）

1.特別注意事項：

(1)擦拭客房內所有的鏡面（包括化妝鏡、電視螢幕）。

(2)鏡面、玻璃上若沾有油漆或任何汙點時需做特殊保養處理。

2.玻璃及鏡子擦拭作業：

(1)噴灑穩潔噴口向前，保持約25公分左右距離，髒汙處多噴一些。

(2)用乾抹布由下打圓方式擦拭，並由側身往亮處檢查是否有髒汙處。

(3)由低處往高處看，左右向亮處側看，是否仍有髒汙處。

(4)特汙處理：可用指甲輕刮鏡面，嘗試去除，若無法去除則用酒精、汽油等去汙。

3.擦拭燈：

(1)擦拭所有的燈泡、燈罩上的灰塵。

(2)擦燈泡時不可以濕抹布擦或碰到穩潔,以免熱燈泡遇冷因溫度差異而造成燈泡破裂。

(3)燈罩或燈座故障、損壞時要告訴領班處理。

 ## 第五節　地毯清潔作業流程

一、清潔前的準備作業

1.將吸塵器帶到房間前。

2.解開吸塵器的電線。

3.先確認其開關為關閉的狀況。

4.插上插頭(須注意不可以濕手觸及,以避免觸電),準備進入房間。

二、到達定位

1.進入房間由工作區最內側開始。

2.打開電源(進入客房前不宜開啟電源以省電及減少噪音)。

三、開始吸塵作業

1.從內往外吸塵,以規律的路徑向外吸塵(避免重複以節省時間及人力)。

2.注意踢腳板邊及牆壁角落與家具底部的紙屑及灰塵,並避免踐踏於吸過處而留下腳印。

3.移開輕便的座椅及垃圾桶，吸完地後再將家具依規定的位置歸位。

四、作業中注意事項

1.發現地毯上有線頭需修剪。
2.隨時將過長的電線回捲握在手中，邊吸邊回頭注意身後狀況，以避免撞到物品。
3.地毯上有漬水、咖啡、茶漬等情形，需立即用抹布將水分吸掉，並記錄地毯汙漬狀況，於下午時做特殊處理（將清潔劑噴灑於特汙處，再以牙刷刷洗）。
4.地毯上如有燒焦的痕跡，必須記錄下來並告知領班處理。

五、檢視並結束吸塵清潔作業

1.關閉電源以省電及減少噪音。
2.檢視清潔狀況，以確保工作品質。
3.檢視各項家具及用品是否歸位。

六、清潔吸塵器

1.每日工作完畢後，須將吸塵器的集塵器袋清倒乾淨，清除吸頭上的雜物及毛髮等物，善加保養以利延長使用年限。
2.將電線纏繞整齊，以免發生危險。
3.定期將吸塵器的表面灰塵清理乾淨。
4.定點存放，以利管理及保存。

專欄5-3 工作車的正確位置

房務員於每日清潔工作中,最重要的夥伴就是工作車,在美國旅館客房管理中對工作車的位置(須放於房門口)有嚴格的規範,有關的規定及原因如下:

一、操作方便

1. 將工作車放置於門口可以方便房務人員拿取各項工作所需的用品。
2. 房間內部所需補充的備品及布品非常繁瑣,再加上房務人員每日工作量極大,若可以集中用品拿取,將節省許多來回庫房的時間,更不會因此而遺漏任何事項。

二、利於管理

旅館房間數眾多,房務人員常須依房間狀態而有不同優先處理的次序,所以為了方便管理,將工作車放置於門口可說明此房正在進行整理。

三、安全考量

1. 房務人員常須專注於清理客房或浴室,將工作車放置於門口,將有效地隔離不安全的因素,如竊盜或陌生人的侵入。
2. 若遇到客人回來時,除非是相當確認為此房的客人,不然一定要很客氣地要求客人提出住房證或房間鑰匙,以保護住客權益及自身的安全。

目前,各家觀光旅館的做法各有不同,部分房務人員覺得每做一間房即要移動工作車是相當麻煩的一件事,再加上整理客房時會有不同人員進出(如旅館工程人員、樓長、領班或主管),將工作車放於門口將增加工作的困擾!或許因國情不同而有不同的管理系統,誰是誰非不可判定,端看何種管理機智可以掌控情勢!

 第六節　補充各項備品

一、房間備品巡視檢查補充

(一)巡視檢查備品項目

1.從入口處進入，由一邊開始順或逆時鐘方向（依個人的習慣），依序檢視應有的備品。

2.記下所缺的項目。

3.檢視吸菸樓層客房的火柴是否已用完或仍美觀好用。

4.試用書桌上的原子筆是否流利好寫或斷水、缺水等。

5.翻閱所有附封套的指南或文具紙張的數量（另若有客人使用過的應抽出換新）。

6.消耗品應注意其剩下的餘量。

(二)備品補充歸位

1.由備品車或庫房拿取有需的項目。

2.依規定放置正確的位置。

3.補充原子筆前先試用。

4.確認補充品的標籤依規定向上或向外擺放。

(三)特別注意事項

1.任何物品遺失，如菸灰缸、文具夾等需記錄在報表上並告訴領班，填報銷單補充。

2.若為遷出房時應立即報請房務部辦公室作適時的處理。

二、填寫「房間狀況報表」

房務員依清理房間的狀況填寫於「房間狀況報表」（housekeeping room report）（**表5-3**）上，須填明：

1.日期。

2.樓層。

表5-3　房間狀況報表（housekeeping room report）

floor（樓層）：　　　　　　　　　　　　　　　date（日期）：
room attendant（房務員）：　　　　　　　　　time（時間）：

room no.（房號）	vacant（空房）	occup'd（續住房）	C/O（遷出房）	VIP（貴賓）	L/S（長住客）	door lock'd（反鎖）	no sleep in（未回）	remark（備註）

3.房間狀況：

　(1)vacant room：表示空房。

　(2)occup'd：表示續住房。

　(3)check out（C/O）：表示已遷去。

　(4)VIP：表貴賓。

　(5)long stay（L/S）：表長期住客。

　(6)door lock'd：則表示反鎖。

　(7)no sleep in：則為沒回來過夜（須註明第幾天沒回來）。

4.填寫整理房間時間。

5.布巾更換狀況（需詳細清點數量以利作業）。

6.其他說明事項需填寫於備註欄內，如備用物品、需報修事項、物品遺失或需保養等資料。

三、工作車、備品車、庫房的整理及備品、用品之補充

(一)工作車

1.於工作前先將工作車準備妥當，補足適用的備品。

2.隨時注意工作車上物品須排列整齊。

3.每日下班前需將工作車清理乾淨。

4.每月固定做一次澈底的清理。

(二)備品車

1.每日載運乾淨備品或運送換下的布品、檯布、垃圾袋等的工具，必須隨時保持此車的乾淨，帆布袋需做定期清洗。

2.備品車內若有垃圾應由各使用單位清除，以免日久難以清洗。

(三)庫房

1.每日於下班前需將庫房區域整理清潔乾淨。

2.隨時保持布巾摺疊排列的整齊。

3.每星期需澈底清洗庫房區域（含樓梯走道、洗水間等）。

4.每個月固定兩次（視旅館政策而定）補充庫房內一般客用消耗品及清潔用品。

5.每個月應盤點庫房內布巾用品，填表報給辦公室。

問題與討論

一、個案

　　美國軟體設計公司工程師史密斯先生住進台北一家國際商務大飯店。因該期間為軟體展，所以該貴賓樓層住滿了各國的軟體設計公司工程師。小雅為該樓層的房務服務員，第二天早上當該房客外出後，小雅即進行續住房的清潔工作。當小雅正在清理浴室時，聽到客人回來的聲音，小雅心想：「客人一定忘了拿東西，所以又回房了！」就未起身查看，繼續手上的工作，工作中聽到客人翻閱文件沒多久，又匆匆忙忙的走了！因為當天的住房率為百分之百，所以非常忙碌也未曾多想此事，終於又過了一天拖著疲憊的身子回家。

　　第二天早上，當小雅正進辦公室時，即看見經理臉色凝重地找她會談。原來史密斯先生的一份重要文件在昨天不見了，雖然他找過所有的地方，仍無法發現，非常的著急及生氣，甚至懷疑旅館內部有商業間諜竊取了他的文件。經向夜間值班經理反應後找出當天樓層錄影帶後，發現在早上十點二十一分時曾有一名非房客的男子進入該房，

所以此事只好請警察單位來協助調查。但史密斯先生仍舊無法原諒旅館的管理疏失，而要求相關的賠償！

經理向小雅問明了事情的始末後，也非常的生氣指責她為何未將工作車放置於門口，聽到聲響也未起身查看，所以才造成此事件的發生。

二、個案分析

此案例說明了專欄5-3工作車位置的重要性，試想如果小雅按照旅館的規定將工作車放於門口，不但可適時地擋住該陌生人的侵入，更可保護自己的安全及不至於造成今日如此嚴重的過失。另外，小雅的警覺性也不夠高，當聽到客房有人進入時，應當立刻起身查看，可保障旅館的安全讓不肖之徒無法得逞，更可讓房客住得安心。

三、問題與討論

房務員麗麗在清理客房時，當她在門口的工作車上拿取備品時，看見樓層走廊盡頭套房1530門前站有一陌生男子，原以為是該房房客的朋友，經與辦公室聯絡後發現該房房客已於八點多外出，麗麗立即請求辦公室處理。經辦公室與安全部門協同處理後發現該名男子不是本旅館房客，所以請其立即離去並加強樓層的監控及管理。也因為麗麗的警覺讓旅館可能遭受的損失減低，所以房務部的經理特別提出嘉獎的申請，獎勵她的用心！

Chapter **6**

房務檢查作業

　　觀光旅館的客房經由房務人員用心的清潔後，尚無法直接呈現在房客的面前，因為最後一個過程仍未被執行，就是客房檢查。客房檢查為房務部主管最具挑戰性的工作，也是該旅館品質管控的手段，更是房客居住的保證。所以有一句話常為旅館房務主管對屬下耳提面命的就是：「你的最後一眼，就是客人的第一眼！」

第一節　客房檢查的人員與內容

一、客房檢查的人員

1. 房務員：在清潔整理過客房後，就必須隨時檢視是否符合旅館的衛生清潔的標準。
2. 樓層領班：樓層主管的最重要工作就是檢視責任區內的所有客房（檢查的房間數依各旅館的規定）。
3. 房務部的經理及副理：房務部的經理及副理只作抽檢的工作，或是在領班人力不足的情況下協助性地完成檢查工作。

二、客房檢查的內容

1. 設備、備品及用品是否依規定位置排放整齊且完整，有失靈或故障者須填寫請修單（表6-1）依重要性申請請修次序。
2. 檢查每個抽屜及角落是否清潔或仍有客人留下之物品，有則追蹤讓房務員繼續完成之（將缺失填於檢查表上，由房務員做好後填上OK，領班須對缺失再做抽查）。
3. 檢查貴賓的所有物品（如花、水果、蛋糕、文具夾等）是否已擺設（set-up）完整。

表6-1　請修單（trouble report）

請修單

編號：

優先次序：（房務部專用）　　　　　　　　日期：　　年　　月　　日

1	客人外出	
2	客人在等	
3	晚班機	

地點（location）	內容（description）

_____　　　_____　　　_____
請修者（reported by）　　部門主管（dept. head）　　驗收者（accepted by）

_____　　　_____
承修者（repair by）　　工程主管（eng. manager）

第一聯（1st white）：工程部（eng）　　第二聯（2nd pink）：請修單位（issued dept.）

4.核對文具夾上客人姓名是否正確。

5.貴賓的一切擺設須於客人遷入前一小時檢查、備妥，若有任何不齊
　全者，須主動聯繫相關單位。

6.檢查客人習性是否安排妥當。

第二節　客房檢查的技巧

客房檢查的技巧

檢查房間要由某一定點順序（順、逆時鐘皆可視個人習慣而定），才不會雜亂而有所遺漏。

(一)門口區

1. 房門口及門：門框、門上方、門面是否有灰塵未整淨等，另須測試門鈴是否清晰及運作正常。
2. 房門：先行試試鑰匙孔，再敲敲門若門內沒有回應，即插入鑰匙，看看轉動是否靈活，確定門的鉸鏈是否有異聲或膠著，如有異聲或膠著，使用機油即可運轉自如。門擋是否運作正常，塑膠頭套是否鬆動。
3. 房門後：防盜眼是否乾淨、其周遭是否有油漬未處理乾淨。另房間價目表框是否乾淨無灰塵、房間價單是否在等。
4. 房門旁：若有「請勿打擾」、「請打掃房間」燈號者須檢視其功能是否正常。
5. 玄關：注意燈及燈罩是否擦拭乾淨。

(二)壁櫃

1. 木板部分是否乾淨無灰塵，抽屜是否有墊紙（依旅館規定）。
2. 抽屜把手是否脫落，浴袍數量、備用枕頭是否正確，羽毛被或毛毯是否有短缺，洗衣袋及洗衣單是否完整等。
3. 保險櫃內是否有客人的遺留物。
4. 衣架橫桿是否擦拭乾淨，是否鬆動；若是則視其情況申請請修。

5.衣架數量是否依旅館規定整齊掛上。

6.衣櫃門的觸碰式開關是否運作正常。

7.衣櫃門（若為百葉者）是否以刷子刷乾淨，而其縫中無塵埃積存。

(三)天花板

1.檢查時若發現天花板有裂縫或小水泡，若是表示天花板有漏水，應即時報請修。

2.亦須注意天花板上有否菸垢或蜘蛛網。

(四)牆壁

1.檢查時注意是否有灰塵及牆壁是否須油漆、洗刷或變換顏色。

2.並注意空氣調節器開關四周是否有手印，並檢視其溫度是否為規定之溫度。

(五)家具

1.應該與牆壁同時檢查是否有擦拭乾淨。

2.木質部分應隨時注意是否有掉漆或損壞，若有則視其情況申請請修。

3.家具下方是否藏有紙屑、雜物或灰塵。

(六)床頭板

後方及床底部常會有客人的遺留物，要特別注意。

(七)床頭櫃

1.擺設的雜誌及書籍是否完備。

2.檢視緊急照明設備是否運作正常（此設備須每年更換一次電池）。

3.另須檢視鬧鐘的聲音，音量是否合宜？是否有雜音或是否須更換電池。

(八)床

是否鋪疊完好並保持旅館規定的整齊及平穩。

(九)電燈

1.是否運作正常？是否有須更換燈泡的地方。

2.燈泡是否有積塵。

3.燈罩是否清潔、有褪色或接縫不整處等問題。

4.開關部分是否運作正常？

(十)沙發（躺椅、貴妃椅等）

1.是否擦拭乾淨？

2.座墊及抱枕的拉鍊要朝裡面，沙發布的條紋及花色要對襯整齊。

(十一)窗簾（窗台）

1.是否拉平均？

2.掛鉤是否有脫落處。

3.窗簾及沙簾拉繩是否運作正常。

4.要檢視窗台內是否有客人的遺留物。

(十二)玻璃窗門

玻璃是否乾淨明亮。

(十三)迷你吧檯

1.檢視內容物（飲料等）是否完整，若有缺少須檢視帳單及查明是否

為跑帳。

2.檢視冰箱的運作是否正常，是否因過冷而結霜，若結霜則須除霜及除水。

3.檢視內容物（飲料等）仍在有效期，若上有貼標籤者為過期一個月前的日期（依各旅館的制度而定）。

4.防煙面罩是否依規定擺放。

5.保溫瓶的水是否有加滿及換妥。

6.各式水杯、茶杯、咖啡杯或酒杯等是否清潔無塵（可利用燈光看出）。

7.各式茶包、咖啡包等是否齊全。

8.各式的點心（巧克力、餅乾及糖果等）是否齊全及仍在有效期內。

9.各種迷你酒是否齊全及依旅館規定擺放，另檢視其是否有被開過，若有則須登錄報備，並請房務員或樓長更換。

(十四)電視

1.檢視電視及選台器（遙控器）運作是否正常。

2.檢視錄影機內是否有客人遺留的錄影帶在內。

3.電視機螢幕是否擦拭乾淨。

(十五)書桌

1.文具夾內的文具用品是否充足及符合公司的要求？

2.宣傳文件是否有遵照公司規定擺放。

3.服務指南內的夾頁及菜單是否乾淨及是否有減少。

4.是否有放置針線包？

5.抽屜是否活動正常，內部是否潔淨無塵。

6.菸灰缸是否清洗乾淨，火柴有否用過及是否有補充，其擺設是否有依旅館的規定。

(十六)化妝鏡

1.上方框、椅子死角、抽屜、垃圾桶後方等是否有藏汙納垢。

2.鏡面是否明亮，上緣是否有積塵。

(十七)行李架

1.後方要特別注意因常會有客人的遺留物。

2.是否潔淨無塵。

3.若是可收式，須檢視其是否依旅館的規定擺放。

(十八)掛畫

1.數量是否正確，若有遺失則須立即報告房務部辦公室，以利後續處理。

2.是否懸掛端正。

3.掛畫玻璃是否明亮，上緣是否有積塵。

(十九)盆栽

1.查盆樹外觀是否美觀、是否有澆水、枯葉是否有修剪。

2.盆樹水盆是否乾淨，內部的穢物是否清理乾淨。

(二十)地毯

1.是否有任何未清理乾淨之處。

2.地毯各處是否有破損，房間各角落是否有垃圾或雜物。

3.是否有水漬、咖啡漬、茶漬、口香糖漬等汙點情況。

(二十一)電話

電話留在最後檢視的原因是要向辦公室報OK room時，可以順便檢視

其功能並須在報過後再擦拭乾淨。

　　1.運作是否正常、音量情況是否理想。

　　2.電話機座及電話線是否清潔及整齊。

(二十二)浴室

　　1.浴室門：

　　　(1)門鎖是否轉動正常。

　　　(2)門四周是否有任何積塵未清。

　　　(3)門後掛鉤是否鬆動。

　　2.洗臉檯：

　　　(1)是否全部清潔無塵及未有任何殘留的毛髮。

　　　(2)是否有任何破損或腐蝕之處。

　　　(3)是否有任何客人的遺留物。

　　　(4)免費的礦泉水是否補齊，標準房一瓶、雙人房及套房二瓶、豪華

圖6-1　整潔美觀的浴室

套房以上為三瓶（依各旅館規定）。

3.備品籃（盒）：

(1)是否有依旅館規定擺放，洗髮精、沐浴精、浴帽、衛生袋等物是
否齊全。

(2)香皂、小毛的數量是否齊全。

4.鏡子及放大鏡：

(1)是否擦拭乾淨及明亮，是否有殘留的水漬、指紋等。

(2)是否有破裂或水銀脫落等現象。

(3)放大鏡的伸縮桿是否擦拭光亮。

5.洗臉盆／浴缸：

(1)是否全部清潔無塵及未有任何殘留的毛髮。

(2)瓷盆內壁是否有水珠及肥皂垢等。

(3)所有不鏽鋼製品（水龍頭、淋浴噴頭等）是否擦拭光亮。

(4)盆內水塞是否積毛髮。

(5)皂碟是否清洗乾淨，有無積聚肥皂漬。

(6)浴簾桿是否擦拭乾淨，浴簾是否有水漬或不潔處。

6.淋浴間：

(1)是否全部清潔無塵及未有任何殘留的毛髮。

(2)所有不鏽鋼製品（水龍頭、淋浴噴頭等）是否擦拭光亮。

(3)皂碟是否清洗乾淨，有無積聚肥皂漬。

(4)地板水塞是否積毛髮，出水系統是否正常。

(5)四周玻璃擦拭乾淨及明亮，是否有殘留的水漬。

(6)浴墊是否放置在規定的位置。

7.馬桶：

(1)按水一次，試其沖水系統是否正常。

(2)蓋板及馬桶座墊是否清潔。

(3)馬桶四周是否擦拭乾淨。

(4)垃圾桶是否有殘留垃圾未清除，外表是否擦拭乾淨。

(5)衛生紙卷是否有折成三角形，當浴室檢視完成後，以logo打印上表示完成。

8.天花板：

(1)抽風機是否運轉正常，無異常的噪音。

(2)通風口是否有積塵。

(3)天花板接縫處是否移動或鬆脫。

(4)是否有任何異味？

9.牆壁：磁磚或大理石壁面是否乾淨無水痕。

10.地面：

(1)是否擦拭乾淨無任何殘留毛髮或雜物。

(2)排水系統是否正常。

(3)排水口是否積任何雜物或毛髮。

(二十三)樓層庫房

樓層庫房因早上房務員都較為忙碌，無法要求其整理，一般而言到下午再行檢視庫房。

第三節　客房檢查作業流程

客房檢查的次序，通常可就房務人員掃的次序而定：貴賓房→掛有「請打掃房間」牌的客房→遷出房→續住房（包括長期住客）→空房。

一、如何檢查續住房

檢查續住房（包括貴賓房、掛「請打掃房間」牌及長期住客等）如下：

1.檢查房間各項設備是否故障或失靈，若有此情況應依其重要性申請請修次序。

2.檢查客房各部分是否整潔，鏡子、窗、玻璃等是否明亮。

3.浴室各項布品及消耗備品是否補齊。

4.檢查水果、花、蛋糕等是否新鮮。水果的補充規定（依各旅館制度）：

 (1)每日保持一種主要水果（通常為香蕉或蘋果）及一種副水果。

 (2)次日續住客再加上一種副水果。

 (3)第三日續住客，拿掉第一天C/I時的副水果，再加上另一種副水果；餘日依此類推。

 (4)凡是一房住兩人時，副水果須放兩份。

 (5)刀、叉、水碗、口布、盤子要隨時保持清潔。

5.如何檢查貴賓的房間：一般旅館的貴賓，都是具有重要影響力或是旅館業務部門費盡心思請來的客人，所以如果有一絲不潔或未能令其滿意，所有之前的努力都可能化為烏有。所以各家旅館對貴賓房間的檢查都分外仔細，以求達到完美無缺。

 (1)應按照遷出房──C/O room（也有旅館寫為OK room）的檢查標準。

 (2)貴賓房門的名牌是否擦拭光亮或掛上（不是所有旅館皆有此備設）。

 (3)貴賓歡迎水果有否依其喜好準備妥善，若不知其所好，應準備各式為一般客人喜愛的水果，以利後續客人習性的追蹤。另水果是

否每個都擦拭乾淨，不可有水遺留在水果表面。

(4)所有的刀、叉、口布及水果餐盤是否乾淨無塵，吧檯上的所有杯、盤是否乾淨無水漬。

(5)衣櫃內的衣夾數量及樣式是否正確？拖鞋、鞋刷、鞋拔是否更新且無汙點？洗衣袋及洗衣單是否齊全？洗衣籃內是否乾淨無任何遺留物？

(6)文具夾內是否備妥印有客人姓名的名片、信紙？並再次檢視其姓名是否正確，所有紙張是否有折痕、汙點或劃線等？

(7)所有辦公用的文具是否準備齊全？火柴、電話本、雜誌是否換新？

(8)所有花盆及盆栽是否清新無枯萎處？

(9)床鋪的鋪設是否有依其習性安排，是否有所遺漏？

(10)浴室的相關備品及布品是否有依旅館貴賓式安排，是否有所遺漏？

6.對長期住客（三天以上，依各旅館規定）特別注意事項：

(1)客房的清理：

‧須以遷出房的方式清理。

‧加強水杯的檢查（水杯放久杯底會有積塵）。

(2)水果的補充：

‧依上項規定補充。

‧記錄其特別喜好的水果。

‧依客人喜好的水果特別安排，以迎合客人的需要。

(3)文具用品：

‧特別注意文具夾內的各項紙單補充。

‧若為商務旅客，應將其常用的文具每日補充。

(4)電器用品：

‧檢查各個燈泡、收音機、電視機、冷氣、門鈴等是否運作正常。

‧若客人有借用熨斗或燙衣板等物，依旅館借用物品管理。

(5)其他：衣物、書籍、鞋子等客人私人物品依其習慣為其排列整齊。

(6)住滿半個月以上（依各旅館規定），安裝：

‧咖啡機（咖啡杯盤、湯匙、糖、奶精等）。

‧除濕機（視天氣狀況而定）。

‧傳真機。

‧所有洗衣均打折。

二、如何檢查遷出房（C/O房或OK room）

遷出房因為房客已辦理遷出手續，而該房間通常須再賣給下一個客人，所以房務人員會將客人使用過的所有設施全部清理乾淨，換下所有備品及布巾類用品，並依照下一位客人的習性或特殊需要（若無，則依各旅館的標準作業流程）將客房完成整理。所以遷出房的檢查更需要檢查人員的專業技巧及嚴格的標準，因為這將關係到下一個客人的使用權益。一般而言，各觀光旅館皆有一套對遷出房間檢查的評分表（**表6-2**、**表6-3**），若依此表無一疏忽翔實檢查，通常將不會有遺漏的部分，而可呈現出完美的房間！

三、如何查空房

1.根據住客名單資料，依查房順序詳細檢查空房。

2.檢查各項電器設備是否正常，如燈泡是否故障、天花板是否漏水、水龍頭是否滴水。

表6-2　客房檢查表（範例一）

房號：　　　　　　　　　　　　　　　　　日期：

檢查項目	清潔 (✓)	未清潔 （說明）	備註	檢查項目	清潔 (✓)	未清潔 （說明）	備註
房門區：				床罩、床罩			
門及門框				床頭櫃			
門鎖、窺視孔				燈、燈罩			
緊急逃生圖				聖經、電話簿			
門鈴、門把、門燈				電話、便條紙夾			
安全鍊				筆及IDD卡			
門擋				冰箱及吧檯			
玄關（燈、燈罩）				木櫃清潔			
壁櫃				內外部清潔			
門、百葉門、門框				水杯及各種器具			
輪軌、隔板				保溫瓶			
衣架、衣架桿				電視			
羽毛枕頭、毛毯				節目單、遙控器			
購物袋、洗衣袋				窗戶			
抽屜、拖鞋、鞋拔				玻璃、框架、窗台			
保險櫃、說明書				窗簾、遮光簾、掛鉤			
天花板、牆壁				浴室			
通風口				門、門框、門擋			
溫度調節器				洗臉檯、備品籃			
家具				燈、燈罩			
沙發、茶几				鏡子及放大鏡			
垃圾桶				洗臉盆、水龍頭			
菸灰缸、火柴				浴簾、浴簾桿、掛鉤			
水果盤及器具				淋浴間、水龍頭			
化妝桌（書桌）				浴缸、水龍頭			
鏡面及框架				毛巾架、毛巾			
燈罩、燈、電線				馬桶、衛生紙架			
花瓶、面紙盒				吹風機			
飯店指南、雜誌				天花板、抽風機			
抽屜、針線包				地面、垃圾桶			
文具夾、文具用品				其他			
化妝椅				盆栽、掛畫、裝飾品			
床				地毯、踢腳板			
床頭板、掛畫				樓層庫房			

領班：＿＿＿＿＿＿　檢查人：＿＿＿＿＿＿　經理：＿＿＿＿＿＿

表6-3　客房檢查表（範例二）

room no. :
房號

floor :
樓層

door : 門	☐ lock ☐ inside ☐ outside ☐ frame ☐ mirror & top 鎖把　　內側　　外側　　框架　　玄關處之鏡子及上緣
light : 燈飾	☐ switch 開關 ☐ cover 燈罩
variety counter : 洗臉檯	☐ top ☐ side ☐ glasses & wrapper ☐ shower cap 檯面　側面　水杯　　　　　　　浴帽 ☐ soap & container ☐ washing sud ☐ ashtray ☐ matches 香皂、托盤　　　　清潔皂水　　菸灰缸　火柴
basin : 洗臉槽	☐ inside 內側 ☐ stopper 排水塞 ☐ fixture 裝備 ☐ overflow 排水口
mirror : 鏡子	☐ mirror 鏡面 ☐ frame 鏡框 ☐ socket/switches 附屬電器開關／插座
bottle opener : 開罐器	☐
shaving socket : 刮鬍刀插座	☐
hair dryer : 吹風機	☐
tissue holder : 面紙架	☐ cover 蓋子 ☐ tissue 面紙
toilet roll holder : 圓筒衛生紙架	☐ holder ☐ toilet roll 架子　　捲軸
toilet : 馬桶	☐ tank ☐ flush ☐ lid ☐ seat ☐ hinge ☐ back ☐ rim ☐ bowl ☐ outside 水槽　沖水器　蓋子　座墊　水箱內部結構　背面　緣　盆　外觀
shower : 淋浴	☐ curtain ☐ rod ☐ hook ☐ head 浴簾　桿子　掛鉤　蓮蓬頭
tub : 浴缸	☐ inside ☐ outside ☐ fixture ☐ stopper 內側　外側　裝備　排水塞
soap container : 香皂檯	☐ soap 香皂 ☐ container 檯
closet : 壁櫥	☐ hanger ☐ shopping/laundry bag ☐ slipper ☐ extra pillow 衣架　購物／洗衣袋　　拖鞋　備用枕
mini bar : 客房小吧檯	
towel : 毛巾	☐ 2 bath towel ☐ 2 face towel ☐ 2 wash cloth ☐ 1 bath mat ☐ robe 大毛巾　中毛巾　小方巾　腳踏墊　浴袍
waste basket : 紙屑籃	☐ inside 內側 ☐ outsied 外側
floor : 地板	☐ tile ☐ grouting ☐ threshold ☐ carpet 磁磚　磁磚間隙　門檻　地毯
wall : 牆壁	☐ tile ☐ grouting ☐ ventilation grill ☐ hook ☐ towel bar ☐ towel rack 磁磚　磁磚間隙　通風鐵格架　掛鉤　毛巾掛桿　毛巾置放架
ceiling : 天花板	☐ ceiling ☐ light 天花板　燈飾

redone (dirty) 重作	maintenance 保養	shortage 欠缺
⊠	☑	⊘

inspected by:
檢視人員 ---------------------------------

date:
日期 ---------------------------

專欄6-1 客房檢查的藝術

在客房的管理上，「客房檢查」占有極重要的地位，部分旅館更有所謂的模範檢查人員選拔，以期訓練出更多、更專業的從業人員；另也有部分旅館舉行房務清潔、鋪床比賽等，而其中的關鍵就在各組檢查的技巧與清潔的敏銳度。而為何稱「客房檢查」為一門藝術，其相關的原因如下：

一、專業的呈現

1. 客房清潔首先要有專業的房務員，做好最基本的清潔工作（但卻是最繁瑣、最令人勞累的工作）。
2. 房間所需的備品及布品非常多，需要洗衣房、管衣室各級人員各專業的表現，才不會有任何事項不合標準。

二、要有一顆敏銳的心

一間旅館具有眾多型式的客房，每一間客房的擺設也多多少少有些許不同，檢查人員要在最簡短的時間內，將所有的相關設備及事項檢查清楚並確認清潔，除了專業的素養外更需要有一顆敏銳的心，否則是無法適任的。

三、組織能力要強

檢查人員除要專注於客房的檢查外，更要居中協調相關複查及後續追蹤的工作，部分旅館檢查人員仍須負責其他的工作（如補充水果、C/O房的迷你吧檯報帳等），所以檢查人員除要具備一顆敏銳的心更要有一個清楚且組織能力的頭腦。

四、協調能力要好

1. 旅館實務工作是非常忙碌及緊湊的，房務整理的工作又十分的

繁複，所以當房務人員花了許多的精力及時間將房間整理乾淨時，心情的愉悅及解脫是無與倫比的。但如果此時有人向房務人員說哪裡沒有乾淨或什麼地方需要加強時，那種心情的沮喪是很難去形容！所以房務檢查人需要有極高的EQ及溝通能力，才不會產生工作上的衝突。

2.目前各旅館因經營的成本考量，各部門的人力狀況幾乎是十分緊縮，要在維護旅館應有呈現的品質及讓整個部門順利運作間取得平衡，考驗了各檢查人員及主管的智慧。

3.檢查冰箱飲料、浴袍、菸灰缸及房內物品是否齊全，若遺失立即電告房務部辦公室查明原因。

4.檢查浴室用品是否齊全，鮮花是否已枯萎，如已枯萎則連瓶子收出（另空房三天以上的房間，需放每一個水龍頭的水及按馬桶水，以保持水質不生黃鏽）。

5.如發現空房有人用過或住過需立即向房務部辦公室反應。

6.而為客人未遷入（no show）的房間時：

(1)一般房間在規定時間內，向房務部辦公室報房號及房數，收出迎賓水果。

(2)如貴賓的設置時，在檢查表上註明「no show」，並通知房務部辦公室。房務部辦公室必須與前檯確認是保留或是取消，當保留時則保持所有的擺設，若是取消時：

‧當班人員將昨夜開過的夜床恢復原狀。

‧文件夾、蛋糕、水果、酒、贈品等要收出。

‧如果發現房內設置不見或被使用過，須向房務部辦公室查明其去向或報備，以利找回失物。

．將房間略做整理恢復為空房的狀況。

7.蓋好房間的床罩，拉好窗簾開夜燈，恢復OK room的狀況。

8.查看空房無誤後在每日房間檢查表上註明OK。

9.每週兩次（依各旅館規定）需將空房內浴室、浴缸、洗臉盆等清洗一次，並將工作記錄於每日房間檢查表上以示負責。

10.晚班值班人員需於下班前再巡查一遍。

四、其他狀況房間檢查

(一)檢查冰箱飲料

部分旅館檢查人員還必須負責房間迷你吧檯的相關作業，故在此列出：

◆ 遷出房（C/O）

1.於檢查房間時，必須先行整理冰箱飲料及入帳，以避免有漏報費用或有跑帳的情況。

2.於迷你吧檯飲料帳單上填明：日期、數量、金額及總計。

3.撥電話至前檯報明：房號、冰箱飲料數量及總計。

4.取得前檯電告號碼，填於帳單左上角以及填寫電告的時間，最後簽名於服務人員欄位上以示負責。

◆ 續住房

1.樓長或領班每日負責檢查三次（依各旅館規定），早、下午三點、晚上各一次。

2.飲料數量、日期、金額、總計及簽名必須一一填妥。

(二)參觀房作業程序

◆參觀前

1. 接到房務部辦公室通知的參觀房的房號後，以最快的速度前去開門。
2. 打開總電源、電燈、書桌上的檯燈及冷氣固定在旅館規定的溫度。
3. 巡視客房一遍看是否有瑕疵，以避免將不好的房間呈現在客人面前。
4. 將門半掩。
5. 請房務人員經由樓層監視器，確認為參觀的人員進入，以避免閒雜人進入客房。

◆參觀後

1. 關掉所有的電器，並將冷氣調低在旅館規定的溫度。
2. 檢查房內物品是否有被動過、遺失或被使用過，特別是馬桶及菸灰缸等。若有重要物品遺失應儘速通知房務部辦公室，以利追回。
3. 重新吸塵及整理。
4. 關上總開關並輕輕關上房門。
5. 回報房務部辦公室，參觀房作業完畢。

(三)工程維修、外商客房消毒及更換盆栽等檢查

◆本旅館工程人員維修

1. 需要有房務人員陪同並開門。
2. 維修完畢後要確實驗收，並將工程人員維修的工作範圍再次整理乾淨。
3. 回報房務部辦公室，本旅館工程人員維修作業完畢。

◆外商工程維修或噴消毒液時

1. 必須接到房務部辦公室通知後才可開門，而且必須有房務人員陪同。

2. 房門必須逐一開啟，不可同時開數間等候外商維修或消毒。

3. 外商工程維修或噴消毒液，必須將其工作範圍再次整理乾淨（消毒的部分則必須依旅館的工作程序清理乾淨，以避免殘留藥水危害人體）。

4. 回報房務部辦公室，外商工程維修或噴消毒液作業完畢。

◆外商更換盆栽時

1. 更換前：檢查盆樹外觀是否美觀，盆內小石子是否有標明日期？

2. 更換時：

   (1) 盆樹水盆是否乾淨，木框內的雜物是否清理乾淨？

   (2) 更換的盆栽是否美觀無塵？

   (3) 必須將其工作範圍再次整理乾淨。

3. 更換後：

   (1) 由房務人員或樓長固定每週兩次澆水。

   (2) 看到枯葉要隨時修剪。

   (3) 盆樹水盆及木框要隨時清理乾淨。

   (4) 回報房務部辦公室，外商更換盆栽作業完畢。

問題與討論

一、個案

　　小玲為新升任的房務領班，而她在升任後第一份工作是負責幾個樓層的房務檢查，小玲對這份工作充滿了憧憬，因為她自旅館科畢

業後，一直從事房務部的工作，經歷了房務員、樓長及房務部辦公室辦事員等職務三年後，終於升任為房務領班。幾週工作下來，深覺檢查房間的工作並非自己當初想像中的容易，簡直與日理萬機的主管不相上下。也曾經碰過幾位很挑剔的房客，一個房間整理了三次也檢查了數次均未讓房客滿意，而也因為此客人的嚴厲要求，差一點引發了她與該房房務人員與該樓層的樓長間嚴重的衝突，最後由房務主管出面做最後檢查及協調後，終於化解了可能會擴大的管理問題及客人抱怨！原來客人不但要客房的整潔外，更需要各階層人員的注意及特別的關照。

二、個案分析

此案例說明了專欄6-1「客房檢查」技術的重要性，檢查房間除了要熟悉旅館內各房間型態的專業程度外，更要有一顆敏銳的心（熟知客人的需要）；而在如千頭萬緒的工作中孰重孰輕，也要作最正確的判斷以免引發不必要的工作量及誤解；更重要的是房務部的工作是一種團隊的表現（team work），若協調能力及溝通技巧不佳的話，將會造成整個團隊間的衝突及不睦。所以上述的案例，若小玲能在碰到問題時，與有經驗的資深主管多請教或研究的話，應該可以很順利地解決問題，更可以讓自己在下屬的面前建立權威及信服力。

三、問題與討論

房務領班小如在檢查客房時，發現1125房的迷你酒吧檯內的迷你酒有被人喝過，而且更注入了同顏色的水及茶水。當她向客人查詢時，客人不但加以否認，更生氣地找來前檯值班經理，說明該酒不但不是他喝的，更指責旅館以灌水、茶的迷你酒來欺騙房客，希望旅館要給他一個交待！

Chapter 7

房務服務作業

　　旅館的客房在房客遷入後，房務部門除了需要隨時保持客房的整潔外，更需依房客各種不同的要求，做好各式的房務服務。房務服務的範圍十分廣泛，以下各節列出在旅館內最常為房客要求的內容，若可將以下的各項服務做得盡善盡美，那麼房務內部的管理就已成功了一半！

第一節　開夜床及換房服務流程

　　「turndown service」是旅館專業用語，翻譯成中文是「開夜床服務」，它是和「room service」同等重要的旅館服務之一，也是客人在大多數星級旅館應該得到的服務。如何正確地認識夜床服務，提供優秀的夜床服務，並在服務中呈現個性化服務特質，最終讓客人得到完美的體驗是旅館從業員應該去思考的。

一、開夜床服務（evening turndown service）流程

　　「一個良好的開端等於成功一半」。在進入房間前，首先要根據住客情況表和實際住房情況，確定開夜床路線，並做好相應準備工作，如檢查工作車上的客用消耗品及工具是否齊全、準備好各類表格及VIP特殊用品等。

　　此項服務一般在晚間六時就可開始作業，按進房流程進入客房，填寫進房時間。如掛有「請勿打擾」牌，或在門把手上懸掛「開床卡片」，要做好登記；如客人在房間，徵得客人同意後方可進房；如客人不需要服務，要做好記錄。

　　表7-1為未開夜床通知單，當遇上掛DND或反鎖無法做夜床時，需填寫此通知單，一式二份一聯塞入門縫內（讓客人瞭解房務部門本須提供的

表7-1　未開夜床通知單

```
                        Dear Guest

☐ The "Do not Disturb" Sign was hung.
☐ Your door was latched from inside.

If you would like us to return for night service, or if you need any extra supplies,
please dial 7.  Thank you.

Housekeeping

Room No.: _____    Attendant: _____


Time: _____        Date: _____
```

服務但因不能進入而無法提供，若有需要服務請通知房務部），一聯訂在
報表上。

(一)夜床服務的步驟與流程

　　接下來就是夜床服務的實際工作內容了。夜床服務的步驟和流程
可以歸納為「進房、開燈、拉窗簾、清理雜物、檢查、開夜床、整理浴
室、離房」八步。

　　1.先敲門，確定無客人方可開門進入。

　　2.打亮所有房燈。

　　3.關好窗簾。

　　4.清理所有餐車及餐具，放回工作間。

　　5.收集杯子及菸灰缸，置於洗臉盆。

　　6.清理垃圾桶，將垃圾倒進工作車的垃圾袋中。

7.將客人放在床上的東西放在一旁。

8.開夜床。

9.將住客的睡衣或睡袍放在床尾上。

10.將早餐牌放在枕頭上，送給客人的晚安卡（由總經理或客房部經理簽名）、巧克力放在早餐牌上，將住客開床前床上東西放回。

11.如有兩張床開床方向須相向，如是一張床，只需開靠近浴室那一邊。

12.將住客衣服掛進衣櫃裡，整理房內散布的報紙、雜誌等物件並擺放整齊。

13.清理杯子及菸灰缸，放回原處。

14.清潔浴室各項設施，無毛髮無汙跡、無水痕。

15.應住客要求更換用過的浴巾其他物品。

16.檢查及補充迷你吧，提供冰桶及冰夾。

17.補充水壺食水。

18.最後視察房間是否整潔。

19.打開門口燈，其餘的燈全熄。

20.關閉房門，然後離去。

(二)開夜床規範要點

◆規範要點一：基本標準

夜床服務的基本標準即是OK room基礎上按照標準開好夜床，此時「客房內所有用具已放回原處；客房、浴室已清潔，無毛髮、無灰塵、無汙跡、無水痕」。

◆規範要點二：客房小清理

清理雜物（垃圾桶和菸灰缸的清理、及時更換已用過的餐具或飲具）、清理客人物品（住客的衣服摺疊整齊或懸掛、所有的鞋子成雙整齊

擺放、放置在床上或桌上的客人物品原則上不隨意挪動或清理）、整理浴室（如客人已使用，則清潔浴缸、臉盆、馬桶、鏡面；更換已經使用的棉織品；將住客個人的浴室用品擺放整齊）。

◆規範要點三：**客用品補充、酒水補充**

　　根據房間實際入住客人人數或客人實際需要數量補充相應的客用品。此處所說的客用品一般是文具用品、浴室洗漱用品、棉織品、洗衣單、迷你吧帳單等單據。房間迷你吧酒水如有耗用，需及時開好迷你吧帳單，待客人簽字確認後，同時迅速補齊迷你吧酒水。

◆規範要點四：**設施設備運行狀態檢查**

　　開夜床時需對已經是OK房的房間再次進行設施設備運行狀態檢查。如打開電視機檢查是否良好；檢查各種燈具是否完好，發現問題及時報修；空調使用情況檢查；房內電腦及其上網狀態檢查（如嚴格執行OK房檢查標準，則可依據時間緊湊情況酌定是否進行檢查）；其他電器的檢查等。

(三)客房的贈品

　　夜床服務時往往要放上客房的贈品，這些贈品不但可以給客人留下深刻的印象，同時還是對外宣傳的有效途徑。客房贈送物品一般可以是：

1. 食品類：糖果（椰子糖、牛軋糖、薄荷糖、巧克力或當地特色糖果等散裝糖果）、小包裝糕點（小包裝餅乾或當地特產糕點，如鳳梨酥）、飲品（牛奶、250ml利樂包）、純淨水（600ml以下）等。

2. 鮮花類：玫瑰花、康乃馨等。

3. 小飾品類：特色鑰匙圈、手機鏈、精美指甲剪等或當地（或原住民）特色小飾品（工藝品）。

4. 紀念品類：當地旅遊紀念品、旅館紀念品（紀念明信片、紀念冊等）、特別製作紀念品如領帶夾、胸章（針對VIP或投訴等客

人）。

設計客房贈品提供時應考慮：

1.根據客房的類型來提供贈品，以滿足不同賓客的需求。

2.贈品最好有外包裝，外包裝上要有明顯的旅館標誌和聯繫方式。

3.註明並提醒客人此物品是免費贈品。

4.小巧方便，最好是可以讓客人隨身攜帶的實用型物品，以便隨時可用。

5.提醒客人「您曾在本旅館度過愉快的時光，歡迎您再次光臨」。

(四)服務員實施夜間服務的九條注意事項

1.負責繼續辦理一切未完的工作及旅客交代的事項。

2.注意夜間安全，要巡查客人是否有忘記關房門睡覺的情形和旅客進出的情形。

3.注意有無可疑人物及影響旅客安寧情況，隨時採取妥善處置的方法。

4.對酗酒的旅客應加以保護，以防意外發生。

5.發現房客患重病，或精神失常，情緒激動者，應隨即報告夜間主管或經理，立即採取適當的處置，以防患於未然。萬一旅客於客房中發生重大意外災禍時，應鎮靜地暗中報告主管或經理，以便採取法律上的手續，如通知員警、家屬、衛生機關等。絕不能將此消息對外界談論，應保守秘密，若無其事的繼續工作，切勿驚動其他客人。

6.夜班服務員下班時，應將夜間勤務工作詳細交待清楚始可下班。

7.夜間值班人員如遇緊急事情，必須暫時離開工作崗位時，應經夜間主管允許，派人接替方可離開。

8.注意晚上十一時以後仍在客房逗留的訪客，如要在旅館過夜時，夜間服務員必須很有禮貌地向客人說明，並請其登記才能留宿。

9.夜間服務員應注意保管通用鑰匙以備隨時需要使用時，開啟旅館內任何一間客房的房門，而備品室亦應隨時注意是否關好上鎖。

二、換房服務的作業流程

(一)換房的原因

1.與訂房時房型不合。

2.房客住進後發現房間不喜歡（太吵、太陰暗、視野不佳、設備不好、房間有異味等）。

3.要求靠近離逃生口近一點的較安全。

4.要求住低樓層較方便及安全。

5.價格不符合。

6.臨時增加住客。

7.與親友或團體接近的房間。

8.客滿時臨時安排的房間，次日重新安排客人預定或喜歡的房型。

9.其他客人獨特的因素（如方位、面向等）。

(二)換房的作業流程

◆空房（已預定將遷入者）

1.房務員接獲辦公室值班人員換房通知單（room change notice）（**表7-2**）時，速將房內所設置之水果、刀、叉、洗手碗、盤等物品移往新的房號。

2.若為VIP設置，則文具夾、花、蛋糕、酒、贈品等一切設備都須換往新房。

表7-2　換房通知單

```
┌─────────────────────────────────────────────────────────┐
│ 日期（date）：＿＿＿＿＿＿＿＿＿   時間（time）：＿＿＿＿＿＿＿＿＿    │
│ 房客姓名（guest name）：                                       │
│ 由（from）客房：＿＿＿＿＿＿＿   至（to）客房：＿＿＿＿＿＿＿＿      │
│ 房價由（room rate）：＿＿＿＿＿   至（to）：＿＿＿＿＿＿＿＿＿＿     │
│ 原因（reason）：＿＿＿＿＿＿＿＿＿＿＿＿＿＿＿＿＿＿＿＿＿＿＿＿＿   │
│ 備註（remarks）：＿＿＿＿＿＿＿＿＿＿＿＿＿＿＿＿＿＿＿＿＿＿＿＿   │
│                                                              │
│ ＿＿＿＿＿＿＿＿＿＿＿＿＿＿＿＿＿＿＿＿＿＿＿＿＿＿＿＿＿＿＿＿   │
│                                                              │
│ 房務員（room attendant）：＿＿＿＿＿＿＿＿＿＿＿＿＿＿＿＿＿＿＿   │
│ 批核（approved by）：＿＿＿＿＿＿＿＿＿＿＿＿＿＿＿＿＿＿＿＿＿   │
└─────────────────────────────────────────────────────────┘
```

　　3.有特殊習性，客人物品遺留作業等都須移往新房號內。

　　4.換房後空房須以check out room儘速處理，恢復成空房的狀況。

◆續住房

　　1.樓層服務人員接獲服務中心來電後，儘速查冰箱飲料及房內物品。

　　2.當客人行李搬往新房後須仔細檢查房間是否留下任何物品，若有時須將物品移往新的房間。

　　3.客人習性須轉達至新的樓層，由樓層房務員填寫於習性記錄本上。

　　4.原房間所屬物品（如衣架、文具夾等）若被移走時，房務員須負責到新的樓層取回，如客人使用中時也須待客人check out後取回。

　　5.原房間內是否有客人借用物品、洗衣帳應立即處理。

◆注意事項

　　房客不在房間而換房時（依旅館規定由服務中心或房務人員處理下列事項）：

　　1.如果客人行李無事先準備好，應替客人收拾行李，並記住每件物品

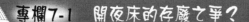

專欄7-1　開夜床的存廢之爭？

　　當房客經過了一整天的工作後，拖著疲憊的身心回到了他的家外之家——旅館（home away from home），等待著他的是一間清潔整齊，所有備品已經更換及整理過，床罩也拿下，溫暖及柔軟的床鋪也打開了，晚報、早餐卡、晚安糖及拖鞋也靜靜地躺臥在床上及床邊，像是在迎接主人的回來，是一件多麼讓人感動及溫馨的服務啊！

　　所以各家觀光旅館在全盛時期，不只提供了開夜床的整體服務外，更提供了各式各樣的貼心禮物（鮮花、晚安糖、巧克力、增加睡意的香精等）。但曾幾何時，部分休閒旅館因下列因素，不再為房客提供開夜床的服務：

一、床罩的廢除

　　因為部分旅客不知床罩的用途，誤將床罩當被子使用，增加了旅館內部的管理困擾，加上部分旅館已不再使用床罩，所以便將此項作業廢除。

二、人力成本的增加

　　旅館的工作全部需要依賴人力，因此部分管理人員認為房間在早上已清理過，而且旅遊的客人通常在白天很少會回房，所以考量到人力的安排及實際需求，開夜床的工作應該加以刪除。

三、客人習性不同

1.有部分的房客認為白天已清理過的房間，不想要工作人員再進入。
2.開過夜床的床鋪不是每一位房客都喜歡，甚至有些客人反應不好睡。

因此開夜床的工作不適宜再維持。

但近來部分商務型的旅館也慢慢地簡化或刪除開夜床的服務，傳統式業者認為不提供開夜床的服務，實在無法稱得上五星級旅館，更不可向客人索取高房價的住宿費！雖然大家意見紛歧，但以站在消費者的立場而言，誰不想享有上述開夜床的服務及享受呢？

放置位置。注意檢查房內每一處，以免有遺落之物品。

2.換至新房間時，將所有行李、物品，依原房間擺放位置排放好。

 第二節　客房飲料服務及客房餐飲服務流程

一、樓層作業

(一)檢查冰箱飲料

1.輕輕打開冰箱查看，須避免內部物品掉落而損壞。

2.檢查冰箱門是否正常。

3.仔細核對各項飲料種類及數量是否如旅館的規定、檢視是否被開過，並檢查其擺設的位置是否正確。

(二)填寫飲料單及入帳

1.仔細核對飲料帳單與客人飲用的數量，並將日期、時間、飲用數量和金額填寫於冰箱飲料單（minibar captain order）上（特別注意核對房號）並簽名（**表7-3**）。

表7-3　冰箱飲料單

總數 （stock）	品名（items）	單價 （unit price）	消費數量 （q'ty consumed）	小計 （sub total）
	冰箱飲料單		編號No.	
房號（room no.）：	日期（date）：		時間（time）：	
1	白酒（white wine）	500		
1	紅酒（red wine）	500		
2	台灣啤酒（Taiwan beer）	100		
2	海尼根（heineken）	120		
2	麒麟啤酒（kirin beer）	120		
2	百威啤酒（budweiser beer）	120		
2	蘋果汁（apple juice）	70		
1	可口可樂（coca cola）	100		
1	健怡可樂（diet cola）	100		
1	雪碧（sprite）	100		
1	通寧水（tonic water）	100		
2	礦泉水（evian water）	100		
2	氣泡礦泉水（perrier water）	120		
2	波本威士忌（bourbon whisky）50ml	200		
2	白蘭地（cognac V. S. O. P.）30ml	250		
2	琴酒（gin）50ml	250		
2	馬丁尼（martini）50ml	250		
2	伏特加（borzoi vodka）50ml	250		
2	貝禮詩甜酒（bailey's irish）50ml	200		
2	蘇格蘭威士忌（scotch）50ml	250		
1	薯片（pringles）	100		
1	玉米脆片（doritos）	100		
1	起士球（combos）	100		
1	日式餅乾（Japanese snack）	120		
1	三角巧克力（toblerone）	100		
2	巧克力（M & M）	50		
	總計（total amount）			

房客姓名 / 簽字（guest name/signature）：＿＿＿＿＿＿＿＿＿＿＿＿＿＿＿

服務人員簽名（room maid）：＿＿＿＿＿＿＿　入帳人員簽名（posted by）：＿＿＿＿＿＿＿

第一聯：白色　　　第二聯：紅色　　　第三聯：黃色　　　第四聯：藍色

圖7-1　特殊設計好的冰箱

2.依照帳單上的統計金額，在客房以電話撥至前檯出納告知客人使用
　數量與金額（退房的房間）。

3.續住房將底聯留在冰箱上。

(三)補充冰箱飲料作業

1.樓層服務人員依照每個房間之飲料帳單統計一份「每日冰箱飲料報
　表」（mini bar daily order report）（**表7-4**），依報表上資料每日兩
　次分別於中午十二時與下午三時向飲料管理人員領取，晚上七時向
　房務部辦公室值班的人員領取所需之飲料（依各旅館規定）。

2.依飲料報表的資料分別連同新帳單補入各房間，並須注意依規定的
　位置擺放整齊才容易查點。

3.注意其有效期限及英文商標向外，並注意先進先出的倉儲原則。

4.若遇房客掛DND或反鎖現象，必須將未完成事項，記錄於樓層交待
　簿上以利繼續追蹤的工作。

表7-4　每日冰箱飲料報表

日期（Date）：　　　　樓層（Floor）：　　　　請求人（Requested by）：　　　　批核者（Approved by）：

品名（Items） \ 房號（Room No.）	02	03	04	05	06	07	08	09	10	11	12	13	14	15	16	17	18	19	20	21	22	23	24	25	26	27	28	29	30	31	32	33	34	35	合計 TOTAL
白酒（white wine）																																			
紅酒（red wine）																																			
台灣啤酒（Taiwan beer）																																			
海尼根（heineken）																																			
麒麟啤酒（kirin beer）																																			
百威啤酒（budweiser beer）																																			
蘋果汁（apple juice）																																			
可口可樂（coca cola）																																			
健怡可樂（diet cola）																																			
雪碧（sprite）																																			
通寧水（tonic water）																																			
礦泉水（evian water）																																			
氣泡礦泉水（perrier water）																																			
波本威士忌（bourbon whisky）																																			
白蘭地（cognac V. S. O. P.）																																			
琴酒（gin）																																			
馬丁尼（martini）																																			
伏特加（borzoi vodka）																																			
貝禮詩甜酒（bailey's irish）																																			
蘇格蘭威士忌（scotch）																																			
薯片（pringles）																																			
玉米脆片（doritos）																																			
起士球（combos）																																			
日式餅乾（Japanese snack）																																			
三角巧克力（toblerone）																																			
巧克力（M & M）																																			

5.如有特殊習性或常掛DND的客人，當整理房間時可先由空房取貨後再依規定補齊即可。

6.注意事項：

(1)留意瓶蓋上貼條是否完整，巧克力、乾糧等紙包裝是否被拆過。

(2)注意飲料、乾糧等食物的有效食用日期是否已經超過。

(3)填寫帳單時要注意飲料項目及房號的正確性，以免引發房客的抱怨。

(4)補充飲料、乾糧等食物時，須注意包裝、瓶蓋外表的清潔。

二、飲料管理作業

(一)飲料、食品的申請及驗收

1.冰箱飲料、食品數量低於安全庫存時，依據領貨之程序向採購單位申請（採取長年訂貨分批送之方式）。

2.每月依照實際需求量要求廠商送貨（照送貨的時效而訂叫貨日期）。

3.確實清點送貨之量及飲料、食品的日期（過期貨物或有效期限接近之物品皆不予以接收）。

(二)飲料、食品的發放作業及注意事項

1.管理人員應於飲料和食品的包裝上、瓶裝外貼上顏色標籤，以辨明有效到期日。

2.每月月初依照記錄資料通知樓層快到期之飲料、食品收出（一個月前）以確保飲料、食品之新鮮度。

3.即將過期之飲料、食品收集後轉交給餐飲部先加以促銷，或與供應廠商簽約退貨。

4.依照樓層作業人員所填列之每日飲料領貨資料，發給相同之數量（有任何更換或要求補充者都須經過經理的簽核始可發放，避免流弊）。

(三)飲料、食品破損及跑帳處理

1.房務員因作業不慎而將飲料打破，或發現有損壞者，須按照實際狀況確實申報，由主管處理。

2.假設由於作業上的疏忽或是客人惡意跑帳時，必須誠實呈報給主管處理。

3.主管依照正確的狀況而做報銷或跑帳的處理。

(四)飲料、食品之盤點作業

1.每日由管理飲料之人員依實際存貨數量扣除發放數量，而填寫每日盤存量。

2.每日主管依日報表做抽查飲料、食品之工作。

3.每月由財務部門於月底做一次詳細的總盤點——每月的最後一天（依各旅館的規定）。

三、客房餐飲服務流程

現代旅館都極力營造「賓至如歸」的感覺，讓客人盡可能的感到舒適、方便。所以旅館每一服務環節都是非常重要，任何一個環節疏失都會影響其他所有環節的辛勤付出。客房餐飲（room service，又稱客房送餐）同樣不可或缺，並且扮演著十分重要的角色。所以客房餐飲部門的管理就十分重要，優越的管理不僅可以給客人帶來舒適與方便，更可以提高旅館的服務品質，同時還能創造收入。

(一)客房餐飲服務品質標準

1. 在客房餐飲部門設立預訂單位，二十四小時有人值勤，有完善的服務規範與程序。

2. 當班服務人員按旅館規定服裝整齊、儀表端正。

3. 熟練的運用外語進行訂餐接洽與送餐服務工作。

4. 熟悉且能掌握菜單內容，對客人之詢問對答如流，並能適時給予客人建議。但要注意客人禁忌或宗教信仰。

5. 接聽電話預訂時，先禮貌地向客人問好：「您好！客房餐飲部，有什麼可以為您服務？」，再準確無誤的記錄客人的點菜及酒水，並向客人複述一遍訂餐內容，每張預訂單上均以打時鐘打上時間，然後交廚房和送餐服務員準備。

6. 客房訂餐電話鈴聲三響內接聽，超過三響應主動向客人致歉。

7. 客房餐飲從接受預訂到送至客房的時間，早餐二十分鐘、午晚餐三十分鐘內。

8. 送餐服務前對菜餚、酒水、調味料、餐具、檯布、口布、送餐車做全面檢查，菜餚點心必須符合品質要求，並且蓋上保溫蓋，餐具配置得當，清潔完好。檯面、口布乾淨完整，無汙漬、無皺紋，送餐車乾淨整潔，完好有效，這一切全記錄在客房餐飲紀錄簿上。

9. 送餐服務時餐車推行小心謹慎，餐具擺放平穩得當，在客房門口，先敲三下並說：「客房送餐！」，即使房門是開的也要敲門，勿按電鈴，待客人開門後再進入房間，禮貌問候客人，並主動徵求客人對擺放和服務的意見要求。

10. 送餐服務時要視客人需要，提供各種小服務。

11. 用帳單夾送上帳單，請客人簽字後說聲：「請慢用，祝您用餐愉快！」，後退一步轉身離開，出門時輕輕關好房門。

(二)服務單位

一般而言，多數的旅館會有「餐飲部客房餐飲單位」專門處理客人這項服務，但也有部分新興的觀光旅館將點菜的單位併入前檯，送餐單位仍配屬於餐飲部。

(三)服務流程

1.當旅館房客以電話或其他方式要求客房餐飲服務時，首先必須準確地記載以下內容：

   (1)房間號碼。

   (2)房客姓名。

   (3)餐飲內容。

   (4)送餐時間。

   (5)其他備註。

2.將點菜單（room service captain order）依旅館規定送至廚房或交給負責客房餐飲的服務人員。

3.待廚房將餐食準備妥當後，依指定時間送至客房。

4.若客人點食物品不多時，可用托盤送去；反之，須以客房餐飲專用的餐車來送餐食。

5.準備餐車時要依旅館規定，將整潔的檯布鋪好，再依客人點食的內容擺置餐具、調味瓶、花瓶等物，以維持旅館高級的形象。

6.使用餐車時須注意勿因地毯或地面不平而傾倒。

7.依旅館規定的敲門禮儀。

8.進入客房後依客人指示欲在何處用餐後，將餐食擺置整齊後，最後問客人是否有其他的需要，再請客人簽妥簽帳單後，道謝轉身離開，不必留在客房服務客人用餐。

9.大約一小時後或由房務人員整理房間時，將客人用完的餐盤收拾乾

淨。

10.客房收出的餐盤應通知客房餐飲的服務人員盡速前往收走，以免產生異味或滋生蟑螂、螞蟻、蚊蟲等。

11.將餐具清點、分類整理，若有屬於客房部的餐具須立刻清洗乾淨歸還，其餘物品則送回廚房或餐務部門。

12.餐車放回旅館規定的地方，並於下班前整理乾淨。

(四)餐飲種類

1.早餐類（列出目前在台灣觀光旅館最為房客所喜愛的類別）：

(1)美式早餐（American breakfast）

　　‧任選柳橙汁、葡萄柚汁、西瓜汁或季節果汁或水果盤。

　　‧蛋兩個（做法任選），附火腿、培根或香腸。

　　‧任選丹麥麵包、牛角麵包、小麵包或吐司附奶油及果醬。

　　‧咖啡或茶。

　　　（choice of orange, grapefruit, watermelon juices, juices from fruits in season, fresh fruit platter.

　　　two farm eggs (any style) with ham, bacon, sausage

　　　selection of:

　　　danish pastries, croissants, rolls or toast,

　　　served with butter, jam.

　　　coffee or tea.）

(2)歐式早餐（Continental breakfast）

　　‧任選柳橙汁、葡萄柚汁、西瓜汁或季節果汁或水果盤。

　　‧任選丹麥麵包、牛角麵包、小麵包或吐司附奶油及果醬。

　　‧咖啡或茶。

　　　（choice of orange, grapefruit, watermelon juices, juices from fruits in season, fresh fruit platter.

selection of:

danish pastries, croissants, rolls or toast,

served with butter, jam.

coffee or tea.）

(3)台式早餐（Taiwanese breakfast）

‧任選柳橙汁、葡萄柚汁、西瓜汁或季節果汁或水果盤。

‧清粥（或豬肉粥、魚肉粥）及各式配菜。

‧豆腐及小魚乾。

‧蒸籠點心。

‧茉莉花茶。

（choice of orange, grapefruit,watermelon juices, juices from fruits in season, fresh fruit platter.

congee (plain or with the choice of pork, fish) and condiments bean curd with crispy silverfish.

a basket of assorted dim sum and steamed pork bun.

jasmine tea.）

(4)日式早餐（Japanese breakfast）

‧任選柳橙汁、葡萄柚汁、西瓜汁或季節果汁或水果盤。

‧豆腐味噌湯、炭烤鮭魚和菠菜。

‧白飯及泡菜。

‧日本綠茶。

（choice of orange, grapefruit, watermelon juices, juices from fruits in season, fresh fruit platter.

miso soup with tofu, seaweed and scallion, grilled salmon with spinach.

steamed rice and pickles.

green tea.）

2.果汁及水果類（freshly squeezed juice or fresh fruit platter）：以當地季節供應為主，如鳳梨、木瓜、柳橙、西瓜、葡萄等。

3.全日餐飲類（all day dining）：一般而言會依旅館有的餐廳如亞洲精品、美式燒烤、義大利式等來規劃相關的菜餚（沙拉、湯、三明治、麵食或飯類）。

4.點心類（dessert）：包括中式點心或西式甜點類。

5.飲料類（beverage）：包括咖啡、茶、牛奶、酒類等飲料。

(五)收餐

1.接到客房收餐通知，送餐服務員要立即前往客人房間收餐具。敲門徵得客人同意後，方可進入房間，如客人不在房間應找樓層房務員一起進入客房收餐；如門上掛有「請勿打擾」牌，應告知樓層房務員此房間有未收餐具，由樓層房務員收餐具。

2.進入房間後，要向客人問好，然後快速將餐具收拾乾淨。

3.禮貌的向客人道別後離開客房，走員工通道。

4.將收回的餐具及時送到洗碗間。

第三節　房客借用物品及遺留物作業流程

一、房客借用物品的作業流程

(一)房客借用物品的內容

一般而言，旅館的客房內配置的物品皆是房客每日必須備用的，但除此之外，仍有許多東西不是十分普遍但仍有房客有時需要的。旅館為提供貼心且便捷的服務，通常會準備以下物品，以利房客不時之需。

最常為房客借用（rent out）的物品有：電熱器、除濕機、熨斗、燙衣板、變壓器、延長線、檯燈、熱水瓶等物品。

(二)房客借用物品的作業流程

1.房客借用物品時須問明借用物品名稱、數量、借用時間，然後將客人姓名、房號及借用資料於「房務部借出本」上登記下來。

2.若由房務部辦公室通知亦須記下各項資料。

3.物品送交房客時須請客人於借條上簽名。

4.若為客人每次都有相同之要求，則問過客人是否需要每次都替他準備，若為此種狀況則列入習性，於客人遷入前就準備妥當。

5.於每日工作報表上備註欄內註記上客人借用物品，於整理房間時順便檢查。

6.在物品收回時須將所有記錄銷案，以免造成誤會（避免再向客人索討）。

7.客人遷出時必須把借條交給客人並將東西取回歸位。

(三)晚間住客要求借用物品之處理

由服務中心或房務部值班人員擔任──依各旅館規定。

1.問明客人姓名、房號及需要之物品。

2.至夜間經理處索取樓層主鑰匙並登記簽名（若房務部夜間主任在忙或休假時）。

3.至所屬樓層庫房拿取所需之物品，並在該樓的交待簿內註明。

4.將房客所需物品送至客人房間。

5.將樓層主鑰匙交還給夜間經理，並且登記簽名，同時在夜間經理所暫管的「房務部交待簿」內填明房客姓名、房號、借用物品、時間及服務員姓名。

二、客房遺留物的作業流程

(一)客房遺留物的內容

1. 客房遺留物（lost & found）的發生及最基本的原則：以房客將遷出時放在房間內的情況最常發生，所以在房務部的在職教育中，一再強調的觀念為不管其價值的貴重一律要誠實交出，以保持旅館的聲譽及形象，更是個人工作最基本的操守表現。

2. 如何減少客人遺留物的方法（以免增加旅館儲存物品的空間），樓長或房務員在房客辦理遷出時，除依旅館規定清潔及檢查房間，更要細心查看房內的任何一個角落，特別是衣櫥、抽屜、保險箱、浴室門後、浴缸四周、洗臉檯上是否有客人的物品。另需注意當客人有預走而行李已打包好者時，如發現有客人的任何物品，應將該物放在客人的行李箱上藉以提醒客人。

3. 切勿自行判斷該物的存留與否，因為也許一件不起眼的東西（如舊衣物、裝飾品、圖樣、相片、名片、電話簿、書本等），對客人卻有很大的作用或價值。

(二)客房遺留物的作業流程

1. 拾獲者（不論是哪個單位）於發現客人遺留物品時，通知前檯查詢客人是否已結帳退房、已經離開旅館。

2. 必須立刻通知領班或房務部辦公室。

3. 若客人尚未離開，則立即將物品速交還客人（須確認為該房的房客以免徒增管理上的困擾）。

4. 若客人已離開，則填具一份「客房遺留物登記表」（lost & found repord）（**表7-5**），填寫：日期、時間、地點、房客姓名、物品名稱細目、數量、拾獲者簽名。

5.將失物以塑膠袋打包，若為乾淨的衣物將其摺疊整齊；若為不潔衣物先送洗衣房清潔以預防衣物發霉及發臭。

6.將物品連同登記表一起交給房務部辦公室值班人員。

7.客房遺留物登記及電腦作業：

(1)將收到的客房遺留物物品編號，並簽錄於客人遺留物品登記本上，分貴重與不貴重物品；不貴重者只需保存一個月即可（依各旅館的規定）。

(2)依據登記本上的資料逐筆登入電腦資料內。

(3)每筆資料保存六個月，之後將無人認領的物品發放給拾獲者、拍

表7-5　客房遺留物登記表

日期：＿＿＿＿＿＿＿＿　　　編號：＿＿＿＿＿＿＿＿＿＿＿

房號：＿＿＿＿＿＿＿＿　　　拾獲人：＿＿＿＿＿＿＿＿＿

客人姓名：＿＿＿＿＿＿＿＿＿＿

項目	特徵	數量

　　　　處理方式　　　　　　　　　　　　　　備註

□暫存房務部辦公室
□交櫃檯接待
□已交還客人
□郵寄還客人
□保留六個月後拍賣
□已代為丟棄處理

房務主管：＿＿＿＿＿＿＿＿　　客人簽收：＿＿＿＿＿＿＿＿

櫃檯主管：＿＿＿＿＿＿＿＿　　拾　獲　人：＿＿＿＿＿＿＿

賣、歸公等（依各旅館的規定）程序後，電腦資料銷號。

8.與客人的聯繫作業（此項動作需於前檯經理與客人聯繫之後處理）：

(1)由房務部辦公室提供一份L/F資料給公關部門。

(2)公關部門根據資料寄一份通知卡給客人（於寄前必須要將資料蒐集齊全，避免造成客人不便）。

(3)當客人來電話或信件、E-mail、簡訊尋問遺失物品之事，要在一天之內給予答覆。

(4)如果客人遺失物品已經查到並已確認，要用掛號送還客人，時限在三天之內。

(5)凡是客人遺失物品價值五十美元以上的，均要用掛號送還客人。

專欄7-2　客人遺留物

※個案一

再談SIM卡提要：還記得以前有一次客人把SIM卡放在枕頭下，房務員在未察覺下撤床單時將客人的卡裹走了，我們一直都沒找到，而被投訴。

旅館房務部案例——談SIM卡

一、案例簡述

某日上午十時左右，我從某房務員工作車旁經過，發現工作車上放有一些凌亂的小物件，而房務員正在忙著清潔房間，於是我動手

幫她整理，突然發現一張SIM卡，我問房務員SIM卡是否是客人遺留的，房務員告訴我是從垃圾桶收出來的。我擔心是客人無意中將SIM卡扔到垃圾桶裡，於是馬上把卡交到客房辦公室，告訴客房部秘書，這張SIM卡是從3026房的垃圾桶收出來的，怕客人回來找，還特地在卡上面貼了一張小紙條，寫上房號及日期。

在下午三時左右，客人打電話回來尋找SIM卡，客人以為我們已經扔了，這時房務員告訴客人我們已幫他拾起來並保管好，客人開心得不得了，沒過多久，客人就返回旅館取回了他的SIM卡，非常滿意的離開了旅館。

還記得以前有一次客人把SIM卡放在枕頭下，房務員在撤床單時將客人的卡裹走了，我們一直都沒找到，而遭投訴。還有一次客人特意將他的SIM卡用一張小紙包了起來放在化妝桌上，客人退房時忘記拿了，服務員在清潔房間時，將這包著SIM卡的小紙在沒有拆開來看的情況下就當垃圾給扔了，後來客人打電話來找，垃圾都已經運走了，遍尋不著，被投訴了。

透過SIM卡的案例，告訴我們一個道理，對待工作，對待客人一定要細心、細心、再細心，因為細節決定成敗。

二、案例評析

客人將物品丟在垃圾桶內，我們清潔房間時當作垃圾丟棄，我們有理由不承擔責任。但是，我們提供的產品就是服務，如何能將顧客服務得更周到，即是需要我們用心的付出，此案例再一次提醒我們：在清潔房間時，一定要細心，如遇自己無法決定的事項，及時請上級協助，確保萬無一失。往往是細節上的一些功夫，就能決定著我們完成工作的品質。

※個案二

客人的遺留物提要：房務部的規範中對各種客人遺留物的處理有很明確的規定，這些遺留物小到客人遺留的一張紙條、一顆鈕釦，都應該按規定交房務服務中心（辦公室）保管起來。

旅館房務部案例——客人的遺留物

一、案例簡述

3月15日我像往常一樣上班做房務工作，一直到下午三點多鐘。大廳副理要我查一下2080房的行李情況，我進去只發現一件汗衫放在浴巾架下面吊桿上，心想，一件汗衫應該不算行李吧？所以，我報告大廳副理2080房的情況時，告訴他房間無行李，然後，大廳副理要我報知前檯退房。

之後，我開始整理這間客房，我想這只是一件內衣，客人不會要了，便不經任何人的允許，將這件汗衫給丟了。到了第二天，意想不到的事情發生了，原本住2080房的客人又回來入住這間房間，並問起了那件汗衫。就這樣，客人很不悅而投訴了。

有了此次經驗，讓我感觸很深，心想，以後，哪怕是客人遺留的一張寫了字的小紙條，還是一雙襪子，都應該做遺留物處理。

二、案例評析

房務部的規範中對各種客人遺留物的處理有很明確的規定，這些遺留物小到客人的一張小紙條、一顆鈕釦，都應該按規定保管起來，因為當客人下一次入住我們旅館時，可能會想起上次的遺留物，這時，如果我們再把物品完好無缺的交回，一定會給客人一個意外的驚喜，這應該可以說是另一種形式的個性化服務。本文反映出員工應再加強培訓。

第四節　其他特殊服務

一、擦鞋服務的作業流程

(一)擦鞋服務的處理原則

1.樓層服務員應主動提供擦鞋服務（依各旅館規定）。
2.依要求擦鞋的房號逐房收取。
3.皮鞋收取時仔細與房號核對正確，並以便條紙寫下房號黏貼於皮鞋上，以利分辨。
4.將皮鞋收取置放於庫房內，並於工作空檔時完成擦鞋作業（若客人有特殊要求須快速處理時，必須於要求時間內完成）。

(二)擦鞋的作業流程

1.皮鞋上若有金屬、非金屬之飾物須先用膠帶貼上，以免鞋油沾上無法清除。
2.戴上手套，左手伸入鞋內固定鞋子。
3.取乾淨的鞋刷將皮鞋表面灰塵清除。
4.以同色鞋油塗抹於鞋面上（若顏色無法明確區分者，則以透明無色的鞋乳處理之）。一般鞋油顏色分黑色、咖啡色、無色三種，除了客人皮鞋為黑色、咖啡色使用同色鞋油外（避免造成鞋子顏色改變而導致房客抱怨），其他一律以無色鞋油擦拭保養。
5.注意在明亮處擦，以避免深色鞋容易錯判鞋色。
6.待鞋油稍乾一點時，再以乾絨布擦亮。
7.若為特殊皮鞋面或非皮革組合之鞋面，僅做灰塵清除處理即可（以避免損及客人皮鞋引起客人抱怨）。

8.皮鞋擦拭完畢後，男鞋以鞋撐撐好裝入包裝袋，房號單黏貼於包裝袋上，於皮鞋放入房內時記得將房單撕下。

9.登記在樓層交待簿上，註明房號、數量、顏色、樣式及時間以利後續備查。

10.注意事項：

(1)凡為自己無法分辨處理之皮鞋或非皮鞋面之鞋子，須向領班或主管請教，切勿自作主張處理。

(2)皮鞋於收取及送回時都須仔細，以免送錯房號造成很大的困擾。

二、代請臨時保母服務的作業流程

(一)代請臨時保母服務的處理原則

1.旅館的房客具有各種類型，除商務旅客、團體旅遊及家庭等，而其中若大人須參加宴會等重要聚會時，無法將孩童、嬰兒帶在身邊時，一定會委請旅館的人代為照顧。

2.此項工作因為關係到兒童人身安全，絕不可委任旅館以外的人來處理，一般在觀光旅館皆由房務部門專門負責。

(二)代請臨時保母服務的作業流程

1.問明客人姓名、房號、所需照顧日期、時間。

2.告訴客人收費標準（**表7-6**）。

3.徵求房客同意後，將資料轉告房務部辦公室值班人員請其代請。

4.保母人選以休假日員工為主或有此相關經驗的員工的個人資料要列出名冊（房務部主管應謹慎挑選適當的人選，以免引起客人抱怨或因此而衍生意外或事故）。

表7-6　收費標準

baby sitter charge notice
minimum charge bases 3 hours for one baby NT$900（3 hours） for two baby NT$1000（3 hours） NT$200 for each additional hour

5.確定人選後，該員工應著乾淨制服或掛上旅館的名牌，由主管帶領介紹給客人。

6.於約定前十分鐘向要求的客人報到。

7.要求該員應經常與房務部辦公室或值班人員聯絡，以隨時掌握情況，若有任何狀況可很迅速地處理。

8.任務完成如果客人付現金，則自行收下。若為簽帳則填列一份「簽帳單」，請客人簽名後向前檯出納申請現金即可。

三、身心障礙客人服務

　　旅館是一種高度服務性質公共場所，為使身心障礙者能夠在沒有障礙而安全的環境住宿，旅館不僅硬體設施需要顧全各種身心障礙類別與等級的生理條件，更需要有符合消費者的軟體相輔相成。鄰近各國對於旅館設立身心障礙客房，均有明確的數量及立法標準。交通部觀光局曾在《觀光旅館業管理規則》中明定過「殘障客房」（民國77～84年），嗣後因法令變更而終止，目前旅館無障礙環境的目的事業主管機關為內政部，而非交通部觀光局。但無論如何，旅館設立身心障礙客房，有助於獲得固定消費者與商機。

　　身心障礙者客人住店時，應瞭解客人姓名、身心障礙不便表現、

生活特點與特別要求，選派優秀服務員特別照顧。客人進住、迎接、問候、攙扶、端茶送水、整理房間等各項服務主動熱情，耐心周到，針對性強，處處表現出同理心與愛心。

此等客人應安排住宿於身心障礙房，客房符合防火、隔音、空調、照明等要求外，還要滿足下列條件：

1. 身心障礙客房應設在建築的低樓層部位。

2. 身心障礙客房應儘量靠近無障礙電梯與安全出口。

3. 身心障礙客房與其相鄰的房間有連通門，連通門淨寬不低於0.9公尺。

4. 身心障礙客房入口門淨寬不低於0.9公尺。

5. 入口門在離地1.45公尺高和1.1公尺高各安裝一個防盜眼（貓眼）；門內面逃生圖安裝高度為1.25～1.35公尺。

6. 身心障礙客房入口走道及床前空間寬度不低於1.5公尺。

7. 浴室門朝外開，門淨寬不低於0.9公尺。

8. 浴室內有確保輪椅回轉的直徑不小於1.5公尺的空間。

9. 洗臉盆最大高度0.85公尺，採用符合身心障礙人士使用標準的單桿水龍頭；洗臉檯下方應留空間，高度不低於0.6公尺，以方便輪椅靠近使用。

10. 洗臉檯上方鏡面底邊距地1.1公尺，頂邊距地1.7～1.8公尺，且前傾0.15公尺。

11. 馬桶高為0.45公尺，馬桶背面及兩側高0.7公尺處裝設水平抓桿，靠壁面一側也應裝設高1.4公尺的垂直抓桿。

12. 門後掛衣鉤高度1.2公尺。

13. 如設有淋浴間，其最短的一邊淨寬不小於1.5公尺。

14. 淋浴間內另設高0.7公尺的水平抓桿和高1.4公尺的垂直抓桿。

15. 淋浴間內應設置高度0.45公尺的洗浴座位。

16.浴缸高度為0.45公尺。

17.浴缸內側設高0.6公尺和0.9公尺的水平抓桿或是一體成型的水平與
垂直安全抓桿，其水平抓桿長度不低於0.8公尺。

18.臥室、起居空間及浴室內應設緊急呼叫按鈕，其安裝高度為0.45
公尺。

19.房內的照明開關、溫度調控器等安裝高度為0.9～0.11公尺。

20.臥室、起居空間內所有插座安裝高度為0.4公尺，浴室內防水插座
高度為0.7～0.8公尺。

21.在臥室內床頭處能明顯看見的壁面上設有火警的聲、光警報裝
置。

四、VIP的房務作業流程

每家旅館或多或少都有機會接待到VIP，對此等貴賓可說是相當針對
性的服務。一般接待VIP都是由總經理領銜，各部門經理按自身職位的功
能，分工合作以做好接待工作。VIP最貼身的服務員不外乎以資深領班來
擔任，做好貼身管家服務工作。有的旅館設有「金鑰匙服務中心」，由該
中心經理統籌服務事宜。

所謂「VIP」大都指政府高級官員、企業家等各行各業、不同領域的
知名人士與社會翹楚。對此類人士的光臨，旅館自是蓬蓽生輝，會以特
殊、優渥的款待，不但讓客人滿意，對旅館也有宣傳效果。

(一)房務部的服務流程

房務部的服務流程如下：

1.接到上級的「VIP接待計畫書」，立即仔細閱讀，有關本部門的工
作應做筆記。

2.房務經理參加上級召集的接待協調會議，確認接待任務內容。

3.召集本部門幹部會議，制定部門接待計畫，落實每人責任。

4.本部門內每位工作人員必須熟記VIP人數、姓名、身分、停留時間、活動過程。

5.各級幹部逐級檢查下級準備工作情況，要求逐次落實。

6.配合工程人員檢查VIP房間，確保設施完好無缺，保證VIP房間設施始終處於良好狀態。

7.VIP入住房間兩小時前按其等級標準擺設好鮮花與果盤。

8.VIP為外國籍，應按照貴賓國籍送該國語文報紙和雜誌，本國VIP送本國報紙。

9.將電視調至VIP喜歡看的頻道。

10.VIP抵店前三十分鐘，打開客房門，開啟室內燈光、空調，將空調開至適當溫度。

11.VIP抵店前三十分鐘，公共清潔班負責從一樓門口至電梯口清理地面灰塵，隨時保持地面整潔。

12.房務中心（辦公室）在VIP抵店時，立即電話通知相關單位。

13.安排專人等候在一樓電梯門口，專為VIP開電梯。

14.VIP抵店，由客房部經理（rooms division manager）率領房務經理（executive housekeeper）、各幹部及房務員在樓層迎接。

15.VIP入住三分鐘以內，根據人數送上迎賓茶。

16.VIP在停留期間，房務部各當值領班應配合安全警衛，做好安全工作；以熱情禮貌的態度，明確而清楚的答覆、解決其所提出的問題。

17.VIP停留期間，對各項服務應努力做好，避免錯誤或延遲。

18.關於VIP洗衣服務：

(1)取回其送洗衣物，立即標明VIP，進行登記與存放。

(2)VIP的衣物，由房務經理全面檢查，洗衣房主管親自洗滌，親自熨燙，確保洗衣品質。

(3)嚴格檢查，按衣料確定洗滌方式，確保不發生問題。

(4)VIP的衣物要單獨洗滌。

(5)衣物洗滌，熨燙完畢後包裝，立即送至樓層，交由領班以上幹部送入VIP房間。

(二)接待規格

1.旅館以豪華轎車負責迎送貴賓。

2.VIP停留期間，旅館豪華轎車二十四小時聽候調用。

3.VIP抵店前十五分鐘，旅館安全警衛把安全事項、交通疏導處理完善。旅館歡迎隊伍在主樓層通道前就位，等候貴賓抵達；VIP抵店前十分鐘，旅館總經理率各部門經理到一樓門廳外的車道處等候迎接。

4.VIP抵店，由總經理陪同，直接由專用通道進入客房。

5.客房部經理率領房務經理、各幹部及房務員在樓層迎接。

6.客房部經理陪同VIP在房內登記。

7.每天優先安排VIP房清潔打掃，只要有外出均需整理房間，貴賓夜床服務安排在晚間七時以後。

(三)客房擺設

房務員按指示擺放（**表7-7**），領班做好檢查與監督工作。

(四)洗衣房VIP接待工作

洗衣房員工必須在洗衣房主管監督下快速而毫無錯誤的做好每一流程，分述如下：

表7-7　客房擺設

品名	規格	數量	擺放位置	備註
鮮花	高檔盆栽	兩盆	主臥室、客廳茶几	旅館花房提供或購買
晚間鮮花	單支	一支	夜床時放於床上	旅館花房提供或購買
果盤	高檔水果盤	一盤	客廳茶几	高級水果，每日更換
酒水	進口洋酒或高級葡萄酒	洋酒一瓶或葡萄酒一瓶	小酒吧檯	配冰桶及二至四只酒杯
歡迎點心	西點及巧克力	二至四種品牌或一盒巧克力	置於客廳茶几上	旅館西餐廳配製或購買，每日更換
晚間小點心	夜床巧克力或盒裝牛奶	一盒巧克力或兩盒牛奶	床頭櫃上	酒店訂製或購買
綠樹盆景	生機旺盛綠色植物	一至兩盆	客廳或臥室	視區域或面積而定
歡迎卡或總經理名片	旅館貴賓專用	一張	鮮花上	總經理簽名
浴袍	旅館貴賓專用	兩套	衣櫥、床上	旅館訂製
消耗備品	貴賓專用高級禮包	一套	浴室	洗漱用品旅館購買
	商務用品	張、件	辦公桌	筆、信紙、大小信封、便箋

1. 在VIP停留期間，洗衣房留一至二人備勤，做到二十四小時為貴賓提供洗、燙服務。

2. 凡是VIP衣物送洗，均需按照快洗程序來處理，洗衣從收取到送回在四小時內完成。

3. VIP洗衣均由領班以上人員進行檢查、打號、分揀、洗滌、整理、包裝與送還。

4. 送衣前認真檢查與做好洗衣品質，核對總件數，對於細小環節，如協助補鈕釦、破損修補工作，均應做到周到與及時。

5. 對於換房狀況應進行核實工作，各項檢查工作確認無誤後將衣物送回樓層，並且與樓層領班或主管一同將衣物送入房間。

6. 對整個洗滌步驟均應嚴格遵循洗衣房工作程序進行。

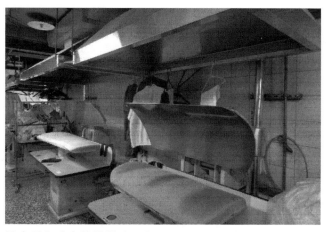

洗衣房內成衣整燙機（作者攝於飯店洗衣房）

專欄7-3　擦鞋服務的小插曲

　　在十幾年前，亞都麗緻大飯店提供免費擦鞋的服務，其原有的作業方式是客人在晚上將鞋子拿出來放在門口，行李員會一雙雙擦亮後包起來，再放回房門口。但是有一次兩位半夜喝醉酒的客人，藉著酒意，將整個樓層的鞋子全部藏起來。第二天早上該樓層的客人全部找不到鞋子穿，更將房務部及服務中心兩部門搞得人仰馬翻，是一件多麼錯愕的意外！雖然事後客人道歉寫切結書，但從此以後亞都不再放心請客人把鞋子放在門外了，而是請客人將鞋留在房內，由白天負責打掃的房務人員進入房間時再做擦鞋服務。

　　如此貼心的服務，卻因人為的因素被迫要做某種程度的修改，是當初提出這個想法的嚴長壽總裁所始料未及的！

資料來源：嚴長壽著（1997），《總裁獅子心》，平安文化。

第五節　客人習性作業流程

一、客人習性作業的基本原則

　　每一位客人都是一位獨立的個體，都有自己獨特的個性及喜好，如果以一視同仁的做法，就無法掌握客人真正的需求。所以在觀光旅館業中，每一家都竭盡所能地滿足客人不同的要求，而其中最重要的方法就是「記錄客人習性」的方法。

二、客人習性作業的作業流程

1. 預知將遷入（C/I）的客人有特殊習性時，應在未遷入前將客人所需完成並記錄於習性記錄本上（或在預計抵達名單上有特別標明時），須於交接時交待清楚以利作業。
2. 如發現原已擺設完成習性的房間因取消、換房或遷入房客非該習性者，必須主動反應給辦公室值班人員知悉，並須依上級指示迅速處理相關的事宜。
3. 每位員工都應細心觀察每位客人的習性及特殊嗜好，必要時填上客人習性表並將資料交辦公室值班人員處理建檔。
4. 客人習性有所更改時須重寫「客人習性表」（**表7-8**），以便值班人員更改資料。

三、一般多數客人習性（叫起床）服務的作業流程

　　在旅館中最常為客人所要求的就是提醒早上（午睡）叫醒的服務。

表7-8　客人習性表

填表人：	年　月　日
客人姓名：	
發生地點：	住宿房號：

特殊習性：

1.此服務由總機負責。

2.但若總機使用電話響鈴及錄音的方式通知，無法叫醒客人時，總機將會通知房務部辦公室，再由該樓層的樓長前往該房叫醒客人。

3.樓長在接獲房務部辦公室或值班主管通知時，應放下身邊的工作，立刻前往敲門叫醒客人（此時若客人門前掛DND時亦要叫醒，以免耽誤客人的行程或重要的事）。

4.若叫不醒客人時，而且房門反鎖或串上內鍊時，通知房務部辦公室或值班主管請前檯值班經理及工程人員一起打開門鎖，以防止任何意外產生。

5.敲門時的英文用語：

(1)Good morning, Mr. Brown.

You have a morning call at 7:00 o'clock.

Sorry to bother you.

Have a nice day!

(2)Good morning, Mr. Brown.

You have a morning call at 7:00 o'clock, because your phone receiver does not place well.

We can not get the line to your room.

Sorry to bother you.

Have a nice day!

四、房客生日快樂道賀的處理

1.夜間經理每日凌晨做出當天及次日的房客生日名單（birthday list）。

2.房客生日名單做出後複印七份，並分送下列有關單位：前檯、餐飲部、房務部、業務行銷部、公關部、總經理或駐店經理、總機。

3.房客生日快樂的道賀處理程序：

(1)早晨八時至九時，前檯接待與客房餐飲單位聯絡，確定生日蛋糕已準備好。

(2)蛋糕準備好，則與客人聯絡。

(3)徵求客人同意後，再聯絡客房餐飲服務人員及房務部服務人員，告知約定時間，準備一同去某一客房道賀房客生日。

(4)前檯接待、值班經理、客房餐飲服務人員及房務部服務人員，一同至客人房內向客人致生日快樂，唱生日快樂歌，並給與生日蛋糕及生日賀卡。

(5)如果客人只需蛋糕送入房內，則問好送入的時間，並通知客房餐飲部，連同生日賀卡一併送入客房內。

五、客人要求加床處理

1.前檯作業：

(1)問明客人加床種類（一般旅館會備有三種加床：與客房床鋪相同的床、可折疊的推式床、嬰兒床）及使用天數。

(2)告訴客人加床計價方法，一張床一天為五百元（依各旅館規定），但嬰兒床免費。

(3)在「旅客登記表」備註處註明extra bed，如為嬰兒床則註明crib。

(4)將房租加上五百元，服務費加五十元。

(5)通知房務部「加床服務」。

(6)如果加床日與遷入日期不同，則須做房價變更處理。

2.房務部作業：

(1)接獲房務部辦公室的電話後，在倉庫拿出備用的床鋪，須事先檢視是否有任何損壞及擦拭乾淨。

(2)準備好加床用的床單、羽毛被或毛毯、枕頭。

(3)將床鋪依旅館規定鋪好。

(4)按增加床位數拿妥同數量的備品（毛巾類等）、牙刷、洗髮精等用品。

 ## 第六節　請勿打擾作業流程

一、請勿打擾作業的基本原則

當房客掛出DND卡表示要在房內好好休息而不願意讓服務人員或

其他人打擾，因此房務人員在客人未將DND卡收回前，絕不能去打擾房客。但旅館在旅客安全考量下，特定出此處理程序以防止意外。

二、請勿打擾作業的作業流程

1. 資深房務員在接班時將掛DND卡的房號記在值班日誌上，另外對夜班領班交班從昨晚做夜床時即掛DND卡房間要特別留意。

2. 在房務作業中掛有DND卡的先保留不做，待房客將DND卡取下後與櫃檯核對房間鑰匙，如在櫃檯表示客人已經外出，可以敲門入內整理。如不在櫃檯表示客人仍在房間，須於下午一時（依各旅館規定）以後再敲門入內整理。

3. 早班領班在每日中午十二時至下午一時需以電話向各樓層負責人員查詢未整理好房間的原因，如房客從早一直掛DND卡，領班先向總機查詢該房客是否有特別交待及電話來往記錄，再以電話與前檯聯絡問客人鑰匙是否在，是否已有交待及動向，如為續住房客則查清客人習性記錄表，看是否有不整理房間的記錄，如無記錄，到樓層及前檯瞭解後向值班的主管報告。

4. 當班的房務主管於下午三時會同大廳副理共同處理，先由大廳副理以電話與房內聯絡，如客人接聽則向客人表明接到房務中心通知，禮貌的問客人能否整理房間，視客人答覆採取作業。如電話無人接聽，則由房務主管敲門兩次後用master key開門入內查看，若遇到客人將房門反鎖（double lock）（一般的旅館門共計兩道鎖，第一道關上房門即鎖上，第二道鎖是房門關上後，由客人自行將內鎖或按鈕按上），是無法以master key開門，需要工程部門將房門整個拆下，以防止意外發生。

5. 等狀況解除後由領班通知房務員開始整理工作。

6.做夜床時如客人掛出DND卡,房務員需加以記錄,於下班前(連同送回客衣)交晚班領班處理,晚班領班每小時需去巡視一次,如卡取回則敲門入內送客衣並做夜床,如一直掛DND卡,交班時請夜班領班特別注意該房間狀況並保持每小時巡一遍,夜班領班下班時再交班給早班繼續注意。

三、其他與請勿打擾作業的相關作業

(一)訪客的作業

當住客的朋友及客戶等來旅館拜訪住客時,除了使他們很快速地找到房號及住客,更要注意住客的安全問題。

1.當有訪客(visitors)進入樓層時,房務人員應有禮貌上前問明要找的房號及住客。
2.先行瞭解訪客說明的房號及住客是否正確。
3.當訪客說明的房號及住客不正確時,應請訪客至前檯查明。
4.盡可能應先以樓層的電話與住客聯繫(此點為保障住客被不想見的人騷擾)。
5.若碰到客人掛出DND卡時,應禮貌地請訪客與客人聯絡後再請房務部辦公室處理,千萬不可指引或帶領他至房間敲門,以免造成客人的抱怨及不便。
6.若客人不欲見客時,應禮貌地向訪客說明客人不在或外出,請他與客人聯絡後再來拜訪。
7.若確為客人的訪客且得到客人的允許後,指引或帶領他至房間敲門。
8.客人開門後,禮貌地向住客說明有訪客後離開。

9.若遇陌生人或閒雜人等企圖問客人的資料時，應禮貌地請其至前檯處理，若有人在樓層裡閒晃，應主動向前問明或請安全部門人員前來處理。

10.對於晚上十時以後（依各旅館規定）的單身及打扮入時女性，應特別提防是否為流鶯或企圖至旅館招攬生意者，一律拒絕其上樓找房客。若其說明為房客所邀，應請夜間值班經理處理。

(二)房客訪客物品的遞送

負責單位：前檯（服務中心）。

1.將房客訪客遞送物品（可能為禮品、樣品、包裹、花及水果籃等）打上時間。

2.由服務中心領班或副領班登記在「遞送記錄表」（delivered record）內填明：

(1)姓名（name）。

(2)房號（room no.）。

(3)送物時間（time）。

(4)物品名稱（article description）。

(5)物品件數（number）。

(6)遞送之行李員姓名（bell man）。

3.送至客人房間時：

(1)按鈴並喊出「服務中心」。

(2)客人開門後向客人問好，並告知「這是給您的禮品、樣品、包裹、花及水果籃……」。

(3)離開前祝福客人有個愉快的一天，並順手將門輕輕關上。

4.如果屬於貴重物品，最好請客人在「遞送記錄表」上「備註」處簽名。

5.當服務中心在遞送客人物品時,遇到客人不在時,如為小件郵件,則從門下遞進即可。如不可從門下遞進的郵件、包裹則可請樓層服務員代為開門,然後送進。

6.如果客人掛上「請勿打擾」的牌子時:

(1)將物品暫存服務中心,並附上備忘紙。

(2)請前檯接待留言給客人。

7.樓層服務員下班後要送物品給客人時:

(1)先與客人聯絡,徵求客人同意後方可送入。

(2)如果客人願明天自取或明天再送,則依物品寄存處理,並在「行李寄存記錄表」上註明「自取日期」或「再送日期」。

(3)房客不在則向前檯接待或值班經理取房間鑰匙送至客人房內。

(4)客人掛上「請勿打擾」的牌子,則將物品依寄存處理。

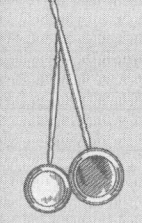

問題與討論

一、個案

馬克為即將遷入的客人,樓層領班碧玲對他印象很深刻,除了該房客十分和藹可親外,碧玲記得他是一位虔誠的猶太教徒。上一回他第一次住在920房將遷出時,曾經向她提過住在旅館很滿意,樓層的服務也非常好,唯一較遺憾的是因為他的宗教信仰問題,每個週末及週日無法搭乘電梯,而導致那二天生活很不方便,希望下次來的時後能夠安排在低樓層。碧玲一想到此,感到糟糕了,這次前檯將該房客的房間安排得更高(1218),客人一定會很不高興,再查了一下客人的特殊習性的檔案,並無此項記錄。碧玲迅速與房務部辦公室聯絡,希望能重新安排該客人的房間,最後在房務主管與前檯值班經理的

協調下，將該房客換至428房，而預防了一場可能引發客人抱怨的事故！碧玲也提醒了自己若有任何房客的習性一定要馬上寫下，以免忘記而造成旅館管理的困擾！

二、個案分析

此案例說明了客人習性記錄的重要性，每位房客來自不同國家、信仰、習慣及個人的獨特養成的背景，雖然有些習性對國人來說是無法去理解的，但是我們必須學會去尊重每一個客人的獨特性，更要養成隨時記錄客人習性的好習慣。這樣一來旅館不但可以為房客準備妥善他該擁有的物品及服務，才有辦法再進一步地做到家外之家的服務境界。所以上述的案例，若碧玲能在上次客人遷出後立即做到記錄習性的作業，就可提早準備好該客的房間。但較幸運的是她能即時想起這個事件，而提早預防了可能會產生的抱怨，仍是值得嘉許的。

三、問題與討論

1012房的房客湯姆為某台灣代理商重要的客人，於遷入當晚打電話給值班經理抱怨，投訴該房的電冰箱馬達很吵且隔音的效果很差（因為可以很明顯地聽到隔壁房的電視聲及沖馬桶的聲音），致使他無法入睡要求立刻換房。但因本日所有房間已經客滿無法更換，值班經理先行安撫房客湯姆並提出明日換房且升等的優惠，但為客人所拒絕，客人並生氣地將電話掛斷。隔日，房務主管即接到前檯主管向駐店經理反應的抱怨為「未將住客的習性正確地打在電腦裡」，以致前檯人員在做房間的分配時，無法正確地安排較安靜的客房給該客人。更糟的是客人非常生氣要求退費，並向當地的公司提出強烈的抱怨及要求，希望以後所有的客人都不可安排在此旅館，而造成旅館重大的損失！

Chapter **8**

客房保養與維護

　　客房是旅館最大的資產之一，通常一個客房花費幾百萬的裝潢、擺置各項華麗家具及高昂設備，在五星級的觀光旅館中是常見的事。而房務部門的主要工作除了每日的清潔工作外，定期的清潔與保養更是可看出房務管理好壞與否的關鍵。每日的清潔工作中，因為必須符合房客的各項要求，在爭取時效後難免會有無法徹底清潔的死角或常被忽略的地方，所以每一家旅館皆有一套嚴謹的定期清潔保養與維護的計畫，除可以保持客房在最好的狀況外，並延長各項設備、家具及用品的使用壽命，更可以為旅館節省下來很大的費用！

第一節　客房保養與維護計畫

　　各家旅館客房保養與維護計畫雖然不盡相同，但基本上可分為定期與不定期兩類。而其中定期又可分為每週、每月、每季及每年的週期計畫。

一、客房保養與維護計畫的安排及相關的負責人員

1. 設備的保養分為定期保養及不定期保養。不定期保養須視情況、季節而決定。原則上執行各項保養維護的工作，最好利用住房率較低的時候進行。

2. 工作先由房務部經理會同副理或領班共同擬定「客房保養計畫表」（表8-1、表8-2），表上須列有保養項目、保養日期、負責保養工作者及預定保養完成日期。

3. 保養工作由房務部主管依「客房保養計畫表」通知聯絡有關人員進行保養，並由領班負責監督所屬確實如期完成保養項目。

表8-1 客房保養計畫表（範例一）

保養項目	一月	二月	三月	四月	五月	六月	七月	八月	九月	十月	十一月	十二月
1.木門類												
(1)房號銅牌的保養	1-1			4-1			7-1			10-1		
(2)DND鍊條及門把的保養	1-1			4-1			7-1			10-1		
2.家具類												
(1)木質家具的保養	1-2/3			4-2/3			7-2/3			10-2/3		
(2)銅器及鍍銅銅器的保養	1-4			4-4			7-4			10-4		
(3)銀器的保養		2-1			5-1			8-1			11-1	
(4)布質沙發的保養		2-3			5-3			8-3			11-3	
3.電話機的保養		2-4			5-4			8-4			11-4	
4.衣櫥的清潔與保養		2-4			5-4			8-4			11-4	
5.冰箱的保養			3-1			6-1			9-1			12-1
6.窗台與玻璃的保養			3-1			6-1			9-1			12-1
7.鏡子的保養			3-1			6-1			9-1			12-1
8.踢腳板的保養			3-2			6-2			9-2			12-2
9.天花板廣播喇叭的保養			3-2			6-2			9-2			12-2
10.冷氣回風口的保養			3-2			6-2			9-2			12-2
11.浴室												
(1)排風機的保養			3-3/4			6-3/4			9-3/4			12-3/4
(2)天花板的保養												
(3)大理石檯面及牆面的保養												
(4)不鏽鋼的保養												
(5)馬桶的保養												
12.翻轉床墊			3-4			6-4			9-4			12-4
13.地毯汙漬處理			3-4			6-4			9-4			12-4

說明：1.以工作項目為區分，每三個月將所有保養工作安排於日常工作中（表中1-2表示為一月份的第二週，依此類推）。

2.此計畫的優缺點：

(1)優點：養成所有人員平日就必須有保養工作的觀念，而非等到保養時再來處理。

(2)缺點：增加人員平日的工作量，部分保養工作可能無法貫徹執行。

表8-2　客房保養計畫表（範例二）

保養項目	每天工作量	循環週期	一月	二月	三月	四月	五月	六月	七月	八月	九月	十月	十一月	十二月
1.木門類														
(1)房號銅牌的保養	40間	每月	✓	✓	✓	✓	✓	✓	✓	✓	✓	✓	✓	✓
(2)DND鍊條及門把的保養	40間	每月	✓	✓	✓	✓	✓	✓	✓	✓	✓	✓	✓	✓
2.家具類														
(1)木質家具的保養	20間	每季	✓			✓			✓			✓		
(2)銅器及鍍銅器的保養	30間	每季		✓			✓			✓			✓	
(3)銀器的保養	30間	每季			✓			✓			✓			✓
(4)布質沙發的保養	40間	每月	✓	✓	✓	✓	✓	✓	✓	✓	✓	✓	✓	✓
3.電話機的保養	80間	每月	✓	✓	✓	✓	✓	✓	✓	✓	✓	✓	✓	✓
4.衣櫥的清潔與保養	40間	每月	✓	✓	✓	✓	✓	✓	✓	✓	✓	✓	✓	✓
5.冰箱的保養	30間	每季		✓			✓			✓			✓	
6.窗台與玻璃的保養	20間	每季			✓			✓			✓			✓
7.鏡子的保養	30間	每月	✓	✓	✓	✓	✓	✓	✓	✓	✓	✓	✓	✓
8.踢腳板的保養	40間	每月	✓	✓	✓	✓	✓	✓	✓	✓	✓	✓	✓	✓
9.天花板廣播喇叭的保養	30間	每季			✓			✓			✓			✓
10.冷氣回風口的保養	30間	每季		✓			✓			✓			✓	
11.浴室														
(1)排風機的保養	20間	每季			✓		✓					✓	✓	
(2)天花板的保養														
(3)大理石檯面及牆面的保養														
(4)不鏽鋼的保養						✓								✓
(5)馬桶的保養														
12.翻轉床墊	每間	每季	✓						✓	✓	✓			
13.地毯汙漬處理	20間	每季			✓		✓			✓				✓

說明：1.以工作項目為區分，安排每個保養的工作時間及保養月份。

2.此計畫的優缺點：

(1)優點：讓所有的工作人員很清楚地知道自己的工量計畫，以方便安排平日的工作及相關的保養維護事宜，比較不會有突發的狀況，主管也較能控制相關的人力。

(2)缺點：人力安排上較吃緊，無法依淡旺季而安排年休等事宜，有時須請半職人員才有辦法來執行已安排好的相關保養事宜。

專欄8-1　安排保養維護工作考驗房務主管的智慧

　　房務部的日常例行性工作十分繁瑣且須注意到的細節處也極廣，房務部主管在有限的人力下，既要維持日常的工作又必須安排定期及不定期的保養，是一項非常費心的管理工作。若將所有的保養都安排在淡季，人手不足的問題又因多數人員在旺季中累計的休假，都必須利用淡季來消化而更見捉襟見肘。所以每家旅館的房務經理都有一套自己的方法，如將保養的工作化整為零，納入房務員／清潔工／樓長／夜班人員的日常工作中，但在住房率超過一定的標準時，就必須暫停以免最基本的清潔工作打折扣。也有的人聘用大量臨時工讀人員（如實習生／退休人員——因其已有房務工作經驗不須重新教起），來完成一般房務人員都不會太喜歡的保養工作。更有些主管將正職人員的編制縮到最小，遇有旺季或保養時，則外聘有經驗的人員或將部分保養工作外包給清潔公司等等。

　　而究竟哪一種方法較好，並沒有一定的標準答案，因為每一家旅館的狀況都不相同，而成效的好壞也正考驗著每一位房務主管的智慧！

4.保養完畢領班澈底檢查，檢查無誤在「客房保養計畫表」上填上完成日期及簽名後交領班及副理或經理抽檢。

二、保養工作重點

　　保養工作的重點如下列項目：

(一)各項家具及備品

布品類、家具類、大理石類、玻璃類、窗簾、地毯、窗台板、踢腳板、不鏽鋼鍍銅純銅類、浴室抽風蓋板、衣櫃門等。

(二)各項工具用品

吸塵器、吹風機、工具箱、工作車、備品車、預備床等。

(三)其他

盆樹框、電視機、各類用具保養等。

第二節　各項保養方法介紹

一、木門

(一)房號銅牌的保養

1. 以乾淨的抹布擦上銅油，輕輕地擦拭房號銅牌，並注意不可將銅油沾到木門上，以避免造成痕跡及破壞。
2. 銅牌上若有崁上黑色的字體不可將其擦掉。

(二)DND鍊條及門把的保養

1. 門把（含浴室門）因每日皆有人以手接觸，無形中自然形成一層汙垢。
2. 以不鏽鋼劑，噴鍊條兩側、掛鉤、反鎖條（或反鎖鍊）、門把及不鏽鋼四方塊。
3. 以乾抹布輕輕地擦拭乾淨並磨亮。

4.特汙處要以鋁絲絨輕輕地刷後，再以乾抹布擦亮。

5.鋁絲絨內不可有雜質或生鏽，以避免刮傷不鏽鋼器材。

6.保養時，另窺視孔、緊急逃生圖框等也必須一併擦淨。

二、家具類

(一)木質家具的保養

◆**範圍**

　　包括化妝桌、化妝椅、皮面書桌的木邊靠背書桌椅、酒架、冰箱櫃及門、咖啡邊桌、窗台、床頭櫃、壁畫框及走廊的木皮牆面等。

◆**功能**

　　木質家具是旅館中最能顯示尊貴的配備，日子久了難免會有掉漆失去光亮的情況，若可以於定期保養時重新打蠟增加其亮度，將再增加客房高貴典雅的感受，所以此部分的保養是非常重要的。

◆**處理方法**

1.先行檢視家具是否有掉漆或壞損的情況；若有，必須通知領班或辦公室以便安排木工或外商先行修護後，再行保養。

2.以熱水將濕抹布洗淨，並擰乾到不可有滴水情況（因為熱水較能清除汙垢，並會蒸發減少留在表面的水漬）。

3.有特別髒汙處或積塵處，應用濕抹布擦淨，不要用拍打方式將灰塵打掉，以避免灰塵到處飛揚。

4.再以乾抹布擦拭一次。

5.搖晃碧麗珠再噴在乾抹布上，均勻的打圈塗抹在木質面上。

6.略用力的將表面磨亮，以避免碧麗珠上蠟不均。

7.加強平時不易擦拭到的死角處。

8.最後檢視保養表面是否光潔。

(二)銅器及鍍銅器的保養

◆範圍

房門的銅條、銅器及鍍銅器燈及其燈座、盆樹框的銅條、電視櫃的銅條、書桌的銅燈等。

◆功能

加強表面維護及美觀，以延長其使用的期限。

◆處理方法

1.將寬膠帶緊貼於銅表面兩側，並注意不要留有任何空隙，必要時要以舊報紙鋪在銅條下的地毯，以避免擦銅汙漬汙染周圍的裝潢。

2.將銅油上下搖晃使銅油能均勻。

3.打開蓋子，將抹布蓋在瓶口壓緊，倒轉瓶身使抹布沾上銅油。

4.擦拭銅質表面。

5.銅油使用應適量，避免流到其他非銅質部分。

6.特別髒汙處，可多沾銅油，並使其浸於銅油時間拉長（增強去汙力）。

7.以乾抹布擦拭清理銅質部分（不可用濕布，會造成氧化）。

8.擦至光亮為止，勿將銅油漬留在表面。

9.細部或有雕花部分，可用牙刷沾銅油處理，再以乾布擦拭磨光。

10.以牙刷沾銅油時，刷面朝下，握柄略向上，並避免沾刷柄，造成牙刷腐蝕。

11.塗上保養油並撕掉銅器旁膠帶。

12.以清潔劑擦拭銅器旁部分，以避免為銅油所汙染。

(三)銀器的保養

◆範圍

房務部專屬的銀製刀、叉、洗手盅、水果盤等。

◆功能

加強表面維護及美觀，以延長其使用的期限。

◆處理方法

1.銀製品若放置三、四天後先出現咖啡色斑紋，而後出現許多黑色汙垢，用海綿塊沾上銀膏，輕輕擦拭銀製刀、叉、洗手盅、水果盤，去除汙垢後，再用清水沖淨（千萬不可以菜瓜布處理以免造成銀器刮傷）。

2.特別注意叉子的每個空隙及前後左右的邊緣不要遺漏。

3.淡季時應送至餐飲部餐務單位的專用洗銀器槽澈底處理一遍，洗淨後用塑膠袋包起，待旺季時再拿出使用。

(四)布品類的保養

◆範圍

客房內各式布品沙發（貴妃椅、扶手椅、二人或三人式沙發等）。

◆功能

澈底清理並去汙以維持美觀及衛生，並延長其使用的期限。

◆處理方法

1.布品類若受輕微沾汙的處理方法如**表8-3**所示。

2.布品沙發的清潔去汙：

(1)先行判斷汙點的大小，若微量者可以上述方法清理即可；若較大

表8-3　布品類受輕微沾汙的處理方法

汙染源	使用清潔劑及方式
鋼筆水、血等	冷水、洗潔劑
可樂、塑膠漆等	冷水、地毯清潔劑
果汁、飲料等	冷水、洗潔劑
奶油、沙拉醬、巧克力等	洗潔劑、乾洗劑
蛋、除鏽劑、尿、芥茉等	地毯清潔劑
嘔吐	地毯清潔劑、洗潔劑
地板蠟、焦油等	乾洗劑
口紅、油脂、鞋油等	乾洗劑、地毯清潔劑
亮光漆	乾洗劑、專業處理
肉汁、牛奶等	溫水、洗潔劑
原子筆	外用酒精、清潔劑
指甲油	丙酮、乾洗劑
油漆	松節油、乾洗劑
酒	吸收劑、冷水、洗潔劑
口香糖	除膠劑
燒焦	錢幣輕刮
蠟	熱燙、乾洗劑
尿漬	專業性處理
煤煙	吸塵器、清潔劑、專業處理

注意事項：布品類受嚴重汙損時，電告房務部，通知專業人員做專業處理。

處則將布質可清洗的部分與主體分開，並避免其他部分沾水受潮。

(2)依布品沙發的織品說明或廠商提供的保養須知，來調釋適當濃度的清潔劑，並事先計算好清洗量。

(3)用水桶將清潔劑裝好。

(4)以清水將布面打濕，以洗衣刷沾上清潔劑輕輕快速地針對汙處進行刷洗動作。

(5)再以清水將清潔劑澈底清洗乾淨，以避免殘留的清潔劑損傷布料。

(6)以乾溼吸塵器吸除水分，以吸到完全壓不出水來為止，以加強乾燥的速度。

(7)放通風陰涼處風乾，並避免日曬時強烈的陽光可能引起布料的褪色。

三、電話機的保養

◆範圍

一般而言，客房內共有兩座的電話機（有些套房可能會有二座以上），另包括目前很受商務房客所歡迎的傳真機座等。

◆功能

澈底清理其因長期使用而殘留於聽筒及話筒的異味及電話線上的汙垢，並維持美觀及衛生。

◆處理方法

1.擦拭聽筒及話筒：擦聽筒時要特別留意其油垢的處理，不可直接以穩潔或是多功能清潔劑於聽筒及話筒，以避免潮濕而導致雜音的產生，並用酒精輕噴發話筒以消毒。

2.電話機座先以穩潔噴上後再以乾抹布擦淨即可。

3.擦拭電話線：將乾抹布上噴上少許的穩潔將電話線抽拉，以方便去除表面的汙垢。

4.電話鍵盤：以乾抹布套住筆尖輕輕地清掉溝縫中的積塵，表面則先以穩潔噴上後再以乾抹布擦淨即可。

5.遇沾有黑墨、原子筆印時應立刻以酒精布擦拭，勿留至保養時再行處理，以避免日久積存難以處理。

四、衣櫥的清潔與保養

◆範圍

客房內占有很大空間的衣櫥內，除本身的木櫃外仍包括木櫃門、隔板、軌道、抽屜等部分。

◆功能

衣櫃門因大部分的時間都關閉著，冷氣、空調或除溼等循環功能無法澈底發揮，以致長期下來容易積存灰塵，重者也有可能產生發霉的白膜或斑點。保養的功能在除去其因長期未能處理而殘留的汙垢，以維持美觀及衛生。

◆處理方法

1. 木櫃部分：

    (1)先以衣櫥刷除塵一次。

    (2)再以濕抹布擦拭。

    (3)若為光亮木質材質時，再以碧麗珠輕輕噴上一層以乾抹布（乾淨）擦乾即可。

2. 百葉門扇：

    (1)加強衣櫥內側的擦拭。

    (2)先以衣櫥刷除塵一次。

    (3)再以乾抹布將百葉門扇一片一片仔細地擦乾淨。

    (4)以適當尺寸的筆套住抹布往百葉門扇深入內側擦拭。

    (5)百葉門扇若以油漆處理的不可使用碧麗珠保養，以避免破壞其表面。

3. 內部發霉處理：

    (1)以刷子沾上肥皂水，輕輕將發霉處刷淨。

(2)再以清水重新刷一次。

(3)最後以乾抹布擦乾。

(4)發霉部分完全乾後，以碧麗珠上蠟處理即可。

五、冰箱的保養

◆範圍

客房內的迷你冰箱。

◆功能

一般旅館的冰箱多使用小型的，且外面都以木櫃加以保護，所以很容易有積塵及汙垢。另冰箱因長期使用冰藏物品，有時房客也會攜帶個人物品放置其內，須於保養時澈底清理。保養的功能在除去其因長期未能處理而殘留的汙垢，以維持美觀及保持衛生。

◆處理方法

1.事先準備事宜：

(1)最重要的第一件事是要拔掉及關閉所有電源，以免造成觸電的意外。

(2)將冰箱內所有的飲料及物品全部移出。

(3)二人合力抬出冰箱，要避免碰傷冰箱木櫃門的油漆。

2.清潔程序：

(1)以溼抹布擦淨固定的木櫃四周。

(2)架子及製冰盒等以清潔劑沖洗乾淨後放回原位。

(3)以軟絲瓜布沾去汙劑輕輕地去除冰箱內四壁及冰箱把手上的汙垢。

(4)再以溼抹布將內外完全擦拭乾淨為止，不可有去汙劑殘留，以免

破壞冰箱。

(5)二人合力將冰箱底部抬起，以乾抹布擦拭乾淨。

3.結束作業：

(1)二人合力將冰箱歸位，所有內部飲料及物品皆依旅館規定排放整齊。

(2)經過一小時以上才可將電源插上（延長馬達的壽命）。

◆注意事項

發現冰箱有任何故障（除霜、燈光等），要立刻開立請修單並注意追蹤以免影響賣房。

六、窗台與玻璃的保養

◆範圍

客房內的臨窗邊的窗台及所有玻璃。

◆功能

窗台板因長期以窗簾遮蓋著，除灰塵較易沾黏其上，也有平日較無法清到的死角。另玻璃窗也因在外圍不易在每日清潔工作中就能擦拭乾淨。所以要利用定期的保養時澈底清理。保養的功能在除去其因長期未能處理而殘留的汙垢，將其擦亮如新以維持美觀。

◆處理方法

1.先以吸塵器尖型吸嘴將所有灰塵吸淨。

2.使用濕抹布擦拭窗台木框部分。

3.再以濕抹布擦拭玻璃面，要斜看玻璃有無黏上汙漬，以確實檢查玻璃清潔。

4.以穩潔噴灑玻璃表面（距離要適宜約25公分左右噴灑為佳），再以乾布擦拭乾淨。

5.外圍玻璃窗無法搆到時，千萬不可爬至外圍擦拭以避免發生意外，應以玻璃窗專用的塑膠刮刀刮淨。

6.再以乾抹布噴上碧麗珠擦拭保養窗台等部分（碧麗珠應噴在抹布上再擦拭在木質表面，才不會噴到玻璃造成汙漬）。

七、鏡子的保養

◆範圍

客房內的穿衣鏡、化妝鏡、浴室的檯面上的鏡子及放大鏡等。

◆功能

客房內的鏡面為房客所注意的地方之一，也是旅館的清潔評鑑很重要的一項。雖然平面的清潔工作已很重視，但難免仍會有忽略及死角處。保養的功能在加強其因長期未能處理而殘留的汙垢，將其擦亮如新以保持旅館應有的水平。

◆處理方法

1.先噴灑穩潔，噴口向前，髒汙處多噴一些（保持25公分距離確保安全）。

2.擦拭鏡面：用乾抹布由上而下打圓方式擦拭（不易造成擦痕），並側身往亮處檢查是否有髒汙處。

3.檢視鏡面：由低處向高處看，左右向亮處側看，是否有不潔之處。

4.特汙處理：可用指甲輕刮鏡面，嘗試去除，若無法去除則用酒精、汽油等揮發性油去汙。

5.最後檢視：重複第三、四項步驟，並確認鏡面清潔。

八、踢腳板的保養

◆範圍

客房內牆腳下的四周及客房區走廊牆腳的四周。

◆功能

客房區所有的踢腳板因平日吸塵的關係，難免會撞擊而產生損壞，其平時也常會累積塵埃及汙垢。所以定期保養的功能在加強其因長期未能處理而殘留的汙垢，並利用此時期將輕微損壞部分修護，以維護該有的美觀。

◆處理方法

1. 先將去汙力較強的清潔劑依需要的分量調好。
2. 戴上塑膠手套以保護手部的安全，以免造成傷害。
3. 以溼抹布擦淨所有的踢腳板的部分。
4. 特汙處理：以菜瓜布沾去汙劑輕輕地去除其上的汙垢。
5. 再以溼抹布將內外擦拭完全乾淨為止，不可有去汙劑殘留，以免破壞木板面、美耐板面或牆面。

◆注意事項

發現踢腳板上有掉漆、嚴重凹凸處或其他重要的損壞時，要立刻開立請修單並注意追蹤以免影響觀瞻。

九、天花板廣播喇叭的保養

◆範圍

客房內天花板上的廣播音響喇叭套罩及其附近四周。

◆功能

　　客房內天花板上的廣播音響喇叭套罩四周平時較無法清理的關係，難免會產生累積塵埃及汙垢。所以定期保養的功能在加強其因長期未能處理而殘留的汙垢，以維護該有的美觀。

◆處理方法

　　1.事先準備事宜：

　　　(1)先將工作用的鋁梯固定放置在客房內天花板上的廣播音響喇叭套罩的下方。

　　　(2)放置時要注意安全，腳架要固定，清潔時動作不可太大以免失去平衡而有墜落的危險。

　　2.清潔程序：

　　　(1)戴上口罩。

　　　(2)以溼抹布將廣播音響喇叭套的灰塵擦拭乾淨，並注意不要太用力以避免灰塵直接落下，飛入眼睛內或吸入。

　　　(3)清除灰塵後，將穩潔噴灑於乾抹布上擦拭罩片。

　　　(4)特汙處要以去汙劑（但必須依據旅館設備的材質而定），澈底去汙。

　　　(5)再以碧麗珠噴於乾布上擦拭保養罩蓋，須很仔細擦拭並磨光，以免其因長期接觸灰塵而產生金屬表面氧化的現象。

　　3.結束作業：

　　　(1)收拾工作梯放回定位。

　　　(2)收拾並清洗清潔工具並放回定位。

十、冷氣回風口的保養

◆範圍

客房內牆面上的冷氣回風口及其附近四周。

◆功能

客房內牆面上的冷氣回風口及其附近四周，因每日運送風及冷氣進入客房，雖有海綿濾網過濾，但難免仍會產生累積塵埃及因冷氣水分而有積存的水氣（有的甚至會產生發霉的情況）及汙垢。所以定期保養的功能在加強其因長期未能處理而殘留的汙垢，以維護該有的美觀。

◆處理方法

1.事先準備事宜：

　(1)先將工作用的鋁梯固定放置在客房內牆面上的冷氣通風口的下方。

　(2)關閉冷氣的電源開關。

　(3)攜帶溼抹布及乾抹布各一條上鋁梯。

2.清潔程序：

　(1)戴上口罩。

　(2)溼抹布將冷氣通風口的葉片，一片一片的上下兩面擦拭，並注意不要太用力以避免灰塵直接落下，飛入眼睛內或吸入。

　(3)溼抹布要不時的換面擦或清洗乾淨。

　(4)清除灰塵後，將穩潔噴灑於乾抹布上擦拭葉片，不可直接將穩潔噴灑於出風口，以避免清潔劑隨出風口的風吹入眼睛而造成傷害。

　(5)特汙處要以肥皂水加上漂白水的清潔劑（但必須依據旅館設備的材質而定），澈底去汙。

3.結束作業：

(1)將冷氣回風口的百葉片板裝回並確實固定好。

(2)裝回後要注意調整吹氣的方向（依各旅館及客房的狀況而定）。

(3)面板若為金屬製品應塗上機油防止生鏽。

(4)收拾工作梯放回定位。

(5)收拾並清洗清潔工具並放回定位。

十一、浴室

(一)排風機的保養

◆範圍

客房浴室內天花板上的排風機及其附近四周。

◆功能

客房浴室內天花板上的排風機內其附近四周，因每日將浴室內部的水氣排出，會累積因水分而積存的水氣及汙垢。所以定期保養的功能在加強其因長期未能處理而殘留的汙垢及適時地保養排風機，以維護該有的運作及清潔。

◆處理方法

1.事先準備事宜：

(1)先將工作用的鋁梯固定放置在浴室內天花板上排風機的下方，千萬不可站於浴室的浴缸邊緣以避免滑倒。

(2)關閉排風機的電源開關。

(3)攜帶溼抹布二條上鋁梯。

2.清潔程序：

(1)以起子小心取下其兩側的兩個螺絲。

(2)取下排風機的罩子，統一蒐集於庫房內，以事先準備好的清潔劑沖刷，並以乾抹布擦乾。

(3)以溼抹布將排風機的內部仔細擦拭乾淨。

(4)溼抹布要不時的換面擦或清洗乾淨。

(5)特汙處要以肥皂水加上漂白水的清潔劑（但必須依據旅館設備的材質而定），澈底去汙。

3.結束作業：

(1)將排風機的罩子裝回並確實固定好。

(2)裝回後要注意固定，以免掉落而傷到自己及客人。

(3)面板若為金屬製品應塗上機油防止生鏽。

(4)收拾工作梯放回定位。

(5)收拾並清洗清潔工具並放回定位。

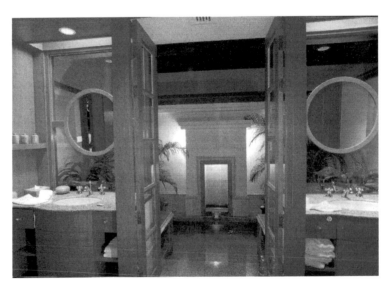

圖8-1　特殊室內浴室設計

(二)天花板的保養

◆範圍

客房浴室內的天花板。

◆功能

客房浴室內天花板上因每日浴室內部的水氣凝結、每日客人淋浴時肥皂水會飛濺上去及工程人員維修空調時不小心沾上髒汙,而累積的汙垢。所以定期保養的功能在加強其因長期未能處理而殘留的汙垢,以維護該有的清潔。

◆處理方法

1.事先準備事宜:

(1)先將工作用的鋁梯固定放置在浴室內天花板的下方,千萬不可站於浴室的浴缸邊緣以避免滑倒。

(2)攜帶熱溼抹布兩條上鋁梯。

2.清潔程序:

(1)以熱溼抹布仔細將天花板擦拭乾淨。

(2)溼抹布要不時的換面擦或清洗乾淨。

(3)特汙處要以去汙劑沾在海綿塊上擦(但不可使用菜瓜布以避免刮傷),澈底去汙,再以熱溼抹布擦拭乾淨。

3.結束作業:

(1)收拾工作梯放回定位。

(2)收拾並清洗清潔工具並放回定位。

(三)大理石檯面及牆面的保養

◆範圍

客房浴室內的大理石洗臉檯面及大理石牆面或磁磚（依旅館設備不同）。

◆功能

客房浴室內的大理石洗臉檯面及大理石牆面或磁磚因每日浴室內部的水氣凝結、客人淋浴及洗臉時肥皂水及各式清潔液會濺上去而累積的汙垢。所以定期保養的功能在加強其因長期未能即時處理而殘留的汙垢，以維護該有的清潔及美觀，更因大理石檯面及牆面為浴室中最大面積及昂貴的設備，所以定期的保養會是其是否可延長使用壽命的最重要關鍵。

◆處理方法

1.大理石檯面：

(1)先將檯面上的所有備品及用品收走。

(2)使用寬邊刮鬍刀片拿斜斜的，將黏附於上面的東西除去。

(3)以溼抹布澈底將檯面擦拭乾淨，四周的死角特別加強。

(4)待乾後，用乾抹布用力將表面全部擦乾淨。

(5)白色大理石檯面，乾後再噴上碧麗珠，以乾淨的抹布輕輕地推滑，即可光滑亮麗。

(6)黑色大理石不能使用碧麗珠，會造成不良效果，刀片不可拿正面刮除，易造成表面傷痕。乾後再以美容蠟塗擦均勻，以乾淨的抹布輕輕地擦亮即可。

2.大理石（含磁磚）牆面：

(1)先將所有的布品（大毛、中毛等）及備品（肥皂及洗髮精等）收走。

(2)捲起浴簾。

(3)牆縫處用去汙液以牙刷刷除乾淨。

(4)用熱水沖淨牆面並以乾淨的抹布擦乾。

(5)噴上碧麗珠以乾抹布擦亮。

3.結束作業：

(1)將所有的備品及布品依規定位置擺放整齊。

(2)收拾並清洗清潔工具並放回定位。

◆注意事項

　　大理石浴池也不能噴灑碧麗珠，避免客人滑倒。

(四)不鏽鋼的保養

◆範圍

　　客房浴室內的不鏽鋼設備包括蓮蓬頭、水龍頭、馬桶內的水柱、衛生紙捲蓋、毛巾架及牆面的肥皂盒等。

◆功能

　　客房浴室內的蓮蓬頭、水龍頭、馬桶內的水柱等因常常與水接觸，長期下來會有水漬留存的痕跡；而衛生紙捲蓋、毛巾架及牆面的肥皂盒因每日浴室內部的水氣凝結、客人淋浴及洗臉時肥皂水及各式清潔液會濺上去而累積的汙垢。所以定期保養的功能在加強其因長期未能即時處理而殘留的汙垢，以維護該有的清潔及美觀。

◆處理方法

1.事先準備事宜：固定式的蓮蓬頭，要事先準備墊高的矮椅，千萬不可站於浴室的浴缸邊緣以避免滑倒。

2.清潔程序：

(1)將罐裝的不鏽鋼液均勻地搖一搖後，噴在不鏽鋼上。

(2)以乾抹布用力磨擦均勻。

(3)如果有特汙處，則以鋁絲絨用力磨除汙垢。

(4)再以乾抹布擦拭乾淨清潔液。

(5)遇有縫隙部分（如馬桶的水柱下方、水龍頭與大理石接觸的小空隙處），以報廢的牙刷加上清潔液刷洗，再以乾抹布擦拭乾淨清潔液即可。

3.結束作業：

(1)將所有的備品及布品依規定位置擺放整齊。

(2)收拾並清洗清潔工具並放回定位。

◆注意事項

不鏽鋼設備依其製作分兩類（各旅館不同）：

1.光面的：含馬桶內的水柱、水龍頭、衛生紙捲蓋、毛巾架等其清潔方式依上述做法即可。

2.條紋霧面的：如淋浴門柱。其擦拭不鏽鋼油時要順其條紋擦拭，除不會刮傷外也可擦得更光亮。

(五)馬桶的保養

◆範圍

客房浴室內的馬桶及馬桶蓋。

◆功能

客房浴室內的馬桶及馬桶蓋因每日與水及尿液接觸，長期下來會有尿漬留存的痕跡而累積的汙垢。所以定期保養的功能在加強其因長期未能即時處理而殘留的汙垢，以維護該有的清潔。

◆處理方法

1.觀察：

(1)查看現狀是否有特汙的地方。

(2)先以去汙液、菜瓜布刷除乾淨。

2.清潔程序：

(1)將馬桶專用的清潔劑噴在馬桶內四周出水口及底部的沖水處。

(2)馬桶外圍的四周，要加強不鏽鋼水柱的縫隙。

(3)以報廢的牙刷刷座墊後兩個四方塊及凹處（平時常會疏漏的地方）。

(4)馬桶蓋及座墊的清理可用百用清潔劑噴於其上，再以紅色的菜瓜布清洗。

(5)如果有特汙處，則以漂白劑慢慢倒入馬桶內，待五分鐘後再以紅色的菜瓜布用力磨除汙垢。

(6)以清水沖乾淨。

(7)以抹布擦乾即可呈現光亮潔淨。

3.結束作業：

(1)注意馬桶蓋上的螺旋要鎖緊。

(2)收拾並清洗清潔工具並放回定位。

十二、翻轉床墊

◆功能

客房內的床鋪因每日經重壓後，為保護床墊一般旅館皆會在每季翻轉一次，以延長其使用壽命。平日因客房較忙碌，所以許多主管會利用定期保養的時間翻轉一次。不但可以完成床墊的翻轉工作，更可利用此機會加強其因長期未能處理而留下的汙垢，以維護該有的衛生。

◆處理方法

1.事先準備事宜：

(1)拿出每一張床購買時的「使用記錄卡」，瞭解該床的使用狀況。

(2)每年每季要翻轉的情況事先寫在床的底部，並記載在「使用記錄卡」，以避免有所遺漏。

(3)一般旅館在購入床墊時，即會先編上翻轉的標號，其方式如下：

‧依旅館翻轉的月份（如2月、5月、8月、11月），將其用奇異筆寫在床鋪上的四面（**圖8-2**）。

‧翻轉次序為：2月份先行定位為床頭處，5月份時將床鋪的尾端轉動至床頭處，至8月份時將床鋪翻轉至8號朝著床頭處，推此類推，使床的四面皆受力平均以延長其使用年限。

2.翻轉程序：

(1)戴上口罩，以免積塵飛揚。

(2)合兩人之力依須翻轉的方向移動，若為翻面的床墊須先將床靠在旁邊，以溼抹布將床框的四周擦拭乾淨。另以乾抹布將床墊上下兩面擦拭，並注意不要太用力以避免灰塵直接落下，飛入眼睛內或吸入。

(3)溼抹布要不時的換面擦或清洗乾淨。

(4)特汙處（如有血跡或汙穢物要以肥皂水加上漂白水的清潔劑，但必須依據床墊的材質而定），澈底去汙。

圖8-2　床鋪翻轉編號範例

(5)若發現床墊有任何破損或凹陷處,要立即向領班報告。

3.結束作業:

(1)床墊裝回並確實固定好。

(2)依旅館規定鋪上床墊布、床裙等布品,並整理乾淨。

十三、地毯的處理與保養

◆功能

　　客房內外的地毯因每日的使用率非常頻繁,且加上旅館的客房區為一封閉的空間,雖有二十四小時的空調,仍有許多塵埃,為保護及延長使用壽命。平日的定點保養與清潔是非常重要的,以維護該有的清潔與衛生。

◆處理方法

1.每日清潔:房務人員於整理完客房後,通常會再使用吸塵器將房內外的地毯吸一次。

2.每週定期清潔:每週的清潔包括平時未吸到的部分,如要移開家具吸塵、吸到床底部分、行李架下、窗簾底下、牆腳下、門縫底下等部分更要加強。

3.汙漬處理:

(1)檢視汙漬:判斷汙染源及造成的原因,以利選擇正確的方式來處理汙漬,避免因時間久後不易處理留下永久的汙漬。

(2)各種汙漬處理原則:

　　‧液體類汙染(如可樂、飲料、果汁)

　　　◇第一方法可用刷子和冷水刷洗。

　　　◇第二方法可用地毯清潔劑刷洗。

　　‧油性類(如地板蠟、口紅、鞋油、亮光漆)

◇第一方法可用乾洗劑刷洗。

◇第二方法可用地毯清潔劑刷洗。

‧油漆汙痕

◇第一方法用松節油擦拭。

◇第二方法用乾洗劑。

(3)各種常見汙漬處理程序：

‧口香糖：以塑膠袋包住冰塊將口香糖冰凍，再以刀片及溶劑將
口香糖刮除即可。

‧血漬

◇儘量以冷水清洗，配合清潔劑清除血跡。

◇若血量大時以報廢布先行吸取後再清洗。

◇若無法立即去除者，應視其大小決定是否請求外商處理。

‧嘔吐物或小便

◇先將嘔吐物清除，以免繼續擴散。

◇以報廢布吸乾水分，藉以減低穢物再度滲透機會。

◇以冷水濕潤清洗後吸乾，藉此再度稀釋。

◇以冷水劑再次清洗以清除氣味。

◇直到嘔吐物或小便的痕跡及氣味沒有為止。

◇若無法立即去除者，應視其大小決定是否請求外商處理。

‧油漆

◇以濕布沾松香水輕輕揉拭油漆的汙穢。

◇配合清潔劑、牙刷刷洗。

◇若無法立即去除者，應視其大小決定是否請求外商處理。

‧咖啡、茶漬及湯汁等有顏色的液體

◇以報廢布吸乾咖啡、茶漬及湯汁等有顏色的液體，藉以減低
穢物再度滲透機會。

◇以清水濕潤清洗後吸乾，藉此再度稀釋。

◇以蘇打水配合牙刷清洗。

◇再度以清水清洗乾淨後以吸水式吸塵器吸乾。

◇若無法立即去除者，應視其大小決定是否請求外商處理。

· 菸頭焦痕：以刀片將燒焦部分刮除即可，但必須視情況於定期
請外商清洗或保養時，與外商討論是否須修補等事宜。

問題與討論

一、個案

聯異公司人事主管黃經理為本年度員工三天二夜外部研討會，已
找了新竹以北的幾家觀光旅館，最後他對有海景的某旅館很感興趣。
所以在一個天氣晴朗的日子，約了各部門的主管一道前往，以利做出
最後決定。該旅館極具誠意，派出副總經理出面接待。在看大型會議
中心時，因其場地寬敞、設備新穎、裝潢亦很適當，所以一行人皆很
滿意，晚上的晚會場地因有舞台、燈光等效果，眾人覺得在此辦理晚
會應有很不錯的效果。另中午時黃經理等人留下試菜，菜餚十分符合
他們的口味，副總經理與黃經理等人聊得也很盡興。下午的行程因副
總經理要開會，而他心中十分有把握能拿到這次的生意，所以他指示
了前檯的廖經理代為接待黃經理一行人至客房參觀。但很不巧，今天
的客房幾乎已客滿，剩下幾間正在做維護的客房。廖經理儘速通知房
務部門前往開冷氣及門後，帶黃經理等人前往客房。雖然客房的陳設
非常雅緻及寬闊，各項設備機能齊全，但黃經理始終覺得不好，因為
房間的空調不夠且不時會傳來怪怪的霉味。臨出房門時黃經理隨口問

了隨行的房務人員，如果房客抱怨空氣不好，旅館方面會如何處理。房務員不多作思考地回答，一般只有作噴灑空氣清淨劑的方法。黃經理當下心中十分不滿意，但並未向同行的廖經理多作表示，因為黃經理已做了在別家旅館辦活動的決定！

二、個案分析

此案例說明了旅館團隊的重要性：

(一)前言

旅館每一場婚宴、會議等大型的活動，都來自不易，需要每一個部門通力合作，如業務部、訂席單位、餐飲部、前檯、房務部等。若有任何一個環節出了問題，就可能將前面所有人的努力毀於一旦。

(二)案例發生原因解析

1.每一位客人都是敏感、挑剔的，但這些都是其合理要求的權利。就上述的案例而言，幾乎到手的幾百萬生意，可能被房務人員一句無心的回答而造成不可挽回的局面。

2.房間維護是房務部門很重要的定期性工作，隨時保持客房的乾淨及可用更是房務部最基本的工作。基本上客人要求參觀的房間，一定要是狀況良好，且在客人參觀時一小時以前就必須開妥空調（若房間較為潮溼者，必須在二小時以前就開妥空調）。

3.而當客人對房間有任何疑問時，也必須由隨行的主管負責解說，千萬不可隨口回答客人的任何疑問。

就因為以上小疏失而導致旅館失去一筆大生意，是多麼令人扼腕！

(三)後續追蹤

1.若前檯廖經理能儘速向副總經理報告此事,也許經由副總經理出面向黃經理解說當日的狀況,說明清楚客人的疑慮並提出如何補救的方案,說不一定可挽回這筆生意。

2.若仍無法挽回,至少讓黃經理等人知道旅館改善的誠意,也許下次仍有成交的機會;另此事也必須當作個案討論,教導及訓練所屬主管及人員,可提早預防可能會產生的抱怨。

三、問題與討論

珊珊為房務部領班,今年度第一次執行旅館定期保養工作,因為沒有相關的經驗,她非常緊張,但更希望自己能好好地藉此機會表現。所以利用了好幾天晚上,寫下了一份十分緊密及詳細的計畫表,自己深覺應該可以讓經理賞識及批核。哪知經理看了兩天,即批示下來希望她重做,而計畫書中只有兩點說明:(1)請再研究工作是否太多;(2)請考慮淡季時的人力運用。珊珊拿回計畫書不知如何是好,因為她實在不知應如何更改才有辦法符合經理的要求!

Chapter **9**

公共區域清潔與管理

　　公共區域為旅館占地最廣的範圍，而其中休閒旅館的公共區域更是廣大，房務部門公清單位的主要工作除了每日的清潔工作外，定期的清潔與保養更是重要。雖然它的工作維持著旅館的門面，但他們在旅館的角色扮演上卻長期被管理階層所忽略，以至於許多旅館雖有清潔與華麗的內在，卻常常輸在門面的管理。所以目前許多旅館的房務主管也積極地改善此部分，除了讓旅館能更名副其實地擁有五星級的呈現，並可延長旅館公共區域內各項設備、家具及用品的使用壽命！

第一節　公共區域的清潔區域與項目

一、公共區域的清潔區域

　　各家旅館因本身的經營型態、地理位置、管理制度等不相同，所以公共區域的範圍也不盡相同。一般而言，公共區域的範圍可大略分為客用區，如迎客大廳、會客區、各營業餐廳、客用電梯、客用走廊、客用洗手間、健身中心（含三溫暖、游泳池、SPA）、停車場、園藝區及旅館的四周等；員工區，如員工餐廳、員工更衣室、員工休息室、員工洗手間等。

二、公清的組織圖與職掌說明

　　一般旅館的公清單位多配屬於房務部，其詳細的組織圖與職掌說明請參閱本書第三章。另也有旅館將部分的工作（如廚房的清潔、大夜班的清潔等）外包給有合格執照的清潔公司。

三、公清作業政策與說明

(一)公清作業政策

1. 公共清潔單位隸屬於房務部，由房務部主管負責管理，主要負責旅館內外各公共區域營運時間內的整齊及清潔，並對各項公共設施定期實施清潔保養與維護，以提供客人乾淨清爽的活動空間。

2. 工作時間分為早、晚兩班（大夜班採外包），採輪班制，依職責不同排定時間如下（依各旅館管理制度而定）：

公共區域清潔員	員工區域清潔員
06:30～14:30	07:30～15:30
14:00～22:00	14:00～22:00

　　人員組織編制分為公共區域清潔員及員工區域清潔員等，各依分配的職掌，每日執行環境維護。

3. 由清潔主任排定輪值表，各人員須依排定的班別值勤。

4. 負責清潔用具、用品的申請與保管。

5. 工作互相支援，遞補輪休人力。

6. 執行定期清潔保養計畫項目（**表9-1**）。

7. 由房務主管協調，支援各單位搬運人力。

8. 各重要事項確實登記於交待簿，並養成閱讀交待簿習慣。

9. 其他上級交待事項。

表9-1　定期清潔保養檢查表

項目 ＼ 日期	1	2	3	4	5	6	7	8	9	10	11	12	13	14	15	16	17	18	19	20	21	22	23	24	25	26	27	28	29	30
一、大廳																														
1.自動門																														
2.旁門																														
3.正門地毯																														
4.門廳柱面																														
5.客用電梯																														
6.大廳鏡面																														
7.正廳花盆																														
8.各盆景及花木																														
9.菸灰缸筒																														
10.旅館指示牌																														
11.活動指示牌																														
12.客用休憩區																														
13.沙發																														
14.茶几																														
15.前檯櫃檯																														
16.商務中心																														
17.公用電話																														
18.館內電話																														
19.樓梯及扶手																														
20.大理石地面																														
21.地毯																														
22.燈及燈罩																														
23.其他（請說明）																														

清潔人員：　　　　　　　檢查人者：　　　　　　　部門主管：

(二)公清作業流程

公清作業流程,見**圖9-1**、**圖9-2**。

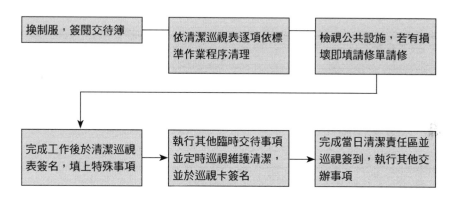

圖9-1　一般作業流程圖

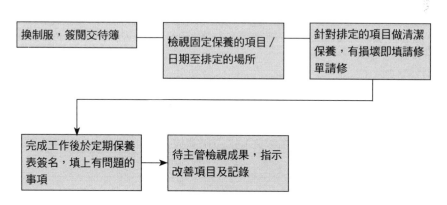

圖9-2　固定保養作業流程圖

第二節　公共區域的清潔作業程序

一、公共區域平時與定期清潔維護作業程序

(一)平時清理

1.依照「大廳檢查表」（**表9-2**）逐項確實巡視清理旅館內外，如大廳接待區、等候區等區域的垃圾、菸灰缸清理、家具及玻璃門窗、鏡面的擦拭，並定時依檢查表項目逐項巡查無誤後於「清潔巡視表」（**表9-3**）簽字。

2.隨時以靜電拖把，將大理石地板部分除塵，保持地面光亮。

3.擦拭玻璃門框、大廳鏡面上、下及門把並保持其光亮，無手印。

4.地毯區吸塵：

(1)從內而外吸塵，特別注意牆壁角落處與家具底部的紙屑及灰塵。

(2)移開地毯上輕便的座椅及垃圾桶，吸塵後再將家具歸位。

(3)發現地毯上有線頭需修剪。

(4)地毯上若有水、咖啡、茶漬等情形，立即用抹布將水分吸掉並做處理。

5.盆樹按時澆水及經常修剪，注意枯葉的撿拾。

6.大廳區玻璃鏡畫框與滅火器的擦拭。

7.注意設備及照明燈具是否故障，如有此情形應立即填請修單並負責追蹤請修結果。於清潔巡視表上註明請修項目。

(二)定期（每週或每月）固定保養維護

1.每週必須做一次旅館全面性清潔工作。

2.每週做外部玻璃全面擦拭。

表9-2　大廳檢查表

班別：＿＿＿＿＿＿＿＿＿＿　　　　　　日期：＿＿＿＿＿＿＿＿＿＿

區域項目	簽名	備註	區域項目	簽名	備註
門廊			櫃檯		
入口腳踏板			電腦螢幕		
入口自動門			裝飾桌		
入口玻璃門			書報架		
窗戶與窗台			所有燈具		
落地門窗			辦公椅子		
大廳玻璃門			辦公桌及櫃檯		
大廳腳踏板					
大廳			其他		
壁燈及燈罩			往庭院門		
大理石地板			往餐廳門		
大廳大型花瓶			電源開關		
壁畫及古董			地毯吸塵		
鏡面及銅條			大理石地面		
窗戶及窗台					
玻璃桌					
桌燈及落地窗					
一般茶几					
沙發					

表9-3　清潔巡視表

日期：＿＿＿＿＿＿＿＿＿＿

清潔時間	清潔人員簽名	清潔狀況	檢查人簽名
時　分			
時　分			
時　分			
時　分			
時　分			
時　分			
時　分			
時　分			
時　分			

3.每週對裝飾用的古董擺飾物做保養並隨時清點。

4.每週對鍍銅物品做保養及上油。

5.每月對冷氣出風口及回風口的清潔。

6.每月對不鏽鋼部分做保養及上油。

7.每月對大廳家具 做一次澈底的清理。

8.每月對大廳吊燈清洗。

9.每月清洗太平梯。

10.每季對旅館外觀（外牆）做一次澈底清潔與保養（部分旅館採外包）。

二、公共區域各項清潔維護作業程序

(一)客用化妝室清潔維護作業程序

1.清潔前準備作業：

(1)將清潔告示牌擺置在門口，以便敬告客人此間化妝室正在清理中。

(2)逐一敲門確認無客人時，才可開始清洗。

(3)將洗手間所有的垃圾桶全部收集放於門口。

2.清理程序：

(1)依「客用化妝室檢查表」（**表9-4**），確實逐項清理各項設備。

(2)噴上適量的清潔劑於洗手槽、馬桶內、馬桶蓋及馬桶座上，用菜瓜布刷洗，沖洗時注意馬桶的排水及沖水是否順暢，若有阻塞情形立即填寫請修單並追蹤請修結果。

(3)用乾抹布配合清潔劑，將洗手槽檯面及馬桶座擦乾。

(4)接橡皮水管於門口放置廢布，準備開始沖洗地板。

(5)由外向內逐一沖濕牆面及地板，配合清潔劑，將地面、牆面、牆

表9-4　客用化妝室檢查表

日期：＿＿＿＿＿＿＿＿＿＿＿＿

項目＼時間	07:00	08:00	09:00	10:00	11:00	12:00	13:00	14:00	15:00	16:00	17:00	18:00	19:00	20:00	21:00	22:00
馬桶																
垃圾桶																
衛生紙																
菸灰缸																
植物																
小便池																
擦拭鏡面																
洗手檯																
大理石牆面																
補充備品																
洗手皂																
電燈泡																
地面清潔																
通風口																
其他（請說明）																

主管覆核：＿＿＿＿＿＿＿＿＿＿＿＿

角及男小便池、洗手檯下方等較容易積垢處用力刷洗。

(6)再次使用清水沖洗以上區域。

(7)以廢布擦乾門板、牆面、不鏽鋼扶手、馬桶等外圍。

(8)用水刮刀將地面刮乾再用拖把拖乾。

(9)清倒每間廁所的垃圾，若垃圾袋髒了，換上乾淨的垃圾袋。

(10)鏡面上噴上穩潔擦至光亮無水漬。

(11)補充衛生紙（衛生紙剩⅓時必須換上新的一卷，將舊的衛生紙放在員工更衣室供員工使用）、擦手紙、洗手乳、女廁補衛生

袋等。

(12)收取客人用過的髒毛巾，並送洗（如果旅館有提供此項服務時）。

3.清理後整理工作：

(1)收拾工具，將腳墊歸位。

(2)定時依客用化妝室檢查表項目逐項巡邏倒垃圾、菸灰缸清理、擦拭，以保持整潔乾爽，並於巡視表依規定時間確實簽到。

(3)隨時注意廁所內燈光、消防、安全及設施的完善，遇有任何問題必須立即反應讓主管瞭解。

(4)每月固定請外商更換一次消毒劑及廁所清香劑。

(二)客用男女更衣室清潔維護作業程序（一般為健身中心及俱樂部的相關設備）

1.淋浴間：

(1)先行清除排水孔的雜物（如毛髮、垃圾等）。

(2)噴上適量的清潔劑於牆面、地面、浴門、水龍頭、蓮蓬頭、肥皂檯、門等，用海綿或菜瓜布刷洗，地面用刷子。特別留意角落區及置肥皂區易疏忽的地方。

(3)由上往下以清水沖洗，檢查水龍頭及蓮蓬頭是否鬆動、漏水。若有損壞則填請修單，並負責追蹤請修結果。

(4)出水口的毛髮、雜物必須撿起，不可隨著水流沖下水管，以免水管阻塞。並將客人遺留的垃圾取出。

(5)以乾布擦拭浴牆，蓮蓬頭、水龍頭、浴門由上往下擦拭，並將地板擦乾。

(6)收取客人用過的髒毛巾。

(7)補充整理相關的備品（如洗髮精、肥皂、沐浴乳等）。

圖9-3　豪華美觀的客用更衣室

(8)依照「更衣室檢查表」（**表9-5**）逐項確實巡視清理，並定時依
　　檢查表項目逐項巡查無誤後於清潔巡視表簽字。

2.梳妝區：

　(1)以乾布配合清潔劑擦拭化妝鏡及不鏽鋼部分的家具，檯面及檯面
　　　上物品，以清潔保養劑擦拭保養檯面。

　(2)以菜瓜布刷洗洗臉檯及水龍頭，並以不鏽鋼劑保養水龍頭及水塞
　　　部分。

　(3)以玻璃清潔劑擦拭鏡面。

　(4)將地面用拖把拖洗一遍（鋪地毯部分則用吸塵器全面吸一遍）。

　(5)補充備品（如棉花棒、面紙、擦手紙等），並依規定排列整齊。

　(6)將座椅依旅館規定擺放整齊。

　(7)測試吹風機是否正常，若故障填寫請修單。並註明於清潔巡視
　　　表。

表9-5 更衣室檢查表

日期：_____

時間 項目	07:00	08:00	09:00	10:00	11:00	12:00	13:00	14:00	15:00	16:00	17:00	18:00	19:00	20:00	21:00	22:00
一、淋浴間																
1.牆面																
2.地面																
3.浴門																
4.水龍頭																
5.蓮蓬頭																
6.肥皂檯																
7.排水口																
二、梳妝檯																
1.垃圾桶																
2.菸灰缸																
3.洗手檯																
4.吹風機																
5.擦手紙																
6.毛巾																
7.補充品																
三、衣櫃區																
1.菸灰缸																
2.地板																
3.衣櫃																
四、廁所																
1.馬桶																
2.垃圾桶																
3.衛生紙																

主管覆核：_____

(8)收取客人用過的髒毛巾，並送洗。

(9)定時依更衣室檢查表項目逐項巡邏倒垃圾、菸灰缸清理、擦拭，以保持整潔乾爽，並於巡視表依規定時間確實簽到。

3.更衣櫃區：

(1)每日清掃更衣櫃區地面及收取垃圾，保持更衣櫃區的清潔與乾燥。

(2)擦拭更衣櫃內外，並巡視衣櫃內是否有任何遺留物或垃圾，若有則依旅館遺留物處理，並每月做一次澈底灰塵清理。

(3)每月安排一次澈底鞋櫃灰塵清除。

(4)擦拭家具（鏡子、玻璃及桌椅等）。

(5)將地面用拖把拖洗一遍（鋪地毯部分則用吸塵器全面吸一遍）。

(6)收取客人用過的髒毛巾，並送洗。

(7)補充備品（如紙、擦手紙等），並依規定排列整齊。

(8)定時巡邏倒垃圾、菸灰缸清理、擦拭，以保持整潔乾爽，並於巡視表簽到。

4.洗手檯及廁所（參考客用化妝室的作業程序）。

5.水區（按摩水缸或三溫暖區）：

(1)清潔前準備作業：

‧依規定時間（非營業時間），並需事先請房務部辦公室通知相關單位（如俱樂部辦公室或健身中心、前檯、救生員或工程單位等），以避免造成營業的困擾。

‧將清潔告示牌擺置在門口，以便敬告客人此水區（按摩水缸或三溫暖區）正在清理中。

‧逐一敲門確認無客人時，才可開始清洗。

(2)清理程序：

‧以網子將水面的垃圾及雜物清除。

　　　‧打開放水開關。

　　　‧噴上適量的清潔劑於區內，以長刷刷洗，沖洗時注意排水及沖水是否順暢，若有阻塞情形立即填寫請修單並追蹤請修結果。

　　　‧由外向內逐一沖濕牆面及地板，配合清潔劑，將地面、牆面、牆角等較容易積垢處用力刷洗。

　　　‧接橡皮水管，準備開始沖洗地板。

　　　‧再次使用清水沖洗以上區域。

　　　‧以抹布擦乾並以不鏽鋼油保養排水孔及不鏽鋼扶手等部分。

　　　‧將清洗後的地板以乾淨的乾拖把再拖一次以保持乾燥。

　　(3)清理後整理工作：

　　　‧收拾工具，將所有塑膠腳墊歸位。

　　　‧定時依水區檢查表項目逐項巡邏，以保持整潔乾爽，並於巡視表依規定時間確實簽到。

(三)電梯的清潔維護作業程序

　　1.清潔前準備作業：

　　(1)依規定時間（非營業時間或客人較少的時間），並需事先於電梯外放置工作中的指示牌。

　　(2)確認無客人時，才可開始清理，並一次以一台為主以免造成客人上下的不便。

　　2.清理程序：

　　(1)電梯內部的清潔固定於地下室，電梯的外部則在各樓層。

　　(2)外門的清潔：

　　　‧以穩潔噴灑於門板上，由上至下均勻噴灑。

　　　‧以乾抹布由上向下，規律擦拭。

‧注意如果有特汙處要用力擦淨。

‧擦至完全沒有汙漬及手印為原則。

(3)擦拭門框：若有不鏽鋼部分，則要用不鏽鋼劑擦亮及保養。

(4)內部清潔：

‧將工作中指示牌放置門口。

‧按暫停鍵。

‧先行將地面的垃圾及雜物清理乾淨。

‧以穩潔噴灑於電梯內部面上，由上至下均勻噴灑（技巧如上）。

‧用不鏽鋼劑擦亮及保養不鏽鋼飾條、扶手及控制面板等。

‧以清潔劑擦淨鏡面部分。

‧以靜電拖把擦拭地面。

3.清理後整理工作：

(1)收拾工具，將腳墊（如有時）歸位。

(2)檢查燈具等是否故障，並定時逐項巡邏，以保持整潔乾爽。

(四)員工更衣室及浴廁清潔維護作業程序

1.每日必須定時刷洗淋浴間及廁所（含員工用廁所），刷洗方法同客用部分清洗方式，但用拖把將地面拖乾即可。刷洗時請員工配合儘量不要使用，以免干擾作業。

2.更衣櫃區域每日至少用清潔劑拖一次地面。

3.由清潔主任排定時間每日須至少兩次清倒所有垃圾及菸灰。

4.隨時保持廁所的清潔乾爽，並隨時補充足夠的衛生用品，如衛生紙、擦手紙、洗手乳等。

5.隨時注意更衣室內安全、燈光及設備的完善，若有故障項目應立即填單請修，並追蹤。遇有任何問題必須立即反應讓主管瞭解。

專欄9-1　工欲善其事，必先利其器──各項清潔工具的介紹

　　公清因所負責的區域廣闊，且包括各式各樣的設備及家具等，所以必須善選適當的清潔工具，才有辦法達到省時、省力、省成本且效率高的目標，所以房務部主管除了對各種清潔方法要熟悉外，更要花時間去認識各項清潔工具及清潔劑，以期可充分管理公清單位。以下列出在旅館中最常使用的清潔器具：

1. 清潔專用手推車：須放置垃圾專用袋、各項清潔劑及用品，有時也會附有拖把壓乾機。

2. 乾濕兩用的吸塵器：因清潔區域會有包括各項有水的區域，所以選擇乾濕兩用的吸塵器會比較符合經濟效用。

3. 一般吸塵器：專用於鋪設地毯的區域。

4. 洗窗工具：包括短、長型的各塑膠刮刀（通常為可換式及可迴轉刮刀）。

5. 地板專用的拋光機及打蠟機：硬式地板一般會先使用拋光機除去地板上的灰塵，然後再拋光。如此一來不但能節省人力還可有十分不錯的除塵效果，更可過濾塵土。

6. 吸水機：利用高速馬達來吸取地面的積水。

7. 大理石旋轉研磨機：專用於大理石地面的清潔機，有專用的水性清潔劑使用，不但可以加強大理石的美觀及色彩，更可保護地板不受汙垢和水的侵蝕，同時可以抗酸。

8. 蒸氣清潔機：多用於軟皮家具的清洗及整燙等。

9. 地毯清洗機：各式地毯專用的清洗機器，通常體積較大些，有水箱及吸水馬達結構，另有各項不同功能的零件（適用於地毯、沙發等不同的器具）。

10.各項清潔化學劑：

(1)地毯：地毯泡沫洗劑、蒸氣洗劑、油性去汙劑、水性去汙劑、咖啡去汙劑、殺菌除臭劑等。

(2)地板：清潔蠟、硬光蠟、封地蠟、除蠟劑、地板洗劑、靜電液等。

(3)衛浴：去汙劑、除油劑、不鏽鋼亮光劑、萬用清潔劑、馬桶專用清潔劑、鏡面專用清潔劑等。

各種清潔用品及器具的選擇，除了必須考慮旅館各項設備的特性外，更要站在使用者的立場（安全、易操作、省時又省力）、維修方面（堅固耐用、維修快且容易）、預算方面（購入成本、耗電及耗材）、管理方面（易於儲放、效率高、噪音小、維護方便）等。

6.每月安排一次更衣室內設備的保養工作。

(五)員工用飲水機清潔維護作業程序

1.清潔前準備作業：

(1)依清潔保養時間做清潔維護作業。

(2)先將飲水機檯面的殘渣清除，並試壓開關以確定其出水的正常。

(3)確認將飲水機開關關閉後再行清理，以免清潔時有觸電的可能。

2.清理程序：

(1)以抹布將飲水機外部擦乾淨（不可以抹布擦拭飲水頭以確保衛生）。

(2)特汙的清潔：

．以穩潔噴灑於機體上，由上至下均勻噴灑。

．以乾抹布由上向下，規律擦拭。

．注意如果有特汙處要以菜瓜布加上熱水清除。

．不鏽鋼機體，則要用不鏽鋼劑擦亮及保養。

3.清理後整理工作：

(1)將飲水機四周地面水漬拖乾。

(2)收拾工具歸位。

(3)檢查維護保養（換濾心部分）是否有依時間進行，若無則須向清
潔主任反應，並定時巡邏以保持整潔乾爽。

(六)行政（後勤）辦公室清潔維護作業程序

1.每日固定於下午清倒垃圾，每日一次。

2.由清潔主任排定時間，每週吸一次地毯或進行地板清潔（部分旅館
將此部分的工作由外包商承攬，可較省人事成本）。

3.辦公室特殊事項保養由清潔主任訂定保養日期及項目（如窗簾、各
式家具及設備、通風口、冷氣等），定期清潔保養（部分旅館將此
部分的工作由外包商承攬）。

4.辦公室內的重要櫥櫃古董、字畫、擺設等，由各辦公室自派專人保
管及保養。

(七)停車場清潔維護作業程序

1.每日定時清理停車場垃圾桶、菸灰缸，撿拾停車場的垃圾、枯葉，
並按時於巡視表簽到。

2.每月（各旅館規定）固定對停車場地面做一次澈底沖洗與除汙（油
漬）工作。

3.定期保養停車場的設施等（如指標、燈號）。

4.檢查燈具及照明設備等是否故障，並定時巡邏以保持整潔。

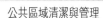
5.隨時注意停車區域內的安全狀態，遇可疑緊急情形，必須立即呈報
　主管處理。

問題與討論

一、個案

　　小吳為奇美旅館新升任的清潔主任，前主任因已服務滿二十五年於月前退休，雖然小吳僅在公清部服務滿五年，但因他的溝通能力好又勤勞，在房務部主管有計畫的培訓下，終於可以擔任此重要的任務。但日前發生了一案例，讓小吳很沮喪甚至想離職。

　　在上週末，餐飲部接了一場四十桌的喜宴，加上那天的住房率極高，小吳心裡盤算著人手的問題，已經事先向房務部主管反應，主管也答應要支援晚上的人力，讓小吳心安了不少。到了下午主管突然急電小吳，因前檯臨時接下一小團的房間，所以晚上的人力吃緊無法支援，小吳只好拜託早班的阿琴留下，然後自己也有加班的打算，心想應該可以應付。但到了晚上，餐飲部突然打電話給房務部辦公室，說明下午開會的會議團體要在一樓的自助餐用餐，希望房務部公清組要加強大廳及宴會廳洗手間的清潔及維護。就在婚宴將結束前，小吳接到房務部值班主管的電話，因有婚宴的客人在洗手間內嘔吐並將整個洗手間的地板弄得亂七八糟，要小吳儘速處理。當小吳在協助阿琴清理該洗手間時，又接到主管的來電說會議的客人在抱怨別樓層的洗手間，因所有公清人員忙著整理上述情況，而未清理乾淨。會議的主持人相當生氣，認為旅館只顧賺錢不顧他們的面子，還告到前檯值班經理並理論了相當久的時間，在餐飲宴會主管及前檯主管聯合勸解下，並答應了一些優惠後，才平息了該客人的怒氣。隔天小吳就因處事不

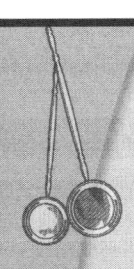

宜被房務部主管說了一頓，雖然小吳心中十分不快，但也明白他必須負責，只是他認為此乃突發事件，無法事先預防，發生了也只能怨天尤人！

二、個案分析

此案例說明了旅館公清的重要性，客人是無法忍受旅館的不潔及不舒適的環境。旅館每一場婚宴、會議等大型的活動，都必須依靠各相關部門（業務、餐廳、廚房、餐務、宴會、公清、前檯接待等）的合作無間才有辦法贏得每一次的喝采。

(一)案例解析

1. 當天晚上是一個特別忙碌的日子，小吳雖然清楚，但他並未積極處理，僅將問題丟給主管處理。
2. 當主管清楚地表達無法支援時，小吳的處理方法除了要求早班的阿琴留下外，應該可以找休假人員除假或找兼職人員幫忙，以應付有臨時狀況發生（如上述），這樣就有充足的人力可以應付。
3. 而當事件發生後，小吳應虛心檢討此案例，而非逃避地認為僅是突發事件，無法事先預防的想法，因為旅館每一天都有可能會發生突發事件的！

雖然上例旅館並未有太大的實質損失，但對旅館的形象卻是有極大的影響，不可不慎！

(二)後續追蹤

1. 旅館提供了部分優惠給會議的主持人，也許表面上可以息事寧人，但也許此客人再也不上門了！也許婚宴的客人也看到上述

的情況，而間接地影響以後許多人來旅館辦理婚宴的意願。

2.業務單位應多拜訪該客人，有機會時也必須向客人解說該狀況及旅館的改善情況，以明確的表達旅館管理的積極，也許下次仍有成交的機會。

3.房務部主管應將此情況當作個案討論，除了解開小吳的心結外，更要他及其他人員因為此事而得到該有的教導及訓練。

三、問題與討論

　　老劉為公清主任，因為旅館附近有一小型公園，旅館為該公園的認養單位。近來因有住戶老是亂丟垃圾及放任小狗大小便，導致清潔人員與附近的住戶產生爭吵。昨天更有住戶來旅館投訴清潔人員態度不佳，讓老劉十分困擾，心想日常工作已經十分忙碌，為何旅館還要接下這種吃力又不討好的任務！

Chapter

10

洗衣作業與管理

　　洗衣房主要負責住客及旅館內部使用的各種布品及員工制服的清洗及整燙的工作，主要的客衣服務共分三種：水洗（laundry）、乾洗（dry cleaning）、整燙（pressing），見**表10-1**、**表10-2**。因處理作業時間的長短則分普通送洗（regular service）及快洗服務（express service）兩種。

第一節　洗衣房設置原則

　　在旅館規劃設計中，洗衣房的設計應從服務流程、經營管理、安全方便等多方面進行考量。一般而言，遵循原則如下所述：

1. 洗衣房應與客房隔離，或設置在離旅館公共區域較遠的位置。其原因為：
   (1)洗衣設備（如洗滌機、空壓機、通風設備等）運行中產生的噪音有可能影響住宿中的客人。
   (2)洗衣房內有較多的洗滌劑、去汙劑等有氣味或有毒的化學用品，須防止化學品氣味影響客人。
2. 洗衣房應設置在距各設備機房較近的區域。其原因為：
   (1)洗衣工作涉及冷水、熱水、蒸氣、排水、電力、通風、抽風排風等各式設備環節。靠近各設備區域，便於各項設備的連接、安裝、供應和使用。
   (2)洗衣設備靠近設備區域，有利於設備的管理和維護，各項管線距離較近，能有效降低管道線路之間的耗能。
3. 洗衣房應設置在物料流動、人員通行比較方便的地區。其原因為：
   (1)為滿足與客房、餐廳、廚房等營業部門進行布巾類物品交接和分發的需要。
   (2)員工制服需要每天更換，從而導致較大的人員流通量。

表10-1 乾洗／燙衣單

☐ dry cleaning／乾洗　　　　☐ pressing list／燙衣單　　　　　　　NO. 編號
name（姓名）：　　　room no.（房號）：　　　date（日期）：　　　am（上午）：　　pm（下午）：
special instructions（特別指示）：_____

☐ regular service（普通服務）／ accepted before 12:00, delivered back before 19:00, price as listed.（中午12時前受理，下午7時前送回，價錢如下表）

☐ 4 hours service（快洗服務）／ price as listed plus 50%（價錢如下表再加50%）

☐ 1 hour service（特快服務）／ price as listed plus 100%（價錢如下表再加100%）

gentlemen（男士）	dry cleaning（乾洗）NT$	pressing（燙衣）NT$	guest count（客人點核）	hotel count（旅館點核）
suit（2 pieces）／西裝（二件）	450	350		
jacket／夾克	280	220		
trousers or jeans／西褲或牛仔褲	220	150		
vest／背心	120	100		
tie／領帶	100	80		
dressing gown／晨衣	350	250		
long coat／長大衣	450	350		
sweater／毛衣	200	150		
shirt／襯衫	210	150		
silk shirt／絲襯衫	210	150		
spring coat／風衣	350	260		

lady（女士）	dry cleaning（乾洗）NT$	pressing（燙衣）NT$	guest count（客人點核）	hotel count（旅館點核）
dress（1 piece）／洋裝	400	250		
suit（2 pieces）／西裝（二件）	450	350		
skirt／短裙	220	180		
slacks or jeans／西褲或牛仔褲	220	150		
vest／背心	120	100		
dressing gown／晨衣	350	250		
long coat／長大衣	450	350		
short coat／短大衣	280	220		
evening dress／晚禮服	460	350		
sweater／羊毛衣	200	150		
blouse／襯衫	210	150		
skirt（full pleated）／百褶裙	380	260		
scarf／領巾	120	80		

amount NT$ （小計）		please return（folded）／交回折起	
extra charge （額外費用）		please return（on hanger）／交回掛起	
10% service charge（服務費）		please return（starched）／交回漿要	
total NT$ （總計）		please return（no starched）／交回不漿	

Please note（請注意）：
1. Please call the housekeeping department (ext. 10) for service.（請撥「10」以通知收取衣物）
2. Please complete and sign this list and place together with your dry cleaning/pressing item in the dry cleaning/pressing bag provided. Should there be any discrepancies between guest count and hotel count, you will be notified accordingly. should the list be omitted or not itemized, the hotel count will be taken as correct.（請在單據上填寫及簽名，連同衣物放入洗衣袋中，若有數量不符合，將會預先通知客人。若住客沒有列明衣物數量，則以旅館的點核為準。）
3. We shall not be held responsible for shrinkage or fading, nor for valuables items on garments, or loss of buttons and ornaments.（衣物如有縮水、褪色或貴重物品留在衣物內，本旅館概不負責。）
4. Any claim concerning the finished articles must be reported with this list within 24 hours. our liabilities for either loss or damage shall not exceed 10 times the amount of the laundry charge in quotation.（如果對本旅館所洗的衣物，若有任何不滿請在收到二十四小時內，連同清單通知本旅館，遺失或損壞的賠償連帶責任，以不超過價目表十倍為原則。）
5. All above prices are subject to 10% service charge.（上述價格需加上10%的服務費）

guest signature（住客簽名）：_____

1st copy（customer）／顧客聯　2nd copy（accounting）／財務部　3rd copy（cashier）／出納　4th copy（laundry）／洗衣房

表10-2　洗衣單（Laundry List）　　　　NO.編號

name（姓名）：　　　room no.（房號）：　　　date（日期）：　　　am（上午）：　　　pm（下午）：
special instructions（特別指示）：

☐ regular service（普通服務）/ accepted before 12:00, delivered back before 19:00, price as listed.（中午12時前受理，下午7時前送回，價錢如下表）
☐ 4 hours service（快洗服務）/ price as listed plus 50%（價錢如下表再加50%）
☐ 1 hour service（特快服務）/ price as listed plus 100%（價錢如下表再加100%）

gentlemen（男士）	NT$	guest count（客人點核）	hotel count（旅館點核）
shirt / 襯衫	210		
silk shirt / 絲襯衫	210		
sport shirt / 運動衫	150		
jogging suit / 運動套裝	220		
trousers or jeans / 西褲或牛仔褲	210		
pajamas（per set）/ 睡衣（每套）	210		
undershirt / 內衣	60		
underpants / 內褲	60		
dressing gown / 晨衣	350		
handkerchief / 手帕	30		
socks（per pair）/ 短襪（每雙）	60		
shorts / 短褲	160		
jacket / 上衣	270		

lady（女士）	NT$	guest count（客人點核）	hotel count（旅館點核）
dress（1 piece）/ 洋裝	360		
skirt / 短裙	200		
slacks or jeans / 西褲或牛仔褲	200		
brassiere / 胸衣	60		
underwear / 內衣	60		
panties / 內褲	50		
dressing gown / 晨衣	200		
slips / 襯裙	60		
stockings / 絲襪	60		
handkerchief / 手帕	30		
pajamas（per set）/ 睡衣（每套）	210		
jacket / 上衣	270		

amount NT$（小計）		please return（folded）/ 交回折起	
extra charge（額外費用）		please return（on hanger）/ 交回掛起	
10% service charge（服務費）		please return（starched）/ 交回漿要	
total NT$（總計）		please return（no starched）/ 交回不漿	

Please note（請注意）：
1. Please call the housekeeping department (ext. 10) for service.（請撥「10」以通知收取衣物）
2. Please complete and sign this list and place together with your dry cleaning/pressing item in the dry cleaning/pressing bag provided. Should there be any discrepancies between guest count and hotel count, you will be notified accordingly. should the list be omitted or not itemized, the hotel count will be taken as correct.（請在單據上填寫及簽名，連同衣物放入洗衣袋中，若有數量不符合，將會預先通知客人。若住客沒有列明衣物數量，則以旅館的點核為準。）
3. We shall not be held responsible for shrinkage or fading, nor for valuables items/on garments, or loss of buttons and ornaments.（衣物如有縮水、褪色或貴重物品留在衣物內，本旅館概不負責。）
4. Any claim concerning the finished articles must be reported with this list within 24 hours. our liabilities for either loss or damage shall not exceed 10 times the amount of the laundry charge in quotation.（如果對本旅館所洗的衣物，若有任何不滿請在收到二十四小時內，連同清單通知本旅館，遺失或損壞的賠償連帶責任，以不超過價目表十倍為原則。）
5. All above prices are subject to 10% service charge.（上述價格需加上10%的服務費）

guest signature（住客簽名）：_____

1st copy（customer）/ 顧客聯　2nd copy（accounting）/ 財務部　3rd copy（cashier）/ 出納　4th copy（laundry）/ 洗衣房

(3)旅館樓層客衣和對外洗衣工作較多。

4.洗衣房的設計應便於排水、通風、除塵等設備的安裝。其原因為：

(1)洗衣設備用水量較大，對排水設施的要求比較高，如果安裝在地下室，就必須有汙水池和抽水幫浦。另外，如果汙水中的洗滌劑含量超過排放標準，則不能直接將汙水排到室外管道，按照環保要求，需安裝汙水處理設備。

(2)布巾類物品在洗滌過程中，會產生較多的紡織物纖維，因而需要安裝抽風、除塵設備，以減少對旅館周圍環境的汙染和洗衣房員工對浮塵的吸入量。

5.洗衣房及其設備的設置、安裝應符合消防法規的規範。其原因為：

(1)我國旅館洗衣房大多設置在地下室，因此，在設計安裝各系統設備時須符合消防法規。

(2)洗衣房內溫度相對較高，布巾類紡織物纖維較多，應安裝配套的消防設備。

6.洗衣房內應規劃為客衣與制服、布巾品收發與存放、布巾品分類與檢查、水洗區、乾洗區、整燙區等若干區域。

根據以上所述，在規劃設計中，洗衣房的設計和洗衣設備的選擇應符合下述三點：

1.根據旅館整體規劃設計進行洗衣設備選擇和洗衣房平面及設計功能。

2.根據洗衣機房的設計進行洗衣房配套系統（如冷水、熱水、排水系統、蒸氣供應系統、動力用電、照明系統、空調通風系統、消防系統等）的設計和施工。

3.洗衣房的設計與規劃必須符合建築、安裝、環保消防等各項規範，以利於旅館的經營管理和旅館員工的身體健康。

第二節　樓層洗衣作業流程

一、洗衣房作業政策

1. 洗衣房隸屬於房務部，由房務部主管負責督導制服、布品類、客衣等的分類、送洗、分發業務，包含有洗衣房、布品間（另章介紹）等兩個單位。

2. 洗衣房作業大綱：

   (1)內部所有送洗的布品、制服，皆須依規定填妥表格。

   (2)以「一換一」的方式，領回同等數量的送洗布品。

   (3)淘汰陳舊或破損的布品、制服，確保客用布品及制服的品質。

   (4)布品及制服報廢，一週處理一次，蓋上報廢章，並隨報廢單交財務部報銷。

   (5)洗衣房將洗好的布品依送洗單數量，放置到所屬單位的備品車上（依各旅館作業）。

   (6)送洗單位依規定的時間，自行領回所屬的布品。

   (7)依「員工制服申請單」發放制服。

   (8)換領乾淨（新）制服前，必先繳還髒（舊）制服，不得先領。

   (9)內部所有送洗的布品、制服，皆須依規定的流程處理。

   (10)負責保管所有洗衣房內的機具設備，確保每日的正常運作、保養。

   (11)重大事項需登記於交待簿，呈閱主管，並養成閱讀交待簿習慣。

   (12)依標準作業程序操作機器，遵守安全守則。

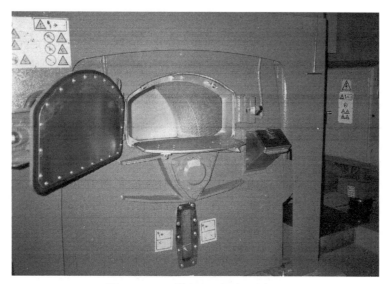

圖10-1　設備新穎的洗衣機器

二、樓層洗衣作業流程介紹

(一)客衣收取、檢查及登記

1. 房務員如發現有房客的洗衣袋，或接到房務部辦公室及房客通知要求洗衣時，應立即取出處理。

2. 收取客衣時，須注意洗衣袋內是否裝有填好的「洗衣單」。

3. 如果未留「洗衣單」則通知房務部辦公室，由辦公室值班人員留言通知客人，除非該客為常客且有未填洗衣單的習性，則由房務員替客人填寫（以避免產生洗衣糾紛）。

4. 詳細核對「洗衣單」上所填資料是否完整與正確。

　(1)姓名、房號、日期是否填寫正確。

　(2)核對衣服種類、數量是否正確。

(3)若客人未填寫清洗的種類（水洗、乾洗、整燙），一律通知房務
部辦公室處理，千萬不可自行代客人勾選。以免因誤判而產生客
衣破損或縮水等狀況。

(4)客人是否簽名。

(5)檢查口袋是否有遺留物品，如有遺留物品時，若客人尚在房內應
立即送還客人，若客人不在房內，屬貴重物品交辦公室處理，非
貴重物品則直接送回客人房內。

(6)檢查衣服是否有破損、缺配件、嚴重的汙點、褪色或布質細弱不
堪洗濯等情形，如果發現有上述情形時，通知辦公室填寫「客衣
破損簽認單」（**表10-3**）與問題衣物一併送還客人。客衣如有脫
線或釦子掉落等情形，須說明於洗衣單上，並通知制服間或布品
間的職員留意將其縫好。

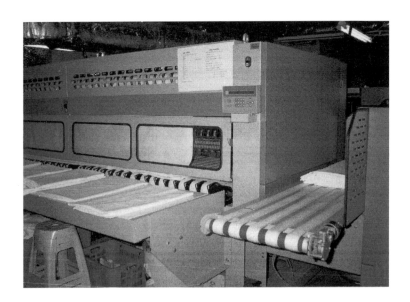

圖10-2　一體成型的最新燙床單機器

表10-3　客衣破損簽認單

> ### 客衣破損簽認單
> #### laundry & valet service
>
> guest name（房客）：＿＿＿＿＿room（房號）：＿＿＿＿＿date（日期）：＿＿＿＿＿
>
> received（衣物內容）：＿＿＿＿＿＿＿＿＿＿＿＿＿＿＿＿＿＿＿＿＿＿＿＿＿
>
> for laundry（pressing /dry cleaning）but found out that（收到您以上客衣但發現有以下缺陷及破損）
>
> □ hole(s)（破洞）　　□＿＿＿＿＿button(s) missing/broken（＿＿＿＿個鈕釦遺失 / 破損）
>
> □ impossible to dry-clean/laundry/pressing & return the article（無法乾洗 / 水洗 / 整燙並退回衣物）
>
> □ unable to remove spot(s)（無法清除汙漬）　□ faded spot(s)（褪色）　□ tears（破損）
>
> □ others（其他）＿＿＿＿＿＿＿＿＿＿＿＿＿＿＿＿＿＿＿＿＿＿＿＿＿＿＿＿
>
> ＿＿＿＿＿＿＿＿＿＿＿＿＿＿＿＿＿＿＿＿＿＿＿＿＿＿＿＿＿＿＿＿＿＿＿
>
> ＿＿＿＿＿＿＿＿＿＿＿＿＿＿＿＿＿＿＿＿＿＿＿＿＿＿＿＿＿＿＿＿＿＿＿
>
> If you wish to do the laundry/dry-cleaning/pressing, please kindly sign below as authorization to proceed and we will handle your articles carefully and without delay.（如果您仍舊要送洗，煩請於下表上簽名，本旅館將保證依正常程序清洗，並小心處理不會有任何延誤。但若因以上原因而造成的任何損失，本旅館恕不負責。）
>
> guest signature（房客簽名）：＿＿＿＿＿＿executive housekeeper（房務部主管）：＿＿＿＿

7. 注意「洗衣單」是否為快洗燙，或是否有特別交待事項，如有特別交待事項，則在「洗衣單」上註明，以提醒洗衣人員注意（口頭亦須通知）。

8. 核對檢查完畢，檢查的人員在「洗衣單」右上角簽名，以示負責。

9. 依「洗衣單」逐筆登記在「洗衣登記本」內，並簽名。

10. 每日早晨分三段時間定時來收取客衣（08:30、10:00、11:00）（時間方面依各旅館規定）。

11. 下午一時三十分前房務員務必再次檢查，未整理房間內是否有需送洗的衣服，務必於下午二時前送到洗衣房，並於洗衣房登記本內註明送衣時間及袋數（時間方面依各旅館規定）。

(二)客衣驗收及送入客房

1. 洗衣房人員將洗淨的衣服送回庫房時，房務員須詳細清點送回的客衣種類、數量是否與「洗衣登記本」內所記載的相符合，且特別記載或交待事項是否完成。

2. 如發現不合、沒洗乾淨，或特別交待事項未完成時，須儘速要求洗衣房人員查明原因，如一時無法查明原因或衣服失落等情形，應報告辦公室處理，且拒絕簽收。

3. 確定無誤後在「洗衣登記本」內登錄，並在「收回洗好客衣」處簽名。

4. 如為快、洗、燙衣服，應立即送進客房內，如為普通洗燙衣服，則暫置庫房，於晚上開夜床時一併送入客房內。

5. 若客人電告索回衣物，須立即送回。

6. 客衣送入客房時應注意下列事項：

(1) 凡需用衣架吊掛的衣褲，應整齊地吊掛在衣櫃內。

(2) 如為包疊衣服很多時，則整齊排列於床尾上。

(3) 衣服送入客房後，房務員在「洗衣登記本」內「送進房內處」簽名。

(4) 若客人掛「請勿打擾」但房內並未關燈時，於晚上七時左右電告辦公室，請當班職員詢問客人是否可將衣物送入。

(5) 若為「請勿打擾」房間而無法送入時，則暫置庫房，等適時送入。如果下班時仍無法送入，則填寫於房務員報表備註欄內，並交待辦公室值班人員，且在樓層交待簿內記錄，以等待明日早班繼續完成。

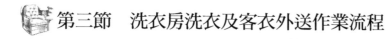

第三節　洗衣房洗衣及客衣外送作業流程

一、收衣程序

(一)收衣時間

　　每日上午於中午以前分三次收件：08:45、10:30、11:15（時間方面依各旅館規定）（備註：收衣時注意衣物及客人洗衣單不可脫落，以免混淆、遺失）。

(二)核對

1.清點洗衣袋內件數與洗衣單是否符合，用紅筆將顏色標明於洗衣單（若有不對狀況須向房務部辦公室反應）。

2.將特殊衣服的特徵、廠牌、顏色註記於洗衣單上。

3.注意口袋、釦子、質料等是否有瑕疵、染色或遺失特殊鈕釦等狀況（有則立即反應到房務部辦公室）。

(三)打號

1.由洗衣房人員分別將每件衣物做上記號，編號以日期加上房號為編定標準，例如，3月4日、星期六、房號505號，則編號為M04SA505（依各旅館規定）。

2.打號時，凡是麻、棉、耐熱纖維品，則記號做在領口內、下背面、褲、邊或各角落易視處。

3.洗衣單上如有特殊註明，須另做記號以為識別，如：

　(1)重漿：用紅色安全別針別在各角落易視處。

　(2)快洗：加上彩色布條，用安全別針別在各角落易視處。

(3)燙衣：以有號碼的布條，用安全別針別在角落易視處。

(4)同一包襪子且為同色者，別上有編號的布條並串聯在一起。

(5)打完編號的洗衣單交給房務部辦公室人員入帳。

(四)分類檢查

1.已打號的客衣按色澤、種類、品質、厚薄纖維分類，如襪子、內衣褲、襯衫大件衣褲分放，深色或白色的內衣褲也要分開。

2.再將已分開的客衣分類為水洗、乾洗或整燙。

專欄10-1　每個細節都不能疏忽

　　飯店洗衣房內燈火通明，員工正在忙碌地為客人洗滌、熨燙衣物。當一件黑色雙排釦西裝送回客房中心時，驗收員張某發現西服少了一粒釦子。張某查看洗衣單，上面並沒有少了鈕釦的記載。於是相關人員找遍了洗衣房，但是仍然找不到鈕釦。於是張某只好坦誠地面對西裝的主人王先生。王先生不高興地說：「幸虧我的西服裡襯上還有一粒備釦，否則我這件高級的西裝就沒法見人。」為表示飯店的歉意，客房部經理決定免收王先生的客衣洗滌費用。

案例分析

　　一件高檔的西服不明責任地丟失了釦子，原因在於飯店接受客衣的各個環節均未嚴格按洗衣程序檢驗細節。這種情況可能是原來就少一個釦子，但客房收衣員沒有在洗衣單上記載，也可能在洗衣房的收發處沒有進行檢驗，因此也沒有在洗衣單上記載。雖然問題最後還算解決了，但如果沒有備釦，即使西服其他部位完整，也不是免去洗滌費就能解決的了。

3.於分類時應順便檢查衣服：

(1)易褪色、脫染深色、油垢、汙穢、不易清潔的斑漬挑出特別處理。

(2)破損、鈕釦脫落、須縫補的客衣挑出，破損的交辦公室登記後送簽，須縫補的洗好後交布品間縫補員代為縫補。

(3)檢查每件衣服的口袋是否有遺留貴重物品，如有應交房務部辦公室處理。

(4)注意襯衫是否有活動領，支板應取出做記號以便客衣清洗完後放回客衣上。

4.分類檢查完畢，送入各機器內（水、乾）迅速開始處理。

(五)洗衣、燙衣

◆水洗操作制度

1.作業準備：

(1)打開各機位電閘，檢查各開關、按鈕和靈敏度，檢查濕度、蒸氣、氣壓等是否正常。

(2)將不同質地、不同顏色、不同洗滌溫度要求的衣物分別堆放。

(3)檢查洗衣單，查看、核對衣物有無破損、褪色等現象。

(4)將不同洗滌要求的衣物分別放入洗衣機內。

(5)洗衣完畢後必須脫水三次以上，方可晾乾或烘乾。

(6)關機門之前再檢查一次，是否有不同質地、顏色的衣物混入其中。

(7)關機門時要小心，切勿使機門夾住衣物。

2.注意事項：

(1)洗衣原料進足水後再投入機內，不得與乾衣物同時投入。

(2)衣物需要漂白處理時，按該產品使用要求操作。

圖10-3　洗衣房專業洗衣機（作者攝於飯店洗衣房）

(3)排水時注意有無小件物品隨水一起排出。

(4)發現衣物纏繞或被機門夾住時，應立即停機處理。

(5)洗滌過程中員工不得離開工作崗位。

◆燙衣操作制度

　1.機燙操作：

　　(1)燙前觀察，按客人及作業要求用心燙熨。

　　(2)衣物任何角落不漏失，提高工作品質。

　　(3)燙衣時注意衣物用料、質地。

　　(4)燙後檢查，保證工作品質，做好標記。

　2.機燙操作方法：

　　(1)吹：用機器向衣物噴射蒸氣使織物纖維受熱伸展後，用冷風袋向
　　　　衣服吹風撐平使其定形。

圖10-4 平燙機作業情形（作者攝於飯店洗衣房）

(2)壓：利用帶溫的夾機或熨斗之壓力，消除纖維起皺的特性。

(3)抹：用手抹平的方法，對不能熨燙的衣物，將衣服平放在夾機墊面上，打蒸氣抽濕，雙手輕輕將衣物定形、抹平。

(4)磨：用特製的布來枕托著衣物的某一局部，在帶溫的夾機或燙斗下將皺紋磨平。

(5)執：用熨斗修補在夾面上無法燙之部位，使之輔助成形。

(六)洗滌完衣物的收集

1.洗衣房技術員帶洗衣籃至各組收集已洗、燙乾淨的衣服。

2.收集散裝衣服時，依衣服類別分開放置，且相同房號的衣服儘量放在一起。

3.將襯衫放置在襯衫包裝檯處理。

4.吊掛衣服：將籤紙填上房號，釘在衣架上，並按樓層房號順序吊掛在吊掛架上。

(七)檢驗

1.洗衣房整衣員在包裝前必須詳細檢驗每一件衣服。

2.檢視有無需回洗或重燙的衣服，若發現該類情形，立即儘快再次處理，已處理好的回洗、重燙客衣應再檢驗。

3.若發現有缺少釦子以及裂縫，應挑出自動請布品間縫補員縫補。

(八)包裝

1.一般單件衣物摺疊好後用塑膠袋包妥，封口機封口，且塑膠袋填上房號，襯衫則用襯衫板、領襯及腰帶包裝好。

2.襪子、內衣褲、手帕依相同房號打成一包，並核對洗衣單其種類及數量是否相符，核對無誤用塑膠袋包好，再用膠帶封口，然後在塑膠袋上填上房號。

3.領帶用領帶板架包裝，且在領帶板架上填上房號，然後套上塑膠袋，依樓層房號順序掛在吊掛架上。

4.相同房號的包裝衣物放在一起。

5.注意特殊交待的客衣是否確實辦妥再行包裝。

(九)核對洗衣單

1.原則上是一邊包裝即一邊核對，包裝完畢再行核對與洗衣單上的包數是否相符，並注意是否另有吊掛數。

2.核對無誤，將洗衣單貼在塑膠袋上，並在洗衣單上註明包數及掛數。

3.如果無包數只有吊掛衣物，則將洗衣單貼在衣架上即可。

(十)最後整理

1. 打包且核對過的衣服均依樓層、房號順序擺放在包裝檯的衣物櫃內。

2. 下午二時左右，按樓層別、房號順序由下而上排列整齊於遞送車上。

3. 吊掛的客衣亦按樓層、房號順序吊掛於遞送車上。

4. 將全部客衣與房務部每日客衣清洗登記表核對，以便校對件數，確定當天全部客衣均已洗好送回。

(十一)送返

1. 整理檢查並且核對無誤後，將衣服各樓層分別打包後，由下而上放入不鏽鋼送衣車內，先至房務部辦公室領取鑰匙，並且簽名。

2. 依各樓層的順序送至庫房內。

3. 依房號、包數、吊掛的衣服再核對一次排列無誤即可。首先依照「客衣每日收發控制表」（laundry & valet control）（**表10-4**）所記錄的房號，將客衣送至房間。

4. 送衣注意事項：客房有掛DND、房內反鎖掛鍊、客人洽商、睡覺等情形不可打擾客人，將衣服拿回庫房，於樓層交待簿上註明日期、房號、時間、原因及送回者姓名。

5. 假如沒有上述情形，要輕聲敲門表明是洗衣房服務員，再問「May I come in?」，稍待房內是否有反應，若是沒有，便可使用樓層鑰匙直接開門，將衣物送至房內。打包衣服放在床尾放整齊，掛的衣服則懸掛在房間的衣櫥內，完畢請將門輕輕關上。

6. 客人在房內的情況：敲門時不見房內的反應，開門進去才發現客人在睡覺時，在不知情況下送進時要立刻退出，腳步要輕盈，再將衣物拿回庫房，在交待簿上註明清楚。

表10-4　客衣每日收發控制表

日期：_____

房號 （room no.）	時間 （time）	普通服務 （regular service）	快洗服務 （express service）	水洗 （laundry） 件數（q'ty）	乾洗 （dry clean） 件數（q'ty）	整燙 （press） 件數（q'ty）	收集人 （collect） 簽名	送回人 （returned） 簽名

7.客房內若有客人在，要注意禮節，微笑打招呼，禮貌請問客人是否可以送衣物進去，送完務必將門輕輕關上。

8.客衣送完，將樓層鑰匙交回房務部辦公室並且簽名，回到洗衣房辦公室在洗衣送簽簿上也要簽名以示負責。

二、客衣外送作業程序

(一)需外送洗衣工廠的客衣、布品等

1.依上述程序整理及檢查外送的客衣，若有問題時一律依上述方法請求房務部辦公室處理，待廠商取貨。

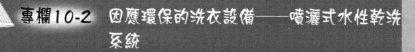

專欄10-2　因應環保的洗衣設備——噴灑式水性乾洗系統

　　洗衣房目前最大的挑戰就是環保的問題，因為洗衣房用了很多不同功能洗淨能力的清潔劑，所以相對的其所造成的廢水汙染也提高了！目前業界有研發最新的噴灑式水性乾洗系統。噴灑式水性乾洗系統為最先進的生化洗衣技術，採用藥劑自動混合噴灑洗滌設計。噴灑式注藥機每次藥劑濃度再相同，可有效控制洗衣品質，並節省洗劑用量。其採用電腦專用洗滌程式配合自動藥劑混合噴灑式注藥機，先讓洗劑混合均勻，再對衣物直接噴灑洗滌，藥劑分布均勻使其洗滌效果增加。洗清時邊洗邊沖同時將汙物直接排出，不回滲產生逆汙染。同時也因其減少了洗劑用量，不減低洗滌的效果，為環保的工作盡了一份心力！

2.與廠商依照送洗單上的數量一一核對。

3.送洗單上請填寫實際外送布品的數量，請廠商於收件者處簽名。

(二)洗衣工廠方面

1.分類、檢查、送洗：

(1)依客衣、布品及制服種類、質料、色澤、水洗、乾洗加以分類。

(2)檢查口袋內有無遺留物或尖硬物，特別注意配掛的名牌，檢查是否有破損、鈕釦脫落情形。

(3)挑出須特別處理的客衣、布品及制服，如沾有醬油、嚴重的油漬等。

(4)分類檢查完畢送至所屬的機器內洗衣。

2.洗衣、燙衣：依洗衣機器廠商所提供的洗衣、燙衣手冊處理相關的衣物。

3.收衣、整衣：

(1)至各組機器內收取洗好的制服。

(2)視客衣及制服種類、樣式加以摺疊或吊掛。

(3)整衣時應順便檢查是否有需重洗、重燙或掉落釦子情形，如有該類情形，另外挑選出來再做處理。

4.送衣：

(1)依與該旅館簽約的時間，將洗好的客衣及制服等物送布品間或房務部辦公室（依各旅館規定）。

(2)與該相關人員清點各布品樣式、數量等。

(3)在「每日衣物、布品送洗／回收登記表」簽收欄簽名。

(4)填具一式三聯，一聯交財務部門，一聯房務部留存，另一聯廠商自行留存，以便申請相關款項。

第四節　客衣收發控制及帳目處理作業流程

一、客衣每日收發控制表

1.依送洗的洗衣單逐筆填明：(1)日期；(2)房號；(3)送洗時間；(4)一般洗燙或快洗燙；(5)水洗、乾洗或燙衣數量；(6)在該表「收集人」（collect）處驗收簽名。

2.下午依規定的時間將所有的「客衣每日收發控制表」，送至房務部辦公室，核對是否要求洗衣的客人均已取衣送洗。

3.客衣包裝整理完畢核對該表，確定所有送洗的客衣均已洗好送回。

4.洗衣房送衣至樓層時，須依照所分配的房號送至客房，在該表「送
　回人」（returned）處驗收簽名。

二、客衣帳目處理程序

1.依洗衣單先行計算各類洗衣金額，再合計總金額，加一成服務費即
　為洗衣總額（參閱前面洗衣單的價格）。
2.填好總額的洗衣單依樓層房號順序編號，並填寫在洗衣單上。
3.洗衣單第一聯放在房務部辦公室存檔，第二聯釘於客衣上作為客人
　核對依據，並連同客衣一同送給房客。
4.第三聯洗衣單於下午規定時間以前送至前檯出納。如為住客名單上
　所註記D的客人，表示為當天預定離開的房客，此種房客如有洗衣
　的情況，應立即將第三聯洗衣單送至前檯出納而非等到下午才送
　單，以免有遺漏的費用。
5.依據洗衣單逐筆輸入電腦（依各旅館的電腦作業操作）。

 第五節　客衣破損簽認及寄存等處理作業流程

一、客衣破損簽認處理作業流程

1.樓層房務員或洗衣房人員檢查核對客衣時，如發現衣服有破損、汙
　點、褪色或其他不可處理情形時，挑出衣服連同洗衣單交至房務部
　辦公室一併處理。
2.房務部辦公室人員開列「客衣破損簽認單」，填明：(1)房客姓名；
　(2)日期；(3)房號；(4)不可洗原因。

3.開列完畢將該單連同洗衣袋一併交給房務部主管簽核及處理。

4.房務部主管在該單簽核後，轉交樓層房務員送入客房內並請客人簽認。

5.客人簽認後，將該單及洗衣單送至洗衣房依一般客衣流程處理。

6.「客衣破損簽認單」依旅館規定留存後再處理掉。

二、客衣寄存處理作業流程

1.房客離開本旅館若要求寄存洗好的衣服時，應填明房客姓名及房號。

2.登記在「寄存客衣登記簿」內，填明：(1)日期；(2)房號；(3)姓名；(4)包數；(5)掛數；(6)已入帳或未入帳。

3.若洗衣未入帳時：將洗衣單一、三聯夾在「寄存客衣登記本」內，待客人回來取衣時輸入電腦入帳。

4.若洗衣已入帳時：依一般入帳程序處理，將洗衣單第二聯連同寄存客衣放入寄存專用櫃內。

5.客人回來取衣時：

(1)房務部辦公室人員依「寄存客衣登記本」資料找出寄存客衣，送交前檯或直接放入客房。

(2)房務部辦公室人員在「寄存客衣登記本」內填明取衣日期、房號。

(3)如未入帳則依一般客衣入帳程序處理。

三、客人要求賠償處理作業流程

1.凡發現客衣有洗壞情形時，應立即報告房務部主管。

2.房務部主管必須追究責任查明原因，如確屬洗衣房人員疏忽所致，應由作業人員自行賠償負責，或依旅館規定處置。

3.房務部主管應將實情向房客委婉說明，如為作業疏忽則徵詢客人的意見，給以合理的賠償，若為客衣本身問題則須取得客人諒解。

4.將賠償情形及金額記錄於「工作記錄簿」內，填明：(1)客人姓名、日期、房號；(2)賠償金額；(3)賠償原因。

5.事後應開會檢討造成錯誤的原因，以便日後改進。

問題與討論

一、個案

瑪莉凱為一家國際服裝公司的主管，日前住進了一家五星級旅館，因為該晚有一場服務秀，所以她趕著將帶來的幾套新裝送快洗，但因太匆忙而未註明為快洗服務，僅在中午出門開會前以口頭交待了前檯的人員。但因該人員為新進櫃檯員，並未很清楚知道房務作業，所以只向房務部辦公室人員交待該房客有客衣要送洗。

到了下午四點，瑪莉凱小姐回來後發現送洗的衣物並未送回，非常震驚急電前檯問明原因，前檯與房務部辦公室聯絡後得知該客衣並未處理好，因為客人並未標明為快洗服務，所以洗衣房依旅館一般客

衣送洗處理，必須到晚上或明天早上才有辦法送回！瑪莉凱小姐非常生氣，她認為已經交待早班前檯人員，該批客衣晚上必須要送至服裝秀現場，為何旅館仍會有這種不可原諒的錯誤發生？前檯經理接到此客人抱怨知道錯在旅館本身，即要求洗衣房儘速處理該批客衣，雖然洗衣房技術人員已全力的處理，但時間上仍晚了一些。

雖然事後在旅館駐店經理的親自道歉及給客人特別優惠房價，但仍無法挽回瑪莉凱小姐不再住進旅館的心意，並且損失了該公司的長久住房合約，真可謂損失慘重！

二、個案分析

此案例說明了旅館各部門的人員除了要熟悉本部門的各項工作流程及服務外，更要透過員工訓練瞭解其他部門所提供的服務及基本的工作流程，以避免發生上述的錯誤。

(一)案例解析

1. 房務部洗衣房提供客衣送洗的服務，分為普通送洗（通常時間需要八小時以上）及快洗服務（通常時間需要四小時）。

2. 當前檯人員接獲客人所留的訊息，首先要清楚地問明此批客衣的送洗方式及需要的時間，如此一來就可得知客人所需的服務為哪一種。

3. 事件發生後，雖然旅館損失了一個重要的客人，但前檯與房務部主管皆要以此例為警惕，不可讓下屬再犯類似的錯誤！

(二)後續追蹤

1. 旅館雖然提供了誠懇的歉意及優惠，但卻無法挽回該客人，可見該事件對客人的影響勢必很大，所以連帶地影響該公司與旅

館長久以來的住房合約。

2.該旅館的駐店經理及前檯經理應要再拜訪該公司的台灣代表處，親自向客人解說該狀況及旅館的改善情況，也許下次仍有成交的機會。

3.旅館的各部門主管應將上述情況當作個案討論，除了不再有類似的錯誤外，更要所有人員因為此事而得到該有的在職訓練。

三、問題與討論

　　彼得森為福利旅館的老客人，他送洗了一件設計新穎的皮衣，雖然客人已註明了乾洗，但洗衣房經理看了衣服以後，仍不敢隨意為客人洗滌，因為該件皮衣的材質特殊且配件為新開發的衣材。到了晚上客人回來後，經由房務主管向客人親自解說該客衣未清洗的理由，也向客人解釋已向該衣台灣代理商請教了正確的清洗方式，但因該公司於明日才答覆，所以為求謹慎將請示客人的意見後再行處理。客人剛開始雖然因客衣無法處理而有些生氣，但聽到了主管的解釋後，覺得旅館處事小心的原則非常值得讚賞，當下立即答應房務部主管處理的 方式，並在事後親自寫信給旅館的總經理，感謝旅館這麼重視對他的服務！

附件一

(一)水洗機操作明細表

1.白色毛巾

順序	操作程序	水位（inch）	溫度（F）	時間（min）	每一百磅洗滌物清潔劑的使用量
1	沖洗	12	冷水	3	
2	洗滌	6	160°	15	4oz強力洗潔劑 4oz漂白劑
3	清洗	12	熱水	2	
4	清洗	12	溫水	2	
5	柔軟	6	90°～110°	5	2oz柔軟劑

2.白色床單

順序	操作程序	水位（inch）	溫度（F）	時間（min）	每一百磅洗滌物清潔劑的使用量
1	沖洗	12	冷水	2	
2	洗滌	6	170°～180°	10	4oz強力洗潔劑 4oz漂白劑
3	沖洗	12	熱水	2	
4	漂白	6	160°	8	
5	清洗	12	熱水	2	
6	清洗	12	熱水	2	
7	清洗	12	溫水	2	
8	中和	5	冷水	2	2oz中和劑

3.枕頭套（白色及有色）嚴重沾汙（油汙）

順序	操作程序	水位（inch）	溫度（F）	時間（min）	每一百磅洗滌物清潔劑的使用量
1	沖洗	12	冷水	2	
2	洗滌	6	160°	15	4oz強力洗潔劑 4oz漂白劑
3	清洗	12	熱水	2	
4	清洗	12	熱水	2	
5	清洗	12	溫水	2	
6	中和	5	冷水	2	2oz中和劑

4.白色員工制服（嚴重沾汙）

順序	操作程序	水位（inch）	溫度（F）	時間（min）	每一百磅洗滌物清潔劑的使用量
1	沖洗	17	冷水	3	
2	洗滌	6	180°	15	4oz強力洗潔劑 4oz漂白劑
3	沖洗	12	冷水	2	
4	漂白	6	160°～170°	4	
5	清洗	12	熱水	2	
6	清洗	12	熱水	2	
7	清洗	12	溫水	2	
8	中和及上漿	5	冷水	6	2oz中和劑

5.有色員工制服（嚴重沾汙）

順序	操作程序	水位（inch）	溫度（F）	時間（min）	每一百磅洗滌物清潔劑的使用量
1	沖洗	12	冷水	5	
2	洗滌	6	180°	15	4oz有色強力洗潔劑
3	沖洗	12	熱水	2	
4	漂白	6	160°	5	
5	清洗	12	熱水	2	
6	清洗	12	溫水	2	
7	清洗	12	冷水	2	
8	中和及上漿	5	冷水	6	2oz中和劑

(二)洗衣房機器的保養及維護的原則

◆每日下班前整理流程

1.地板用拖把清理乾淨，用具帆布車應放置整齊。

2.各種機器擦拭乾淨並關掉所有電源。

3.每晚洗槽及水龍頭處應洗刷擦拭清潔，垃圾應送至集中場。

4.用具帆布車、洗衣場房、辦公室、輸送管間全部做好消毒工作。

5.烘乾機底層過濾網雜物應清除。

6.關窗鎖門，乾淨的毛巾、床單覆蓋好，制服推至布品間保管。

7.檢查並關閉所有電源、水源、油源、火源，主管應作最後的檢查。

◆機器的保養及維護的原則

1.機器使用人員負責機器的保管及維護。

2.充分瞭解設備、機器的性能，妥善使用及保管。

3.經常保持機器內部並加以刷洗、加油、定期檢查保養等。

4.定期檢查保養時：

　(1)簽約廠商依保養計畫定時前來檢查保養，保養時洗衣房主管或保管人應在旁監督。

　(2)保養完畢，洗衣房經理在廠商維修單上簽名。

　(3)如果保養時發現機器有故障情形時，由簽約廠商負責修理。

5.平時發現機器有故障時：

　(1)洗衣房主管通知特約廠商修理。

　(2)廠商修理完畢，洗衣房主管負責檢查、驗收。

　(3)確定修理完畢，在廠商「修理報告單」內簽名。

(三)常見衣物汙漬的處理方式

◆衣服被巧克力及可可沾到時

　可先用溫肥皂液清洗，如果洗不掉可使用去漬油或四氯化碳潤濕等乾燥後用水輕刷，再用溫肥皂水清洗。

◆衣服被油漆沾到時

　可使用去漬油或煤油反覆塗擦，後再使用稀醋酸擦拭，最後再以

清水洗淨。

◆衣服被墨水沾到時

1. 紅墨水：可使用氨水和酒精混合清除，新沾到可使用肥皂水浸泡二十分鐘後再洗掉；舊痕先用洗潔劑揉搓後使用百分之十的酒精擦洗乾淨。

2. 藍墨水：可先用溫水加洗衣粉並放入百分之二十的草酸揉搓，若是舊痕可再加入百分之十的氨水或牛奶揉搓，然後洗淨。

◆衣服被咖啡、果汁、茶沾到時

沾到時馬上用吸拭力強的紙巾或面紙先吸去多餘的殘汁，再用清水沖洗，之後用中性洗潔劑洗滌並搭配百分之十的醋酸擦搓即可。

◆衣服被口紅或印泥沾到時

先用苯或四氯化碳除去油分，然後用溫肥皂水清洗，棉、麻材質可使用酒精和燒鹼的混合液去除，後用洗潔劑和清水來清洗。絲、毛材質只能用酒精或四氯化碳來洗除，後用洗潔劑和清水來清洗。

◆衣服被血液沾到時

在血液未乾時應立即用冷水沖洗，如乾時可使用肥皂水揉搓清洗，舊痕可使用氨水洗滌，若仍有殘留則可使用漂白水漂白。

Chapter **11**

布巾品的作業管理

　　旅館內部所有的布巾品在經過洗衣房的洗淨後，除了客衣外的所有布巾品（含各項客房布品及員工制服等）管理、發放及維護等工作，一般國際觀光旅館多會設置布品間（或制服間、布巾室等）來處理。本章中將針對旅館布品間（或制服間、布巾室等）的布巾品管理、發放及維護說明各項作業標準。

第一節　各部門布巾品送洗作業流程

一、客房布巾／毛巾類送洗標準作業程序

1. 房務人員將待送洗的布品／毛巾依種類、顏色的不同加以分類清點。

2. 清點過程同時檢查布品，若有潮濕的布品應加以分開收集，避免造成染色。

3. 並注意是否有牙籤、大頭針等危險物品，應澈底清除，以免布品破損及工作人員危險。並留意是否夾帶客人物品。

4. 特別髒汙或有毛邊及破損的布品應隨時挑出，於特別髒汙或破損處打結，以提醒洗衣房同仁特別處理或報廢。

5. 按不同類別的布品分別打包，枕頭套每十條一綑，床單每五條一綑，小毛巾、墊腳布每十條一綑，中毛五條一綑，足布及大毛則分開計算。

6. 依分類清點好的布品數量，填具「客房布品送洗單」（**表11-1**）。

7. 由洗衣房人員於點收欄位內填上數目，並在布品送洗單上簽名，第一聯交還送洗單位人員存查，第二聯隨同待洗布品送至洗衣房清洗。

表11-1　客房布品送洗單

客房布品送洗單			
日期：＿＿＿＿＿＿＿＿			
名稱	送洗量	點收量	備註
小床單（single sheets）			
大床單（double sheets）			
特大床單（k-size sheets）			
枕套（pillow cases）			
腳布（bath mats）			
浴巾（bath towels）			
中毛巾（face towels）			
小方巾（hand towels）			
腳墊布（foot mate）			
口布（napkin）			
浴袍（bath robe）			

第一聯：送洗單位
第二聯：布品間
第三聯：洗衣房　　　　　送件者簽名　　　　收件者簽名

二、餐廳布巾類送洗標準作業程序

(一)分類

　　1.各餐廳作業人員將取下來的檯布、口布、餐巾等，依種類、顏色的不同分類清點，如**表11-2**所示。

　　2.各相同尺寸的檯布歸類一起。

　　3.不同顏色不可混在一起，以免有褪色的情況產生。

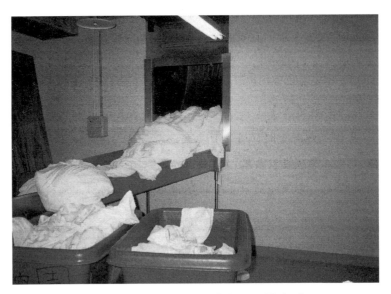

圖11-1　輸送帶式的髒布品運送方式

(二)檢查

　　1.發現檯布、口布等有破洞、汙點等情況須另行打結，以提醒洗衣房
　　　同仁特別處理或報廢。

　　2.要特別注意不可將魚刺、牙籤、垃圾等尖銳物品置於檯布內。

(三)打包

　　1.將所有需要清洗的檯布、口布、餐巾等分別打包。

　　2.口布、餐巾等需要十條一捆。

　　3.容易褪色且潮濕的布品應分開打包，避免造成染色。

表11-2　餐廳布品送洗單

餐廳布品送洗單

廳別：＿＿＿＿＿＿＿＿＿＿　　　　　日期：＿＿＿＿＿＿＿＿＿＿

名稱	尺寸（公分）	標準存量	庫存數量	送洗數量	點收數量	實際數量	備註
白口布	55x55						
紅口布	55x55						
檯布	150x150						
白檯布	300x300						
紅檯布	250x250						
銀檯布	50x40						
墊盤布	30x40						
白服務巾	55x55						
紅服務巾	55x55						
小口布	25x25						
轉檯套	4"（12人）						
轉檯套	6.6"（16人）						
轉檯套	8"（20人）						

第一聯：送洗單位
第二聯：布品間
第三聯：洗衣房　　　　　送件者簽名　　　　　收件者簽名

三、洗衣房布巾／毛巾類送洗標準作業程序

1.房務員將待洗的布品隨同送洗單送至洗衣房。

2.核對送洗布品的項目及數量，填在布品送洗單的點收欄位並簽名。

3.由送洗單位取回布品送洗單的第一聯，第二聯隨待洗布品送洗衣房清洗。

4.依布品送洗單，填具「洗衣房布品日報表」（**表11-3**），依種類填寫數量及金額，當日並核算總金額，呈洗衣房主管簽核，第一聯轉

表11-3　洗衣房布品日報表

洗衣房布品日報表

日期：＿＿＿＿＿＿＿＿

品名 ＼ 單位 金額	房務部		咖啡廳		客房部			
	件數	金額	件數	金額	件數	金額	件數	金額
大檯布								
口布								
桌裙								
床罩								
床墊								
毛毯								
羽毛被								
厚窗簾								
紗窗簾								
浴袍								
枕套								
腳布								
大毛								
中毛								
小毛								
帆布袋								
合計								
總計								

填表人：＿＿＿＿＿＿＿＿　主管：＿＿＿＿＿＿＿＿

第一聯：財務部
第二聯：洗衣房

財務部，第二聯洗衣房留存。

5.將待洗布品分區（依種類、尺寸、顏色及特別處理等）分類堆放。

6.工作人員將分類好的布品，裝車清洗。

7.須特別處理的布品，交由洗衣技術員檢視，依各別情況特別處理或
　報廢。

第二節　布巾品的分發、存放及作廢作業流程

一、布巾分發的標準作業程序

(一)一般毛巾及布品類（洗衣房的程序）

1. 洗衣房人員將清洗整燙完畢的布品，分類摺疊整理，同時並檢查是否有未洗乾淨或未燙平、未燙乾、色澤偏黃、褪色或染色及破損等情形，視情況挑出重洗或依規定報廢。

2. 將整理好的布品，依各單位所開列的送洗數量，分別將各單項清點好，並整齊的放置於各單位的備品車內。

3. 備品車貼上各單位的布品送洗單，以備核對。

4. 單位核對送洗單的項目及數量是否吻合，若有不符應立即向洗衣房人員反映。

5. 領取人員核對無誤後，於送洗單備註欄簽名，並將送洗單交還洗衣房，領回所屬的布品。

(二)床裙、窗簾、毛毯及羽毛被送洗分發流程標準作業程序

1. 其送洗分發流程與毛巾布品類的送洗分發流程相同。

2. 洗滌時須注意事項：

   (1)將其分為床裙、窗簾等類。

   (2)該類除浴袍外其餘均屬大件，不經常洗且在處理上較費時間，手續上較為繁瑣，所以應儘量排在工作不緊湊的日子，機械不過度疲勞之下進行。

   (3)床墊必須加工業用雙氧水清除血漬，窗簾注意掛鉤必須拆除。

   (4)床罩的質料多為混紡織品，用高溫烘乾後要特別注意顏色是否有

專欄11-1　旅館布巾品的介紹

　　旅館的布巾品為一項非常重要的備品，不但是客房的大宗使用品，更是各餐廳都必備的。而布巾品的材質好壞，更影響了旅館的形象、使用的長短及各項費用的多寡，所以各家旅館的房務部及採購主管，都必須對布巾品有相當程度的認知。

一、最常使用的測量單位

　　碼（yard）＝3英尺（feet）＝36英寸（inch）

二、質料成分介紹

1. cotton 100%（純棉）。
2. CVC（棉的成分在50%以上）。
3. TC（棉的成分在50%以下）。
4. polyester 100%（聚酯纖維）。

三、染的方式

1. 去漿：為了避免織布時棉紗斷裂，所以布必須先去漿，其所織出的布稱為胚布。

2. 染色：

   (1)化學反應（深色）：布與染料發生化學作用反應時，通常在日後經過洗滌以後，就會穩定不會變色。

   (2)無化學反應（淺色及漂白）：因無與染料發生化學作用反應，所以比較適合可以接受些許褪色的布巾品。

3. 定形：胚布染色完後，由兩旁撐起後定形，布的寬度就不會改變。所以有時布邊的兩旁會有細小的針孔，但在洗過二、三次後就會密合了。

四、旅館最常使用的布巾品種類

1. 客房部：大毛、中毛、小毛、浴墊、夜床巾、床墊、床單、枕頭套、羽毛被、被套、浴袍浴衣、口布、足布、帆布袋、洗衣袋等。
2. 餐飲部：口布、檯布、轉檯套、杯墊、玻璃抹布、服務巾、廚師服務巾、圍裙等。

任何變化、車線的縮水情況及裁製手工洗後等的變化情況。

(5) 純毛的毛毯應該以乾洗為主，但若有特別汙處應先以冷水洗滌後再用中溫烘乾即可，但須特別注意其縮水的狀況。

(6) 羽毛被清洗時要使用消毒水加上雙氧水清洗後才不會長蟲。

(三)一般毛巾及布品類（布品間的程序）

1. 其收洗分發及整理與毛巾布品類的收洗、分發整理相同，採取「一換一」方式。
2. 若為床裙等大件物品為預備量者，則須包妥置於備品櫃內，包裝上須註明內容物的尺寸，以利日後找尋。
3. 洗衣房人員將洗燙好的布品，摺疊整理好，並置於櫃子上，同時並須檢視布品是否有未淨、未燙平、未燙乾，或是褪色染色及毛邊、破損情形，若有則視情況再處理或報廢。
4. 依各單位所填具的布品送洗單各項目數量，置於送洗單位所屬的備品車內。
5. 洗衣房、布品單應隨時依布品報廢單，隨時補充各項報廢的布品數量。

6.將各單位的布品送洗單貼於備品車上,由各單位領取洗好的布品時核對。

7.各單位自行領取送洗完畢的布品,核對數量無誤並於「布品送洗單」備註欄上簽名。

二、布品的存放標準作業程序

(一)布品的存量標準

1.一般設有洗衣房的旅館:

(1)使用中的布品(如客房內擺放中的布巾或餐廳已擺放妥善的布品)。

(2)送洗的髒布品。

(3)洗衣房洗好存放在布品間內的布品。

(4)存放在旅館倉庫全新未使用過的布品。

2.未有洗衣房的旅館:另行加上一套安全量的布品。

(二)布品的存放標準

上述存放於倉庫的布品,在放置時須注意:

1.保持先入先出的倉儲原則。

2.布品應用包裝紙或塑膠袋包裝妥善。

3.布品放置處要加蓋(布),可使布品保持新的狀況。

4.存放的倉庫應要通風、防雨、防漏、防蟲、防止陽光照射(以避免布品褪色)、避免潮濕及淹水(一般旅館的倉庫多設置於地下室,但因目前有多次颱風淹水的狀況,產生布品淹水而全數報銷的情況,應將布品類的倉庫設置於二樓以上較安全)。

三、布品報廢標準作業程序

(一)布品的使用壽命

1.布品使用的壽命是根據布料的種類、成分及編織的結構而定。

2.洗滌的過程中受損程度最大,所以一般皆以其洗滌的次數為其使用的壽命。

3.各類布品使用壽命範例:

  (1)床單全棉約一百八十至二百次、CVC及TC約二百五十次(但其會越洗越薄)。

  (2)檯布及口布全棉白色約一百五十次、全棉有色約一百八十至二百次。

(二)布品報廢標準作業程序

1.各布品使用單位發現布品破損時,應填具「報銷單」(**表11-4**)後送至布品間,依報廢程序處理。破損情況通常為:破小洞、邊及角破裂、顏色變混濁等。

2.報廢布品先行挑出集中保存,每週處理一次。

3.報廢的布品須由房務主管蓋上「報銷章」始視為作廢。

4.分類檢查報廢布品,按實際報廢布品分類統計,由布品間填列一式二聯的「布品報廢明細表」(**表11-5**),分別詳細填寫。

5.「布品報廢明細表」開列完畢,後呈房務主管簽核。

6.「布品報廢明細表」第一聯送財務部查核,第二聯洗衣房留存。

7.所有報廢布品分類包裝好,並標明項目、數量,送交財務部報廢。

8.布品類破損或嚴重染色:

  (1)每日將嚴重染色的布品類收集在一起,並做特別處理。

  (2)每日將有破洞的毛巾與布巾用品收集在一起,由房務部主管判斷

表11-4　報銷單

```
                    報銷單

部門別：_____員工姓名：_____
日期：_____時間：_____
品名：_____數量：_____
單價：_____總價：_____
事由及說明：
        _____
        _____
        _____
        _____
        _____
        _____

填表人：_____    部門主管：_____
```

第一聯：報廢部門
第二聯：財務部
第三聯：倉庫

表11-5　布品報廢明細表　　　　　　　　　　日期：_____

品名	金額	房務部		咖啡廳		前檯		健身中心	
	單位	件數	金額	件數	金額	件數	金額	件數	金額

填表人：_____　　　主管：_____

第一聯：財務部
第二聯：洗衣房

是否為可修補或可合併修改者。

(3)若是染色無法處理掉時，則探討原因，做一份報表於會議中提報檢討。

(4)若為破洞、破壞者亦做一份報表，於會議中提報檢討。

(5)填具報銷單並蓋上報廢章，報銷單須歸檔。

(6)將所有損壞的布巾類用品集中，做最後有效的利用（如車成抹布或當有工程施工時的保護墊）。

(7)每月盤點時報銷欄內數量依照所有報銷單統計而填寫。

第三節　制服管理作業流程

一、申請制服程序

(一)申請資格

　　凡是合乎旅館申請制服條件者，如新進員工、職位異動、更換制服新款式或制服報廢的員工皆可提出申請制服。

(二)申請程序

1.申請制服須由人事部門填寫一式二聯「員工制服申請單」（uniform requisition）（**表11-6**）。填明：申請日期、姓名、部門、職位、員工編號。

2.填寫完畢，交由部門主管及人事主管簽核。

3.員工將一式二聯的「員工制服申請單」送至布品間。

4.布品間人員依申請者的部門所規定的制服樣式，而決定使用備存制服或另行採購、製訂新制服，並分類處理。

表11-6　員工制服申請單

員工制服申請單
uniform requisition

date（日期）：

to: housekeeping（房務部）
from: personnel dept.（人事部）
employee's name（員工姓名）：＿＿＿＿＿　department（部門）：＿＿＿＿＿
position（職位）：＿＿＿＿＿＿＿　emp.no.（員工編號）：＿＿＿＿＿

Please issue an uniform to the above employee.（敬請核發以上員工制服為荷）

requested by（請求）：　　　　　　　received by（領收）：

＿＿＿＿＿＿＿＿＿＿＿＿　　　　＿＿＿＿＿＿＿＿＿＿＿＿
dept. head（部門主管）　　　　　　staff signature（員工簽收）

＿＿＿＿＿＿＿＿＿＿＿＿　　　　＿＿＿＿＿＿＿＿＿＿＿＿
personnel dept. （人事部）　　　　housekeeping（房務部）

original copy: housekeeping（正本：房務部）
1st copy: personnel（副本：人事部）

5.注意事項：

(1)凡是在職人員因職位異動而須申請制服時，應由人事部在人員異動前兩星期通知房務部以利控制制服的相關作業。

(2)凡是因職位異動或更換制服新款式或制服報廢而重新申請制服者，須確定沒有適合的制服可穿時才重新申請。

(三)使用備存制服處理程序

1.依申請制服者身材取出適合的備存制服交申請者試穿。

2.如果試穿不合身，在可修改範圍內，請縫補員修改。

專欄11-2　旅館員工制服設計的方向

　　旅館的員工制服的選擇及製作，需要許多部門通力合作，才有辦法達成的，其程序通常為：

一、設計

　　美工人員或制服承包廠商配合旅館各單位的裝潢特色加以設計（有些國際觀光旅館甚至請國外知名的服裝設計師設計旅館的制服）。其通常考慮的要項為：整體設計風格的搭配、公司形象的表徵及須配合主題等（如餐廳為法式料理，員工制服便要有法國式的高尚與雅緻）。

二、選擇布料與顏色

　　此階段將由採購部主管及房務部主管加入，一同選料並進行洗燙的測試後再作最後的選料。通常考量的重點為：衣料的呈現感、耐洗度及使用的壽命等。

三、量身、打版及製作

　　此階段將由各部門主管及穿制服的員工加入，各使用單位須提供使用的意見（如穿衣的舒適度及衣服的設計是否會影響其日常作業等）。

四、試穿、交貨及修改

　　員工制服必須讓員工合穿，一方面是旅館整體高貴的呈現更是管理上的重點，此階段必須由房務部布品間一同加入驗收的程序（以利後續制服的管理）。

3.領取制服時，請領收人在「員工制服申請單」內「領收」處簽名。

4.建立「員工制服登記卡」（uniform record）（**表11-7**）。填明：

  (1)部門、單位、姓名、編號、建卡日期、領收日期、制服名稱、尺
    寸大小、新或舊。

  (2)布品間人員在「布品間」處簽名。

5.在「備存制服登記本」內記錄備查。填明：部門單位、員工姓名、
  領用日期並簽名。

6.「員工制服申請單」正本由布品間留存、歸檔，副本交由人事部存
  查。

二、採購訂製制服程序

(一)資格

    凡是合乎旅館規定，如舊制服連續使用達到使用年限或已破損者、

表11-7　員工制服登記卡

日期（date）：＿＿＿＿＿＿＿＿＿＿＿＿＿＿＿＿

部門／姓名 （Dept./name）	編號 （no.）	樣式／項目 （style/item）	尺寸大小 （size）	新或舊 （new or used）	申請日期 （requested date）	離職日期 （leaving date）	備註 （statement）

布品間人員

更換制服新款式，或新進員工無適合的備存制服可用，可由布品間主管提出採購訂製新制服的申請。

(二)採購訂製程序

1.先將「員工制服申請單」暫存檔於「訂製制服檔案」內。

2.由布品間主管開列採購單。填明：申請部門、目的、申請日期、制服樣式名稱、明細、尺寸大小、需要數量、需要日期。

3.並將資料登記在「採購制服登記本」內，依所屬類別（如襯衫、裙子、西上、西下）。填明：請購日期、部門、員工姓名、制服樣式名稱、明細、數量。

4.將採購單交至房務部主管簽核，然後轉交採購部依制服採購程序辦理。

5.採購單經總經理簽核後，採購人員立即與廠商聯絡，擇日請廠商至布品間為申請人量身，並退回採購單第二聯及採購訂單。

6.在「採購制服登記本」內填上採購訂單號碼及價錢。

7.退回採購單及採購訂單暫存於「訂製制服」檔案內。

8.依採購訂單所列量身日期及交貨日期，通知制服申請人準時到達布品間量身。

9.試穿合身且無任何問題，由布品間主管簽收。

10.如發現不合身或其他故障等問題，則不加以簽收，退回廠商處理。

11.將新制服加以編號，且縫或寫在制服上，並登記在「採購制服登記本」內填上驗收日期及編號。

12.取出「員工制服申請單」，將制服交給申請人，並請申請人在申請單上「領收人」處簽名。

13.建立登記「制服登記卡」。

(1)填明：部門、單位、姓名、編號、建卡日期、領收日期、制服樣式名稱、尺寸大小、新舊。

(2)「備註」處填上制服單價。

三、更換制服作業程序

(一)資格

凡是因職務異動、更換制服新款式或制服報廢時，可提出更換制服、申請制服。

(二)更換制服作業程序

1.確定舊有制服已繳回：領取新制服時，須確定舊有的制服已繳回。

2.舊制服收回後：

(1)在申請人原「制服登記卡」上填上「繳回日期及經手人簽名」。

(2)取回原「制服申請單」，在「繳回」處填上「繳回日期及經手人姓名」，然後交給人事部門。

(3)將收繳的制服檢查其是否破損或須報廢，並依規定處理。

(4)可繼續使用的制服送至洗衣房洗滌。

(5)洗衣完畢登記在所屬種類的「備存制服登記本」內，填明：部門、單位、員工姓名、編號、尺寸、收繳日期、經手人簽名。

(6)收繳制服依種類、編號，放置於備存制服之庫存櫃內，歸位放置整齊。

3.領取新制服時：

(1)使用原「制服登記卡」。

(2)注意編號是否會變動，填上正確的編號。

(3)其他程序參考申請制服程序。

四、制服破損及報廢處理程序

(一)制服破損處理程序

1.收衣時如發現制服破損或鈕子掉落及其他破損情況，如在可縫補範圍內，視情形交給縫補員縫補。

2.如果制服已破損且無法修補者，可按實情分析申請報廢。

3.員工主動提出制服破損，布品間管理人員須視情況決定加以縫補，繼續使用或按實情分析申請報廢。

(二)制服報廢處理程序

1.報廢制服的規定：

(1)凡是合於「制服管理規定」內所定之制服報廢條件者，可提出並依報廢程序處理。

(2)制服破損且無法修補者，若未違使用年限，按實情分析申請報廢。

(3)制服破損且已達使用年限，按公司規定程序予以報廢。

(4)工作單位改變制服形式且不再合用的制服，由布品間保管時限一年（依各旅館規定而異），若超過保管時效，應呈請拍賣或報廢。

2.報廢制服處理程序：

(1)取出報廢制服的「制服登記卡」，並在卡上備註處註明「報廢原因、日期」並簽名。

(2)報廢制服加蓋「報廢」章。

(3)報廢制服集中每週處理一次。

(4)分類檢查報廢品並按實際數量開列「財物報廢單」。填明：日期、部門、單位、分類編號、制服名稱款式、單位、數量、報廢

原因、單價、總價、購置年限、耐用年限（參考制服訂製檔案資料）。

(5)「財物報廢單」填寫完畢，布品間主管簽名，然後送呈房務部主管簽核。

(6)房務部保留副聯留存，正聯交由財務部查核。

(7)將報廢制服包裝好，並標明項目、數量，送交財務部報廢。

五、員工離職收繳制服處理程序

(一)資格

著制服的所有員工，在辦理離職手續時須繳交制服。

(二)員工離職收繳制服處理程序

1.制服收繳後在「員工制服申請單」內「收回」處填上「員工姓名及經手人」簽名。

2.詳閱「制服登記卡」是否為新訂製的制服。

3.若為新訂製的制服，計算其使用期限，如未滿一年而離職者須依「制服管理規定」內所定的制服賠償辦法賠償，其辦法如下（依各旅館規定而定）：

(1)員工已訂製工作制服，如繼續在旅館服務，未滿三個月而離職時，將照訂價原價賠償。

(2)員工已訂製工作制服，如繼續在旅館服務三個月以上而未滿一年而離職時，依訂價三分之一賠償。

(3)員工遺失制服者，應自動呈報工作制服管理單位，並按其可使用價值賠償。

4.在「離職通知單」內「制服」欄處簽收，如須付制服賠償金則在單

上「應付金額」處填上「應付金額」。

5.在「制服登記卡」內繳回日期處填上「繳回日期」，布品間領班在「備註」處簽名。

6.取出「制服申請單」在「繳回」處填上「繳回日期及經手人姓名」。

7.收繳的「制服登記卡」歸檔存查，「制服申請單」送交人事部備查。

8.將收回的制服檢查是否有破損或須報廢，並依規定處理。

9.可繼續使用的收繳制服送至洗衣房洗滌。

10.洗衣完畢登記在所屬種類的「備存制服登記本」內，填明：部門、單位、員工姓名、編號、大小尺寸、收繳日期，並且簽名。

11.將收繳制服依種類編號放置於備存制服的庫存櫃內，歸位放置整齊。

六、制服送洗、分發標準作業程序

(一)制服的收洗、分發

1.將換洗制服送至洗衣房，先將待洗的制服暫時放在帆布車內，定時由管衣員送至洗衣房，確實核對「每日員工換洗制服登記表」（**表11-8**）（請注意取下口袋內物品及名牌）。

2.取出相同款式、尺寸、數量的制服交給員工，以一換一（一次限一套，不可預借，除非特殊狀況，以制服申請單為憑）。

3.分批將制服送往洗衣房清洗。

(二)委外送洗的作業

1.每日早上10:30左右布品間人員與廠商核對送交洗好的制服時，依

表11-8　每日員工換洗制服登記表　　　　　日期：＿＿＿＿＿＿＿＿＿＿

組別 \ 單位 單價	房務 件數	房務 金額	前檯 件數	前檯 金額	後勤 件數	後勤 金額	餐廳 件數	餐廳 金額	合計 件數	合計 金額
西上衣										
西褲										
背心										
領帶										
領結										
襯衣										
工作衣										
工作褲										
毛衣										
洋裝										
女裙										
上衣										
廚衣										
廚褲										
圍裙										
廚帽										
其他										
合計										
總計										

填表人：＿＿＿＿＿＿＿＿　　主管：＿＿＿＿＿＿＿＿＿

第一聯：財務部

第二聯：洗衣房

　　制服數量與登記表核對，核對正確於表上打勾以確定制服已送回。

2.如有未送回的制服，則在登記表上做上記號，並應查明原因，繼續做追蹤工作，直到收到為止。

3.核對記錄完畢，經手人員在「每日員工換洗制服登記表」內簽名。

(三)制服的整理

收到洗好的制服，應詳細檢查是否有破損、掉落鈕子、未洗乾淨，或須報廢處理，如有以上各類情形時，則依下列方式分類處理：

1. 如有破損或鈕子掉落，需做縫補以保持制服的完整狀態。
2. 如發現未洗乾淨時：先在髒處用明顯的線縫上作註記，以讓洗衣房人員知道交給洗衣房重洗，並特別以口頭交待的。在「每日員工換洗制服登記表」內用紅筆圈起並註明「重洗」。
3. 如有破損而難以縫補復原時，則按實情予以報廢處理（參考制服報廢事項）。
4. 檢查無誤，將制服依種類及編號加以摺疊或吊掛整齊歸位。

第四節　布品補充及控制等處理作業流程

一、定期盤點

1. 每月底會同有關單位主管盤點布品存量。
2. 盤點時，所有布品停止送洗及分發。
3. 盤點地點如下：(1)客房；(2)樓層備品間；(3)布品間；(4)洗衣房；(5)健身中心；(6)各餐廳及酒吧。
4. 盤點數量需仔細、確實。

二、填寫布品存貨月報表

1. 上述地點盤點完畢，分別填寫各單位的「布品盤點存量表」，填明：日期、地點、每類布品存量。填寫完畢，填表人需簽名。

2.各地點的存量報表填寫完畢，房務主管再填列布品盤點總表。

3.依據各單位的存量表歸類統計每類布品現存量，並填列「房務部布品盤點表」（**表11-9**）。

  (1)填明：日期、每單位每類布品存量的總和，及每類布品本月盤存量。

  (2)參考上月「房務部布品盤點表」、「補貨記錄本」及本月份「房務部布品報廢」，分別填入「房務部布品盤點表」內的「上月盤存量」及「本月報廢量」欄處。

  (3)計算本月應有盤存量（上月盤存量＋本月補充量－本月報廢量），並填入表上「本月應有盤存量」上。

  (4)如發現應有標準存量與實際盤點存量不符，則列為遺失量並填入表上「相差量」處。

4.填列完畢後呈交房務部主管參閱簽核。

5.另外需填寫「餐飲部布品盤點表」（**表11-10**）。

三、計算報廢率及遺失率，並與規定容許率作比較

1.計算報廢率及遺失率：

  （報廢數量÷安全使用量）×100％＝報廢率

  （遺失數量÷安全使用量）×100％＝遺失率

2.將報廢率及遺失率分別填入「房務部布品盤點表」內「報廢率」及「遺失率」欄內。

四、報廢遺失情形檢討

房務部主管審閱後，如差數超過容許範圍，應召開部門會議，找出原因，提出改進方案，並在會議記錄內記錄，並將結論發給各相關單位切

表11-9　房務部布品盤點表

日期：

樓層	小床單	大床單	枕套	浴墊	大毛巾	中毛巾	小毛巾	腳布	口布	浴袍	日式浴袍	其他
03												
04												
05												
06												
07												
08												
09												
10												
11												
12												
洗衣房												
布品間												
合計												
上月盤存量												
本月補充量												
本月報廢量												
本月應有盤存量												
報廢率												
遺失率												
本月相差量												

填表人：_____　　布品間主管：_____　　房務部主管：_____

表11-10　餐飲部布品盤點表

日期：

項目	尺寸（公分）	單位	咖啡廳	中餐廳	客房餐飲	宴會廳	其他	洗衣房	布品間	合計	標準存量
白口布	25x25	條									
杯墊布	13x13	條									
白口布	55x55	條									
紅口布	55x55	條									
白檯布	150x150	條									
白檯布	230x230	條									
白檯布	400x150	條									
白轉檯布	90	條									
紅轉檯布	90	條									
餐車巾	60x120	條									
紅檯布	150x150	條									
紅檯布	230x230	條									
紅檯布	400x400	條									
其他											
合計											

填表人：＿＿＿＿＿＿＿＿　　　主管：＿＿＿＿＿＿＿＿

實遵守。

五、補充新備品

1. 本月盤存量如低於規定的安全使用時,需至倉庫領出,儘量補足應有的安全存量。
2. 房務部主管應將布品庫存量修正。
3. 庫存的布品數量如少於安全庫存量時,則開列「採購單」請購。
4. 採購新布品時要注意:
   (1) 是否有任何新的改變,如有新開發較好使用或較利於洗滌的材質。
   (2) 各項布品質料的保證。
   (3) 布料各項注意事項。
   (4) 其他相關注意事項。

問題與討論

一、個案

　　林媽媽為常住客林總經理的母親,日前住進了一家五星級旅館乙晚,因為林媽媽生性十分節儉,所以她在遷出後帶走了旅館的大、中、小毛,該房的服務員發現後,立刻報告前檯出納,但因林媽媽已走並未當面告知,該布品已入林總經理的帳上。隔日,當林總經理辦理遷出手續時,發現帳務上的差額,所以詢問了情況,雖然前檯人員向林總經理解釋因林媽媽帶走了旅館的大、中、小毛,所以依旅館規定照服務指南之「房務部備品價目表」(room items price list)(表11-11)上的價格向客人索取相關的費用。但林總經理非常不悅,因

表11-11　房務部備品價目表

item（項目）		price（價格）
1.鬧鐘	alarm clock	NT$　550
2.菸灰缸	ashtray	250
3.腳布	bath mat	200
4.浴袍	bathrobe	1,200
5.床單（大）	bed sheet（L）	600
6.床單（中）	bed sheet（M）	500
7.床單（小）	bed sheet（S）	400
8.被套（大）	comforter / blanket cover（L）	1,300
9.被套（中）	comforter / blanket cover（M）	1,100
10.被套（小）	comforter / blanket cover（S）	1,000
11.棉花球罐	cotton ball canister	200
12.羽毛被（大）	down comforter（L）	5,500
13.羽毛被（中）	down comforter（M）	5,000
14.羽毛被（小）	down comforter（S）	4,500
15.羽毛枕	down pillow	900
16.人造盆樹	dried flower tree	2,500
17.防煙面罩	fire safety mask	1,500
18.木製水果座	fruit bowl stand	560
19.水果叉	fruit fork	200
20.水果刀	fruit knife	150
21.吹風機	hair dryer	600
22.小口布	hand towel	50
23.男用衣架	hanger（men's）	50
24.女用衣架	hanger（women's）	50
25.果汁杯	highball glass	150
26.加熱水瓶	hot water dispenser	2,500
27.冰桶	ice bucket	600
28.冰桶夾	ice tongs	120
29.象牙製浴鹽罐	ivory bath salts jar	500
30.象牙製水果盅	ivory bowl	600
31.和服	Japanese kimono	600
32.布製洗衣袋	laundry bag	100

（續）表11-11　房務部備品價目表

item（項目）		price（價格）
33.長毛浴墊	long wool bath mat	1,500
34.止滑浴墊	non-slip bathtub mat	600
35.威士忌酒杯	old fashion glass	250
36.皮製便條紙夾	memo pad	450
37.掛畫（大）	picture（L）	3,000
38.掛畫（中）	picture（M）	2,500
39.掛畫（小）	picture（S）	2,000
40.枕頭套	pillow case	150
41.電視遙控器	T. V. remote control	1,200
42.緞帶衣架	satin clothes hanger	50
43.磅秤	scale	650
44.皮製服務指南	service directory	2,500
45.鞋籃	shoe basket	360
46.鞋刷／拔	shoe brush & horn	100
47.夜床巾	foot mat	120
48.中式茶杯	tea cup & cover	300
49.茶包盅	tea container	150
50.衛生紙盒	toilet paper box	150
51.毛巾（大）	towel（L）	450
52.毛巾（中）	towel（M）	200
53.毛巾（小）	towel（S）	50
54.垃圾桶（藤製）	trash can（wicker）	550
55.垃圾桶（橢）	trash can （oval）	350
56.垃圾桶（圓）	trash can （round）	250
57.備品托盤	amenity tray	300
58.花瓶	flower vase	350
59.燙斗	iron	950
60.燙衣板	ironing broad	850
61.手電筒	flash light	500
62.檯燈	table lamp	2,500
63.客衣藤籃	wicker laundry basket	720

為他認為旅館的人員應當面告知林媽媽此項備品要索取費用，那麼林媽媽就不會帶走已讓許多人用過的布品。

當駐店經理得知上述情況後，便當場答應將此費用由林總經理的帳單上刪除，並親自向林總經理道歉，並詢問林總經理是否需要帶回一套全新的大、中、小毛回去讓林媽媽使用。林總經理在旅館誠懇的道歉下，自己也覺得理虧，答應下次住房時將會帶回此項備品還給旅館，並婉拒了旅館的贈送。

二、個案分析

此案例說明了旅館布品管控的重要性，一般而言，客房布巾品會流失的情況有：客人順手帶走及內部管理不善（如被員工帶走、房務部人員將布品他用等）。

三、案例解析

1. 房務部服務人員在整理遷出客房時，房門一打開要先行查看迷你冰箱及使用過的毛巾、床單、羽毛被、枕套及備用的毛毯等的數量。

2. 當前檯人員接獲客房服務人員來的訊息，應要很委婉地向客人解釋，旅館部分的備品是需要向客人索取費用，並詢問客人如果要帶走，旅館有全新的備品提供給客人。

3. 事件發生後，駐店經理當場判斷該房客（林媽媽）在不知情的情況下帶走了備品，而該備品並非價值高的，且林總經理為旅館的常客，為了這點小事而得罪了客人是非常不智的！所以立刻決定將帳務刪除，並提供全新的一套備品給林總經理帶回送給林媽媽，可謂是公關的高手。

四、問題與討論

　　林玉小姐為利利旅館有名的挑剔客人,她於日前住進了旅館,房務部主管特地將該房整個親自檢查後,才放心讓客人住進。但第二天早上,房務部主管即接到前檯經理來電,說明林小姐向前檯投訴,因為房務部的人員以破損的布品讓她使用。原來林小姐睡前將床尾的床單拉出,在不顯眼處發現一個小洞,非常不悅。認為該旅館號稱五星級旅館,且收費高昂居然讓客人用這種次級的備品!

Chapter **12**

商務樓層

　　隨著全球化影響，各國之政治、經濟、文化、科技、體育等往來有蓬勃的發展。其中，「會展產業」（MICE）興盛與否，更是一個國家經濟高度發展的指標。亞洲國家爭奪MICE市場的角力，近年來更是短兵相接、暗潮洶湧，愈趨白熱化。近年來，除了在MICE市場上已經占一席之地的東京、新加坡與香港之外，南韓與泰國更以實際行動宣示其正式投入國際MICE市場；台北當然不遑多讓，現在也是力爭上游。

　　所謂會展產業（MICE）是指一般會議（meetings）、獎勵旅遊（incentives）、大型會議（conventions）與展覽（exhibitions），是一種方興未艾的服務業，發展潛力高、附加價值高、創新效益高；產值大、創造就業機會大、產業關聯大。所以，除了博奕之外，會展產業被認為最能促進經濟成長。

　　職是之故，地球村商務環境的高度滲入，商務旅遊越來越頻繁，商務旅遊者相對於其他旅遊者而言，對旅館的設施和服務方面都提出了新的要求，例如：因為他們的時間和行程都安排得非常緊湊，他們要求樓層服務效率提高，隨叫隨到；在用餐方面，他們要求簡便，常常要求能提供客房送餐服務；他們要求社交和應酬活動較多，要求旅館能提供宴會的安排和組織服務；他們會舉行各種會議，因此要求旅館提供不同的會議場所及配備等相應設施，如同步翻譯系統、電子投票系統、多媒體諮詢系統等。正是為了滿足商務客人的需求，一些高檔旅館看準這股市場力量，乃設置所謂的商務樓層，以吸引高消費的商務客，另一方面也可提升旅館格調。此等樓層或謂行政樓層（executive floor），又因其管理的特殊性與獨立性而被稱為「旅館中的旅館」（Hotel in Hotel）。

第一節　商務樓層的概念與起源

商務樓層是時代需求下的產物，其設置、裝飾、服務配套較為講究，說明如下：

一、商務樓層的概念

在大型高級旅館中，常有利用客房樓層某層的全部或一部分集中設置豪華客房群來針對高消費的客人。這類客房的家具、備品都比較高檔，室內的裝飾也較為豪華。住宿的客人大多是富商巨賈、社會名流、金融大亨等。這種特定的樓層稱之為商務樓層或行政樓層。

商務樓層一般位於旅館大樓的較高層或最高樓之二至三層，或最適樓層（例如五十層高的旅館大樓中，可能設於三十至三十一層，惟這種情形不多），但不會設置在低樓層，以維持安寧及視野的美觀。至於房間數從五十至一百二十間左右皆有，只要適合客源多寡或經營幅度，房間數目並無一定規範。專門大廳設有休息室（提供書報期刊）、商務洽談室、小型會議室（可容納六至十二人）、電腦室等，英文稱為lounge，入口處有接待櫃檯，由專職服務人員負責登記遷入、結帳退房、諮詢服務、侍從隨扈（escort）等服務業務。另外，這裡還提供客人辦公室出租，為客人收發傳真、電子信函（E-mail）、影印資料文件等。在專用餐廳（executive salon）提供歐陸風情早餐，下午三至五時是下午茶服務，晚間六至七時是雞尾酒服務時間。這些場合提供的各種飲料和點心、冷熱食，一概免費。

根據此一概念，我們可以對商務樓層做如下解釋：

1.商務樓層是大型高檔旅館中設立的。

2.商務樓層是利用旅館內的一部分客房作為提供住宿設施的豪華客房群,而且這些客房一般都是集中設置的,通常都是集中在旅館大樓的上端樓層,房間數大概在五十至一百二十間左右。

3.商務樓層的客房設施高檔豪華,樓層的配套設施也比一般的樓層更加完善。

4.商務樓層的接待對象一般都是公司主管、工商鉅子、金融大亨、社會名流。隨著經濟環境的改變,旅館也歡迎一般觀光渡假的客人,只要他們願意且有能力支付較高的房租,畢竟這些人在意的是商務樓層提供的完善服務項目、體貼周到的服務氛圍和貴賓式的禮遇。

5.旅館設立商務樓層的目的是為客人提供優質的服務;另一方面也給予人一種專業、高級的感覺,從而提高旅館格調。

二、商務樓層的起源

隨著經濟的發展、貿易間的不斷交流,商務旅遊者越來越多,旅館業開始認識到商務旅遊市場的潛力和實力,著手調整其內部結構和類型以及進行服務變革,在市場銷售定位、銷售策略等方面做重大調整。為此,旅館業者推出迎合市場行銷的產品,向住商務樓層的客人提供某種特權,包括:快速遷入和結帳服務、在商務樓層的免費早餐、每日免費報紙、免費的下午茶、提供管家服務(butler service)、週刊雜誌和圖書館設施、部分免費的娛樂服務、代印中英文名片等。

這種特殊樓層進入日本旅館是1980年以後的事,它的發祥地應該是美國。在美國的大型旅館(convention hotel),為了淡化團體旅館的感覺,也為了滿足行政官員、商務人員的需求而設置了這種特殊客房,後來這種做法傳到世界其他國家及地區。

在日本,為了適應當前商務旅遊日益增多的新形勢,在全國各地

急速擴大和增加旅遊設施，主要是旅館、購物商場、洽談商務的商務中心、宴會廳等。日本著名的王子飯店集團在長崎新落成的十五層飯店提供特種服務，即保留十四層樓的客房專供女性住客或女性國際商務旅遊者使用。

美國洛杉磯的凱悅麗晶飯店為公務客人提供使用美國國際商用機器公司的電腦查尋資料。在美國邁阿密的河濱公園飯店，公務客人可以租用到含有供研究的圖書室、電腦、電子信函、傳真、翻譯以及有秘書服務的辦公室。

假日酒店集團在亞洲有四十餘家旅館，這些旅館專門為高階層散客和公務旅遊者提供標準產品。再如文華東方飯店集團的主要收入也是來自公務旅遊者。麗晶飯店集團也把市場營銷的重點放在商務旅遊散客身上，其飯店公務旅遊客人的比例已經達60%～70%。再如洲際飯店集團，在香港、東京、雪梨、新加坡和奧克蘭等城市的飯店同時開設命名為「行政要員專有服務」的項目，力求讓商界高層人士在進行公務旅遊活動時得到一切與其身分相符的服務。例如嘉賓每次抵達飯店，可以迅速入住專屬客房，使用設備完善的商務中心等，高級轎車隨叫隨到，得到無微不至的周到服務。

三、我國的五星級旅館商務樓層實例

茲舉出三家台灣相當高檔的旅館商務樓層服務實例（以下資料均取自旅館發布的資料）：

(一)HY連鎖飯店

商務樓層是全球HY連鎖飯店的重點特色之一，通常位居飯店較高樓層，提供一系列體貼入微的個人化服務以及完善新穎的各項設備，令每位

嘉賓的商務之旅倍增貼心感受！

　　台北HY飯店專屬的商務樓層──嘉賓閣位於飯店二十一至二十三樓，提供商務往來繁忙的旅客更舒適的下榻空間。住客可享以下各項禮遇：

　　嘉賓閣客房設計獨特精巧，並備有寬頻上網的網路配備，提供商務貴賓們快速上網的需求，讓嘉賓於舒適的客房內享有行動辦公室的便捷。台北HY飯店嘉賓閣樓層備有四間小型會議室，可容納六至十人，每一間都有電視、錄影機、升降螢幕、可連接網路的電話線路及咖啡機、迷你吧等會議設備，可供本樓層房客每日免費使用專業設備會議室一小時。台北HY飯店體貼出外的嘉賓，為您貼心打理每個小細節，住宿期間可享有一套西裝免費熨燙，讓您外出洽公時更顯精神朝氣。

　　位於二十二樓的嘉賓閣交誼廳整體空間設計舒適，不僅全日開放給貴賓們休憩洽商晤談之用，並免費供應歐陸式自助早餐、精緻下午茶點、晚間雞尾酒及全日供應咖啡、茶與各式酒類飲品等。

　　其他更多禮遇均專屬嘉賓閣房客，如：

1.豪華舒適的客房。
2.嘉賓閣貴賓服務專員個人化的親切服務。
3.嘉賓閣樓層內舒適快捷的登記住房及退房。
4.嘉賓閣專屬商務中心及服務中心。
5.每間客房兩條電話專線可供傳真機或數據機使用。
6.提供各國主要報章雜誌。
7.客房內迎賓果盤招待。

(二)WT酒店

　　行政樓層貴賓俱樂部提供遠勝於一般飯店樓層，頂級服務，專闢一靜謐高雅的空間，以最尊榮禮遇的服務和頂級的備品，肯定您的非凡成

就。行政樓層提供豪華、星隅和尊榮客房；視野極佳的樓層，城市風貌盡收眼底，心曠神怡。讓下榻行政樓層的您，享受賓至如歸的居家氣氛。

行政樓層貴賓獨享禮遇如下：

1.行政樓層貴賓俱樂部二樓服務。

2.嘉賓服務個人化的親切服務。

3.免費提供精緻早餐。

4.俱樂部內舒適快捷的退房服務。

5.免費提供下午茶及全日供應咖啡、茶、非酒精飲料和精緻小點。

6.每間行政樓層客房可免費使用貴賓俱樂部的三間會議室兩小時。

7.提供專屬商務中心及服務中心。

8.住宿期間享台幣五百元之衣物洗濯服務。

9.提供寬頻上網服務。

10.歡樂時光（happy hour）於每日傍晚六至八時。

11.彭博（bloomberg）即時金融新聞系統。

12.兩台電腦免費提供無限上網。

13.XBox 360電視遊戲機。

(三)SA大飯店

凡是入住SA大飯店行政樓層（executive floor）的賓客，除了享有行政樓層的特別優惠之外，都將有行政樓層管家機動性的提供各項貼心服務，以管家數（二十位）和行政樓層入住客房數（一百二十四間）的比例而言，每位入住貴賓可享受到的專業服務，遠超過其他五星級飯店所提供的規模與水準，台北SA大飯店的私人管家，堪稱頂級旗艦代表。以下為賓客享有之尊榮禮遇：

1.於行政樓層貴賓廳辦理住房與退房服務。

2.提供靜謐空間享用自助式早餐。

3.入宿期間每天享有五百元額度的免費洗衣。

4.免費於客房及貴賓廳內使用寬頻網路。

5.住房期間可免費使用行政樓層專屬之會議室兩小時。

6.行政樓層貴賓廳全日提供咖啡、茶與非酒精飲品。

7.於行政樓層貴賓廳享用下午茶及晚間雞尾酒之歡樂時光。

8.免費撥打台北市區電話。

9.提供諮詢與商務專屬服務。

10.視住房狀況提供晚退房服務。

該飯店設置專責的「行政管家」部門,從各領域尋覓優秀人才,透過專業認證的英式管家學院講師經過半年嚴格密集的專業訓練,推出「行政管家服務」(executive butler service)。相較於一般人所認知的私人管家(butler),SA大飯店的「行政管家服務」水準堪稱業界「旗鑑級」的代表,因為它是「唯一專職」、「全員專業頂級服務訓練」、「編制規模最大」的專業團隊,它所提供的服務,遠遠超過全球挑剔貴賓們的高度期待。SA大飯店的「行政管家團隊」,擁有二十位通過全球最高認證「英國管家學院」(The Guild of Professional English Butlers)嚴格訓練的管家成員,其中,男女管家的比例平均;每位行政樓層管家皆配有PDA手機和高科技藍芽配備。SA大飯店的行政管家講求「one-step service」(單步驟)的服務,房間內的電話面板上專門設立「管家按鈕」(butler button),只要住客按下管家按鈕,電話將直接轉接至行政樓層管家,節省賓客時間,同時迅速正確的完成任務。行政樓層管家也同時扮演私人助理及行動秘書的角色,為全世界政商界賓客提供個人專屬、貼心細緻的生活起居及商務服務。

「二十位管家中,女性管家占了近一半,對於女性賓客來說,如有較私密性的需求或難題,女性管家即可提供協助,讓賓客安心和放

心」。此外，每位行政管家皆配戴PDA手機，透過PDA手機確實記錄賓客的資料及行程。SA大飯店還罕見的自英國引進耗資一千六百萬、全台僅進口五部的手工限量頂級Bentley名車，內部配備頂級的手工精質按摩座椅、自動靜音式關門操控等先進配備，滿足貴賓們公務接送等需求。客戶得以心無旁騖、專注所有商旅任務，更有機會親身體驗與車界之王勞斯萊斯享有同等尊榮美譽的Bentley名車，坐駕尊榮享受，同時享受飯店所提供的各項優質服務。

第二節　商務樓層人員職責介紹

商務樓層是提供高等級產品的一種「服務品質承諾」，也是一種「服務態度的保證」，因此其工作人員必須是有相當工作經驗的優秀人選方得以勝任。

一、商務樓層經理

商務樓層經理（executive floor manager）職位基本目標與主要職責說明如下：

(一)職位基本目標

負責商務樓層日常工作有效的二十四小時運轉，建立操作程序與客史檔案，直接管理及領導商務樓層。與房務經理和客房服務中心保持良好的工作關係以確保提供給客人滿意的服務。

(二)主要職責範圍

1.透過提供微笑的優質服務，超出住客和服務團隊的期望值。

(1)做出合情合理的事情達到和超過客人期望值，為客人提供增值服務。

(2)要與客人、屬下和主管進行有效的交流。

(3)必要時，協助屬下，並與其合作，發揮團隊精神。

(4)有效的處理困境。

(5)要求達到微笑優質服務標準。

(6)履行所規定職責以提供微笑優質服務、促進團隊合作。

2.商務樓層經理要對所管轄的接待處之運作負責。

3.公平對待員工違紀處理，協助所有商務樓層員工提高工作技巧和效率。

4.快速有效地完成分配的任務。

5.運用管理技巧，提高員工工作積極性。

6.不斷地觀察屬下對客人服務情形，熱忱關注屬下工作，盡力獲得客人的認可，確保客人得到最大滿足。

7.與所有客人建立良好的公共關係。

8.向客人提供最新最準確的訊息。

9.在客人多的情況下指揮作業，有條不紊地完成工作。

10.保證商務樓層在整潔的環境下及時為客人提供服務。

11.確保為預訂的客人做好準備工作。

12.迎接VIP客人抵店及陪同到商務樓層接待處及房間。

13.與前檯（客務部）緊密聯繫得到有關商務樓層的及時準確之訊息。

14.親自接受客人的抱怨及適時有效的處理。

15.檢查每日客人預抵報表，特別是一些重要的客人、常客和主要的商務散客。

16.直接管理接待員的工作，主導為客人登記、分配房間。

17.理解、支持、協助和鼓勵所有的屬下。

18.直接向客房部經理彙報工作。

19.要協助並執行客房部經理或上級交辦的工作。

20.根據公司既定政策和措施，以高效率的態度履行一切職責，以達到部門的整體目標。

21.與所有公司員工保持良好的工作關係，以形成一個互助、和諧的工作氣氛。

22.所有行事皆以公司利益為最高考量，時刻向公眾呈現公司良好形象。

二、商務樓層副理主要職責範圍

商務樓層副理工作相當繁重，因此必須有多年的旅館歷練，感情成熟，對事情判斷敏銳、客觀，能吃苦耐勞。其直接上司為商務樓層經理，工作對經理負責；在經理公休或出缺期間則代理經理職位，茲分述如下：

1.在商務樓層經理的領導下，負責商務樓層排班管理以及日常工作。

2.準確傳達旅館及行政樓層有關各種訊息給部門員工。

3.做好每班次日常工作的安排，協助商務樓層經理對員工進行管理。

4.完成每班次報表審核工作，瞭解工作報表統計資料意義及加以存檔。

5.熟知商務樓層房型、房間狀態、客人遷入訊息以及客人的喜好情況。

6.完成本班次相關電腦作業上傳檢查工作，確保上傳數量以及準確性。

7.任何時刻瞭解旅館及商務樓層出售及房態狀況，對房間進行合理分

相關電腦作業上傳檢查工作

　　上傳相關的電腦作業系統不外乎：業務管理、客房管理、查詢統計。

1.業務管理：詳細描述為住客辦理遷入／退房手續的整個業務過程，包括分房、掃瞄證件、旅客資訊管理、退房。業務管理常用菜單（menu）有：(1)旅客核對：對辦理遷入的旅客進行資訊完整的鍵入儲存和資訊之修改、調整；(2)旅客管理：用於查看已儲存的旅客資訊（包括已遷入客人和已退房客人資訊），以及實現對客人退房手續的操作；(3)旅客退房登記：進行旅客退房。

2.客房管理：可查詢統計旅館的客房資訊（數量、規格、狀態）。

3.查詢統計：確認旅館的住宿情況和數據發送情況。

　　配，並在出現問題時及時上報給商務樓層經理。

8.完成當天遷入、退房、餐飲的服務工作，確保服務品質。

9.提前做好VIP接待的準備工作，檢查VIP房間，確保房間在最好的使用狀態。

10.做好各個部門的溝通工作，確保接待任務順利無誤完成。

11.檢查本班次員工財務帳目，確保班次內員工帳目結算清楚，符合財務要求。

12.依照商務樓層備用金管理制度，完成商務樓層備用金管理以及交接工作，確保備用金數目準確，使用合理，現金需求量大時及時申請補充備用金。

13.接待團體客人遷入時，嚴格執行商務樓層經理制定的團體接待計畫，協助商務樓層經理安排督導員工按計畫完成接待工作，並提出好的建議及意見。

14. 安排每班次商務樓層員工的日常工作，並向商務樓層經理彙報工作完成情況。

15. 按照用餐時間表與餐飲相關部門進行溝通，確保日常用餐食品酒水供應。

16. 安排員工完成客人用餐準備及餐後清理工作，並對完成情況進行檢查。

17. 完成日常盤點工作，定期對消耗量大的食品酒水進行補充。

18. 負責本班所需消耗物資用品的請領、報銷、報廢等事項，按照消耗限額的要求，最大限度的節省開支，防止浪費。

19. 嚴格按照食品衛生規定完成食品、酒水的庫存擺放以及檢查工作。

20. 對日常破損物品進行記錄，每月彙總上報商務樓層經理。

21. 檢查監督商務樓層調撥食品、酒水品質，控制成本消耗。

22. 按照日常檢查表，對商務樓層設備進行日常檢查，確保硬體設施的正常使用，出現設備問題及時上報工程維修部。

23. 保持與房務部密切聯繫，確保房間狀態訊息準確及時進行傳達。

24. 針對客人投訴及緊急情況，第一時間上報大廳經理或商務樓層經理，同時做好客人安撫工作。

25. 參加商務樓層每日交接班會議，對當天工作進行彙報，並針對商務樓層經理安排之工作進行記錄及執行。

26. 幫助本部門建立一個廣泛、完整、實用，並且以顧客為本位的標準制度和工作流程。

27. 執行部門的培訓計畫內容，針對員工的具體表現進行職位培訓。

28. 透過對員工的監督指導，使員工能有效率的完成工作。

29. 瞭解館內所有設施、服務及促銷活動，從而可以準確的回答客人對這類內容提出的問題。

30.根據工作過程中發現的工程問題、對客服務、服務員之工作表現和培訓需求、工作程序的改進等方面完成每月工作報告。

三、商務樓層領班主要職責範圍

樓層領班接觸客人較為頻繁，所以旅館商務樓層對此職位相當倚重，因此十分重視任職資格。

(一)任職要求

1.學歷：大專以上或具同等學歷。
2.經驗：有四年以上五星級旅館客房管理工作經驗或二年以上五星級商務樓層工作經驗，熟悉客房服務流程、標準，會使用旅館的電腦作業系統。
3.技能：優秀的英文交談能力，善於與客人溝通，有較強的協調、組織能力，能適當合理的為客人解決問題。
4.基本條件：女性為宜，身體健康，相貌端莊，舉止大方，三十至五十歲，身高165公分以上。
5.訓練：參加集團管理幹部班培訓且成績合格者。

(二)職責範圍

全面負責商務樓層工作，督導樓層貼身管家（butler，或稱行政管家）為客人提供住宿遷入、用餐、商務、退房離店等全程服務。

1.全面管理商務樓層的服務工作，做好貼身管家培訓和考核工作。
2.檢查行政管家的服裝儀容、禮節舉止，嚴格考核，嚴加督導執行服務程序與規範。
3.掌握VIP樓層的房態、住客的情況和必要的資訊。

4.迎接並送行每一位VIP客人，拜訪商務樓層客人，回應客人意見與建議。

5.與相關部門聯繫並協調工作，確保服務的快捷與效率。

6.及時閱讀並處理客人與商務樓層之間的信函，發現問題及時向經理報告，以便得到妥善處理。

7.保證商務樓層客房的清潔乾淨。

8.督導貼身管家做好客史檔案（guest history）工作。

9.瞭解旅館業的行政運作與公司文化，不斷精進服務技巧，提高服務品質。

10.瞭解員工動態，激勵員工，提高工作效率。

11.閱讀並填寫交接班日誌。

12.定期總結檢討工作，分析各種數據並上報。

13.完成上級其他交辦事項。

14.遵守國家法律和飯店規章制度。

四、商務樓層接待員

商務樓層接待員工作內容十分繁重，每一項工作均牽涉到非常多的細節，茲說明如下：

(一)任用條件

1.大專以上學歷，有相同職位之工作經驗，且有至少一年餐飲工作經驗。

2.能吃苦耐勞，相貌端正，頭腦靈活，個性開朗活潑，能適應輪班制。

3.具備與賓客溝通交流技巧和服務熱誠，能承受工作壓力並熟練旅館

業電腦操作系統。

4.英文達全民英檢（GEPT）中高級程度以上，或其他英文檢定相同程度。

5.熟悉相關旅館財務制度，在團隊中具有很好的協調性和服從性。

(二)工作職責

為遷入商務樓層的貴賓提供貼身秘書服務，直接服務項目有住宿登記、結帳收銀、問詢、複印、列印、傳真、收發電子信函、早餐、茶水、會議室，並協調各部共同做好對賓客的特殊服務。

(三)職責範圍

1.服裝儀容整潔，舉止大方端莊，待客禮貌殷勤，重視服務細節，關注客人。

2.瞭解旅館的企業文化、服務內容、接待動態與銷售活動等綜合訊息，為客人提供完整正確的諮詢服務。

3.遵守安全管理制度，做好住宿登記、房卡和鑰匙管理、食品衛生，關注賓客的異常表現，及時向上級反應；主動做好防火防盜工作，保護顧客隱私。

4.遵守財務制度，嚴謹的做好結帳工作，所有帳款、明細表單的數據一致而齊全，並且有清楚可查的記錄，與夜間稽核（night auditor）做好交接。

5.保持環境的整齊清潔，及時更換報刊雜誌，維持環境的安靜。

6.掌握辦公設備的性能，靈活運用以提高工作效率。能夠完成簡單的維護保養，保證設備的正常運作；能及時處理常見的故障，方便對客服務。

7.定期聯繫專業公司對設備澈底的維護保養並做成紀錄。

8.重視節能減耗，嚴格執行節約能源管理的規定，做好損耗控管並做成紀錄。

9.完整準確的做好交接班，落實各項工作尤其是客帳處理。

10.熟悉櫃檯業務流程，快速地為客人辦理遷入、登記、變更、問詢、離店等各項手續。

11.掌握電腦文書作業，熟悉一般的辦公軟體、網路瀏覽、收發電子信函、移動儲存等操作，按服務規範為顧客提供傳真、複印、打字、網路等秘書服務。

12.掌握餐飲、會議室服務的基本技能要求，為客人提供早餐、茶水、會議室等服務。

13.關心客人的特殊需求，協調各部門提供貼紙的服務。

14.能流利地使用英語與外賓交談，對外賓的疑難予以回答、協助。

15.熟悉各種突發事件的緊急應變，做好日常的準備工作。

16.關注重點客戶的需要和上級主管的要求，及時向直屬上級和相關部門反應消息，妥善完成工作，並向直屬上級報告處理結果。

17.執行並完成上級臨時交辦事項。

五、商務樓層貼身管家服務

貼身管家服務主要負責對客提供全程跟進式的服務。以「深知您意，盡得您心」的服務理念為核心。對賓客入住期間的需求進行全程的提供，針對不同客人的不同需求做好客史檔案的收集與管理。

(一)貼身管家素質標準

1.具有大專以上學歷或同等學院程度，受過旅館管理專業知識培訓。

2.具有三年以上旅館基層管理、服務工作經驗，熟悉旅館各前檯部門

工作流程及工作標準。

3.具有較強的服務意識，能夠站在顧客的立場和角度提供優質服務，能考量旅館大局之意識，工作責任心強。

4.具有較強的溝通、協調能力，能夠妥善處理與客人之間發生的各類問題，與各部門保持良好的溝通、協調關係。

5.瞭解旅館的各類服務項目，本地區的風土人情，旅遊景點、土產與特產，具有一定的商務知識，能夠簡單處理客人相關的商務諮詢。

6.具有良好的語言溝通能力，至少精通一門外語，尤其是英語。

(二)貼身管家崗位職責

1.對商務樓層經理負責，根據旅館接待活動需要，執行商務樓層經理的工作指令。

2.負責查看客人的歷史資料，瞭解抵店、離店時間；在客人抵店前安排贈品，做好抵達的迎接工作。

3.負責客人抵達前的查房工作，引導客人至客房並適時介紹客房設施和特色服務。提供歡迎茶（咖啡、果汁），為客人提供行李開箱或裝箱服務。

4.與各前檯部門密切配合，安排客人房間的清潔、整理、夜床服務及餐前準備工作的檢查和用餐服務，確保客人的需求在第一時間予以滿足。

5.負責客房餐飲的點菜、用餐服務、免費水果、當日報紙的配送、收取和送還客衣服務，安排客人的叫醒、用餐、用車等服務。

6.對客人住店期間的意見進行徵詢，瞭解客人的消費需求，並及時與相關部門協調溝通，確保客人的需求得以適時解決和安排。

7.十分瞭解旅館的產品、當地旅遊和商務訊息等資料，適時向客人推薦本館的服務產品。

8.致力於提高個人的專業知識、技能和服務品質，與其他部門保持良好的溝通協調管道，二十四小時為客人提供高品質的專業服務。

9.遵守國家法律與旅館規範、安全管理等各項制度。

(三)貼身管家的工作內容

1.客人抵店前檢查客人的歷史資料並與相關部門進行溝通協調，迎接客人的抵達。

2.客人抵店前做好房間的檢查工作及備餐室、餐廳的準備情況，準備客人的房間贈品。

3.引導客人至房間並適時介紹客房的設施和特色服務，提供歡迎茶及行李開箱服務。

4.與各前檯部門密切配合，安排客人房間的清潔、整理、夜床服務及備餐室、餐前準備工作的檢查，備妥菜單和用餐服務。

5.為客人提供客房餐飲服務的菜單、用餐服務、免費水果、當日報紙的準備、客衣送洗的收取與送還，安排客人的叫醒、用餐、用車等服務。

6.對客人住店期間的意見進行徵詢，瞭解客人的消費需求，及時與相關部門協調溝通以便落實服務。

7.為客人提供會務及商務秘書服務，根據客人的需要及時有效的提供其他相關服務。

8.客人離店前為客人安排行李、租車服務，最後送客人離館。

(四)管家服務程序

◆抵店前

1.查看與瞭解訂房情形、保留房間、查看客史記錄以瞭解客人喜好。

2.與相關部門溝通，及時妥善安排客人之喜好。

3.抵店前兩小時檢查房間、備餐室、餐廳的狀況和贈品的擺放。

　(1)房間的布置符合客人的喜愛和生活起居的習慣。贈送品也要注意
　　　迎合客人的喜好。

　(2)注意客人安全，隱私保密。

　(3)及時與相關部門溝通，確保客人的喜好得到尊重和安排。

◆ 住宿期間

1.提前十分鐘到大廳迎接客人，客人到達後做簡單介紹，引領客人至
　房間，介紹旅館設施及房間情況。

2.客人進房後，送歡迎茶及免費水果。

3.與前檯部門密切配合，安排客人的房間清潔、整理、夜床服務及餐
　廳準備工作。

4.根據客人的需求每日為客人提供房內用餐、洗衣、叫醒、商務秘
　書、用車、日程安排、當日報紙、天氣預報、商務會談、休閒安排
　等服務。

5.做好客人喜好的觀察和收集並載入客史資料，妥善處理客人的意見
　和建議。

6.做好館內各部門的溝通，滿足客人與超越客人的願望。

7.二十四小時為住店客人提供細緻、周到的服務。

◆ 離店前

1.掌握客人離開的時間。

2.為客人安排車輛、叫醒服務和行李服務。

3.瞭解客人對旅館的滿意度，確保客人將滿意帶離旅館。

◆ 離店後

1.做好客人的檔案管理：

　(1)公司、職務。

(2)聯繫地址、電話及電子郵件地址。

(3)個人相片。

(4)意見或投訴。

(5)對客房、餐飲、娛樂、習慣、嗜好等各種喜好。

(6)未來的房間預訂。

(7)名片。

2.做好客人遺留物品的處理。

(五)貼身管家房內的用餐服務流程

1.接到客人房內用餐要求後,及時將客人的飲食習慣及時反應到餐飲部。

2.根據客人要求,將點餐單送到客房。

3.根據客人的用餐人數及飲食習慣為客人推薦食品與酒水。

4.及時將客人的點菜單反應餐飲部,做好餐前的準備工作,安排送餐。

5.點餐送入房間後由貼身管家服務人員為客人提供服務。

6.注意事項與處理突發事件:服務人員當知道送餐時應先提前做好服務準備,若男客人則配男服務員,女客人則配女服務員。

(六)服務的注意事項

1.注意客人的尊稱,能夠用客人的姓名或職務來稱呼客人。

2.客人是否有宗教忌諱。

3.將自己的聯繫方式告知客人,向客人介紹管家服務是二十四小時為客人提供服務。

4.注意客人的性格,選擇相應的溝通、服務方式。

5.根據客人的特殊身分,及時與有關部門聯絡。

6.每天檢視一遍客人的行程，及時掌握客人的活動路線，並與有關部門溝通，提供準確訊息。

7.客人的浴巾、浴袍、床上用品的繡名是否正確。

8.房間的溫度及音樂聲音是否適宜地調整。

9.客人遺留衣物應洗好妥善保存，下次入住前提前放至房間。

(七)貼身管家特殊服務流程

貼身管家特殊服務流程如**表12-1**所示。

第三節　商務樓層的經營發展重點與意義

商務樓層是滿足CEO級客層的住房需求，硬體設施和軟體服務特別講究；它是住宿產品的一種包裝，也是全球大經濟環境下的服務產品，是

表12-1　貼身管家特殊服務流程表

服務項目	操作要求
客人的安全私密服務	電話：客人的特殊要求要告知總機話務及樓層主管，做好保密工作。 登記： 1.接待外國官員採取免登記的形式，需要其相關資料則與負責接待的政府單位聯繫。 2.VIP或常客住宿可免登記入房，或進房後進行登記。
行李及燙衣服務	1.行李打開：徵求客人意見後予以操作。 2.取衣。 3.熨燙：徵求客人的意見按服裝的質地及款式進行操作。 4.配套、擺掛：將客人衣服進行統一配套，按類用衣架掛好放入櫥櫃。
休閒安排	1.洗浴；2.保健按摩；3.運動；4.棋牌；5.影視DVD。
擦鞋服務	執行客房擦鞋工作流程。

各種要素組合所反應出來的氛圍，同時向消費者傳遞一定觀念的各種物質
與精神上的組合。它已是高檔旅館普遍設置的趨勢，少了它，猶如紅花缺
少綠葉的陪襯，便會黯然失色。

一、商務樓層的經營發展重點

商務樓層的接待對象是高消費能力的客人，這些客人要求細緻體貼
的服務、尊貴的精神體驗、氣氛高雅具有私密性的消費空間，針對這些特
點，其樓層的建設和經營的研究發展應多下功夫，才能真正發展商務樓層
的道路，茲敘述如下：

(一)提供豐富多彩的娛樂項目

健康與娛樂活動的策劃，是旅館商務樓層經營成功的關鍵。旅館要
充分利用其設施設備，根據客人的喜好，提供參與性、知識性、趣味性強
的娛樂活動。旅館可以根據客人的愛好、興趣、身體狀況設計「套餐專
案」，並負責客人活動中的指導與服務，例如有氧舞蹈、瑜伽、氣功、太
極拳課程等，旅館總經理也可固定於每月最後一個星期日，帶領住客爬
山、健行、郊遊以增進感情。商務樓層還可以提供康復指導人員：包括中
醫師、西醫師和心理醫師等，幫助客人解除身體上和心理上的疾病。

(二)供應健康美食

商務樓層一般都有不同風格的餐廳，包括咖啡廳、西餐廳、中餐廳
等，有裝潢別緻的用餐環境、正宗的菜餚風味、體貼細緻的服務。現在為
了迎合客人追求健康的心理，很多旅館都開設了綠色自然美食餐廳。因此
住客不僅能享受濃濃的關懷與殷勤服務，也能品嚐健康風味的美食。

(三)服務理念的創新

商務樓層應有輕鬆、自然、休閒的氣氛，服務人員除了本著主動、熱誠、殷勤之外，不要讓人有宮廷般太過繁文縟節、講究禮儀的嚴肅感，而是提供人性化的服務；以服裝而言，不一定講求國際禮儀之白黑配套服裝，只要賞心悅目，工作方便，但仍不失莊重即可。商務樓層可以在客人遷入時採「坐式登記」，在登記同時奉送免費茶、咖啡、鮮果汁等飲料，舒緩客人長途跋涉之辛勞與煩躁情緒。而服務員與客人之間是朋友式的、平等型的關係——能夠創造更加融洽的人際關係，對於客人來說也是一種高層次、特別的感受。

(四)服務方式的創新

「包價式」（一價到底）的新方式。即一次性付清費用後，在住宿期間包括住宿、餐飲、娛樂、健身等所有費用（極少數項目除外），免去為每一次消費付款的煩惱，從而使住宿客人達到澈底放鬆的目的。除此之外，入住商務樓層的客人可享受旅館提供的管家式服務，包括旅館派車到機場接送客人，負責為其辦理遷入登記手續，提供特色餐飲活動，安排娛樂節目，指導健身運動，提供導遊解說和購物諮詢等一系列服務，讓客人不必操心，享受輕鬆悠閒的樂趣。可以預見，在二十一世紀，「包價式」的方式，將成為入住商務樓層客人的新選擇。

二、商務樓層的經營發展意義

旅館發展商務樓層具有多方意義，茲敘述如下：

(一)給旅館帶來高效益

商務樓層的客人消費水平較高，是一種帶動性較強的組合消費，具

有較大的乘數效應，彈性係數也相對較小。這些客人對旅館留下好印象或有過愉快的經歷，便有可能成為這家旅館的常客；再者這類客人的信譽良好，多採現金、刷卡和旅行支票支付房租，極少拖欠款項和跑帳現象。對旅館來說，接待這類客人經營風險較少。另一方面，商務樓層裝潢費用、設施、備品等成本較高，且商務樓層的客房價格比一般樓層的客房價格高，因此通常不給打折扣，也大大提高收益。

(二)滿足客人對此類客房日益增長的需求

目前全世界公務旅遊的比重占55%，私人旅遊占45%。以我國情況而言，按交通部觀光局統計，2012年來台人數為7,311,470人，創新高紀錄，商務有關之旅客逐年增加，住客對商務樓層的需求，也水漲船高。

商務樓層的功能齊全，不僅為住客提供方便和安全的通訊系統，而且通常還提供各種會議場所、餐飲、娛樂、商務中心等服務系統及其他特約服務，使住客的人身、財產安全更有保障，住宿更為方便、舒適，環境更為安靜優美，足不出戶即可辦好想要辦的各種事情。這一切正是公務客人所追求的，隨著公務旅遊人數的不斷增長，對此類樓層的需求也不斷提高。

(三)給旅館引入極至的服務

商務樓層提供客人個性化服務，要求旅館盡可能蒐集客人各方面的訊息，以提供客人滿意的服務，要求商務樓層的員工個性開朗，熱心助人，敏於觀察，工作耐心，彬彬有禮。客人從他們的眼睛裡感受到親切、誠懇、熱情和自豪，他們的服務是上乘的。沒有客人的要求在此是做不到的，只有客人想不到的，旅館員工總能給他們意外的驚喜。

(四)提高旅館智慧化的程度

　　入住商務樓層的客人對高科技的要求越來越高，迫使商務樓層的客房勢必裝置高速上網設備，將電話、電視與資訊存取融為一體，提供語音、數據和視訊服務，從而提高旅館總體智能水準。隨著網路技術的發展，商務客房將寬頻IP網和IP電視直接連入每一間客房。旅館的客房將成為ON LINE ROOM（線上客房），具有INTERNET介面；同時將調整桌子的高度，以便於客人商務辦公使用。使用電子控制客房MINI吧。在旅館的各消費場所使用聯網的電腦終端，不斷彙總客人在各個場所的消費金額，並透過電腦系統掛帳至客人的帳戶裡，而提高了結帳的效率和準確率。如假日酒店的LANMARK系統就具備了這個功能。客房服務員檢查好MINI吧後，可以利用客房電話機輸入代碼，將客人消費MINI吧的有關資訊直接透過電話線路傳輸到客人帳戶裡。這樣，前檯員工就可以騰出接聽電話的時間專心接待客人了。國外一些旅館的MINI吧還具有類似自動售貨機的功能可以自動記錄客人的消費量，並直接掛帳至客帳中，而無需客房服務員再去檢查。旅館客房採用多功能紅外電子遙控器來取代固定在床頭櫃上的控制台。這種電子控制器可以對客房裡的照明燈具、音響、電視機、空調、窗簾等進行全方位遙控，它可以拿在手上，使用起來非常方便。

問題與討論

一、案例

當乘坐的飛機還在空中盤旋，你的習慣、愛好已經被「他」掌握；你一天中最早見到的人是「他」，晚上不論多晚回來，「他」都在等待；「他」幫你訂餐、訂車、訂票，「他」對當地的各種娛樂活動、餐飲地點瞭若指掌，適時推薦；如果你有需要，「他」可以臨時充當秘書或翻譯……有這樣一個「他」在身邊，不但你的生活無後顧之憂，而且一種尊貴感也會油然而生。這個「他」就是目前國內外一些高星級飯店推出的「飯店管家」，上面的場景正是這項服務力求達到的境界。

不過，享受過飯店管家服務的人普遍表示滿意。筆者朋友，律師尤先生體驗過許多不同的飯店，他說：「一圈走過來，對服務感受最深的還是國內的五星級飯店。日本的飯店不分星級，服務不錯，但房間空間比較侷促；歐洲的飯店人力成本高。倒是在台北的一家高檔飯店，住宿一週內享受過『管家服務』，管家會把洗乾淨熨燙好的衣服送來，外出訂票無需操心，非常的人性化。」

二、評析

雖然客人表示滿意，但是業內人士仍有自己的看法。

小王是一位資深飯店管理人，他說：「真正的管家服務最大的特點就是能夠針對客人『量身定制』，服務的範圍不只在飯店內部，而是在整個城市，但真正能做到這點的飯店並不多。這主要有三點原因，一是『管家』從業人員的培訓還不夠完整，比如某位客人只鍾愛某年份產的葡萄酒，管家卻不具備相關專業的鑒賞能力；二是勞動力成本的增加讓飯店望而卻步，尤其是當前的經濟不景氣中，飯店更是

從各方面節省開支；三是能夠享受得起管家服務的只是金字塔最頂端的人，而在目前的情況下，大部分公司主管出差旅行更希望低調一些。更深層次的原因就是，目前國內管家服務賴以生存的市場並不是很成熟，比如人們對『管家服務』帶來的身分象徵的理解不深刻。」

儘管國內的管家服務不成熟，但是業內人士對其發展前景都持樂觀態度，他們在強調服務品質是飯店生存發展的生命線的前提下，認為管家服務將是飯店未來發展的努力方向。

三、問題與討論

「相比於國外昂貴的人力成本，我們有一定的優勢，所以在服務的細緻度和人性化方面，國內飯店做得都不差。」台北一家飯店的資深經理表示。

但是提到管家服務的特色化，國內飯店就明顯不足。比如西班牙的一家香格里拉大飯店，當地有滑雪的獨特優勢，飯店就培養了專門的「鞋子管家」，他們把遊客的滑雪靴清洗、殺菌、烘乾、擦亮，然後把靴子放回到客人的房間，以供客人不時之需。在里茲卡爾登波士

頓公共綠地飯店，有專門的「沐浴管家」，他們能夠根據客人不同需要提供不同的香薰療法，還有專門的「皮膚曬黑管家」，為喜歡古銅色皮膚的客人提供建議和幫助。

高檔飯店商務樓層的貼身管家櫃檯

Chapter **13**

健身中心的作業與管理

　　旅館為因應顧客多方面的需求及健康已成為所有經常旅行的客人所重視，除了應有的客房、餐飲等服務外，越來越多的國際觀光旅館在內部設置健身房、健身中心或健身會員中心來吸引更多客人的青睞。一般而言，設置健身房、健身中心的旅館會依其規模來設定其單位的部門管理歸屬，目前多數的國際觀光旅館將健身中心配置於房務部門，不外乎利於清潔、保養及布品的管理，但也有較具規模者成立會員中心，除提供旅館住宿客人使用外，更對外招收會員，如此就必須要單獨成立會員部門（如會務部），以利各項會務的推動及管理。本章中將針對國際觀光旅館一般性的健身中心管理、維護及清潔說明各項作業標準。

第一節　健身中心職掌說明

一、健身中心職掌說明

　　1.負責建立健身中心會員客戶檔案資料。

　　2.負責處理及答覆顧客的抱怨及意見。

　　3.擬定電話訪問接洽客戶對象及相關內容。

　　4.負責迅速處理及答覆顧客訂餐（此項將不在此章說明）、預訂三溫暖、SPA專用房等相關業務有關事項與傳真。

　　5.負責建立旅館與住客及會員間的公共關係，確認所提供服務令客人滿意。

　　6.配合行銷業務部編列預算訂定計畫，定期或不定期舉行會員活動，與客人保持友好關係。

　　7.負責住客與會員預約各項健身設施、使用設施時的接待及結束後的結帳等事宜。

8.負責健身中心內各項設備的清潔、維護及保養的例行作業。

9.其他健身中心管理的相關事宜。

二、健身中心的編制及組織架構

健身中心的編制及組織架構，見**圖13-1**。

三、各級人員任職條件及職掌說明

(一)健身中心主任（health center supervisor）

◆任職條件

1.工作時間：八小時／天，休假依勞基法規範。

2.對誰負責：房務部經理／副理。

3.相關經驗：二年以上旅館健身中心管理經驗。

4.年齡限制：二十四至四十五歲。

5.工作能力與專長：英或日語流利，擅長健身中心工作處理及服務住客及會員。

6.工作職責：負責健身中心的清潔與保養、服務及管理相關人員。

7.儀表要求：端莊、溫和有禮、主動積極、口齒清晰。

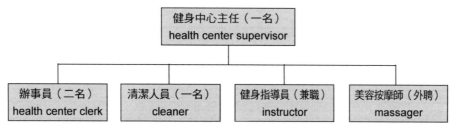

圖13-1　健身中心單位組織圖

8.教育程度：高職以上程度。

9.工作性質：初級領導、指導人員工作、管理健身中心內所有器材、服務客人、人手調動。

10.體位要求：體健耐勞，無傳染病。

◆職掌說明

1.每天上班時應首先查閱房務部辦公室的工作記錄簿，立即處理主管交待事宜。

2.妥善安排當日人員的工作。

3.建立標準作業程序，督導所屬依標準規定清潔及整理健身中心。

4.檢查每一個設備的使用狀況，並報告房務部辦公室。

5.檢查所有的公共區域，並對需要的請修事項填寫請修單。

6.正確的指導服務員進行為客服務，瞭解客人習性，以及客人對所提供的設備、服務是否滿意，如有任何抱怨，當迅速處理並向經、副理報備。

7.負責每月財物的清點，嚴格維護財物的耗損量，使能降至最低程度。

8.瞭解所屬的工作情形及生活狀況，並加以考核。如發現有異，予以合理疏導或報告主管處理。

9.負責安排訓練及協助員工工作，並向主管作正確報告有關其員工的工作及反應能力。

10.負責與各項設備的廠商保持密切聯繫，以備各項突發狀況的解決。

11.於淡季時安排人員休假及中心保養事宜。

12.應熟悉本旅館各項服務項目及營業項目價格，以備住客及會員的詢問。

13.遵守公司規定，參與相關訓練會議及活動。

14.負責訓練員工對消防常識的認知、器材的使用及緊急狀況處理。

15.上級臨時或特別交辦事項。

(二)辦事員（health center clerk）

◆ 任職條件

1.工作時間：八小時／天，休假依勞基法規範。

2.對誰負責：健身中心主任。

3.相關經驗：一年以上旅館健身中心經驗。

4.年齡限制：十八至四十五歲。

5.工作能力與專長：具服務顧客及一般行政工作能力，諳英或日語。

6.工作職責：負責整理服務客人，隨時保持健身中心清潔，保管中心內部財務完整及放置適當位置。

7.儀表要求：端莊、溫和有禮、主動負責、口齒清晰、體壯。

8.教育程度：高職以上程度。

9.工作性質：瞭解健身中心各設備使用最新狀況，注意客人動態及適時地清理環境，保持中心雅靜整潔，注意住客動態。

10.體位要求：體健耐勞，無傳染病。

◆ 職掌說明

1.負責接聽預約電話，並清楚地登記在各項設備使用表上。

2.負責接待客人，並提供旅館健身中心的各項服務。

3.負責分配及登記更衣室的鑰匙，並提醒客人貴重物品勿置放於內部。

4.處理一般行政事務。

5.記錄各項設備使用登記。

6.記錄及填寫緊急和一般修理申請表。

7.一般日常健身中心用品及布品、辦公室用品的申請及保管。

8.接受客人服務要求的電話，立即轉知各相關部門辦理。

9.新出現的任何情況報告主管或上級主管，緊急者應立即處理。

10.應熟悉本旅館服務項目、營業項目及價格、各部門職責，以配合服務住客及會員。

11.處理住客及會員各項結帳及簽帳事宜。

12.上級臨時或特別交辦事項。

(三)清潔人員（cleaner）

◆任職條件

1.工作時間：八小時／天，休假依勞基法規範。

2.對誰負責：健身中心主任。

3.相關經驗：一年以上旅館公共清潔相關經驗。

4.年齡限制：十八至五十五歲。

5.工作能力與專長：擅長擦洗工作，善用各項清潔劑，男性會使用打蠟機。

6.工作職責：負責旅館健身中心內各項設備、辦公室的清潔維護工作及臨時性工作。

7.儀表要求：整潔、有禮、主動負責。

8.教育程度：小學以上程度。

9.工作性質：擦地板、窗門家具、洗地毯、洗廁所等。

10.體位要求：體健耐勞，無傳染病。

◆職掌說明

1.旅館健身中心內區域的環境及各項設施的清潔維護工作。

2.健身中心辦公室的清潔及維護工作。

專欄13-1　目前最熱門的自然健康療法──SPA

　　台灣的休閒產品，由早期的都會型健身房到三溫暖及按摩浴池，前陣子流行的水療法，目前的當紅炸子雞應屬SPA，但究竟什麼是SPA？

一、SPA的由來

1. SPA一字源於拉丁文solus por aqua，solus＝健康，por＝經由……，aqua＝水，其實，就是經由水來產生健康。
2. 位在歐洲比利時所屬阿德南斯（Ardennes）森林區中有個小鎮叫SPA，古羅馬時，居民發現此處湧出了許多自然的泉水，且鹽分極低，無礦物雜質，不管是飲用或用來泡浴對人體均有很大的益處。
3. 其實，西元前三、四百年，希臘的文獻上便記載著，已有希臘醫師提出水療法可以預防疾病；而歐洲是最早有水療概念的，西元前五百年的文獻記載，海水能夠刺激神經，十五世紀前後，比利時的列日市旁出現了含有礦物質的熱溫泉區，居民均用此來治療疼痛與疾病，可說是現代SPA的發源地。
4. 目前SPA在市場上的意義已從「一個蘊藏泉水的地方，人們以泉水來治療疾病或改善身體健康狀況」的單純原意，轉化成「一切對身體、心理、靈魂有正面助益的結合」。

二、SPA的發展

1. 最初SPA是一個蘊藏礦物泉水的所在，意味著有溫泉的地方，人們利用湧出的泉水治療疾病或改善健康狀況。
2. 發展至在做SPA的各項療程時，一定會有輕鬆的大自然音樂，而空氣中也會瀰漫著淡淡的花草香氛。
3. 近數十年來的SPA發展，已提升到以休閒為主要訴求，發展成

結合按摩、美容、水療的複合式休閒中心,有的也將健身房納入其中,成為涵蓋更廣的休閒中心。

4. 目前在台灣的市場中,在國民所得提高而重視休閒生活的今天,SPA已自傳統中蛻變而蓬勃發展,也漸漸引進國外流行的海水浴、塑身美容、精油減壓、運動水療等。

5. 台灣的國際觀光旅館也有業者引進最新的設備及開發相關的療程,在五星級旅館的包裝下,豪華、隱密高級的享受,自然吸引了許多消費者的眼光。如於西元2001年才正式開幕的台北長榮桂冠酒店,即推出高級自然SPA的各項設施,更以自然能量的四大系列療程(身體之美、水漾之旅、身心解壓、五感美妍)來號召喜好SPA的住客及會員。

三、SPA各項療程介紹

1. 在許多療程上,一定要有水的療程,才能被稱作是SPA,具有多處噴口的按摩浴缸、各種大小壓力的水柱噴頭、三溫暖箱基本配備等等,再藉由水的撫觸後,美療師再進行身體的各種按摩,達到通體的舒暢感。

2. 在都會型的SPA健身中心,因顧客可以運用的時間較少,所以便有day SPA的產生(水療部分較少)。

3. 目前在旅遊市場最受顧客歡迎的不外是巴里島的各式療程:

(1) 芳香油精按摩:可以治療生理的疼痛,所使用的香油係從植物提煉而成,有鎮定與改善情緒的特殊效果,植物萃取物大都取自巴里島當地原生植物。如赤素馨花、生薑、檀香木、椰子以及巴里島咖啡豆等。

(2) 精緻設計的各種綜合療程:

· 三溫暖及按摩浴池、全身去角質、精油頭皮按摩、精油礦泉浴或牛奶浴、精油全身按摩、深層臉部清潔護理、精油手指腳趾修護等。

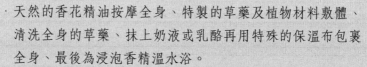
- 天然的香花精油按摩全身、特製的草藥及植物材料敷體、清洗全身的草藥、抹上奶液或乳酪再用特殊的保溫布包裹全身、最後為浸泡香精溫水浴。
- 全身深層去角質：利用巴里島傳統藥草溫和去除角質，幫助去除老舊壞死角質細胞，促進血液循環，增加細胞再生能力。
- 全身舒體精油按摩：利用植物提煉的精油做全身按摩，可澈底放鬆全身肌肉經絡，並可幫助睡眠。
- 芳香花瓣浴：浸泡於充滿花瓣的浴缸中。
- 招待特調薑茶：結束療程業者會提供熱薑茶，促進氣血循環，為SPA療程畫上最佳句點。

3.客用及員工用男女廁所的清潔維護工作。

4.其他臨時交待清潔、維護及搬運工作。

5.遵守旅館一切規定，參加有關訓練、會議及活動。

6.其他臨時或特殊交辦事項。

第二節　健身中心管理作業流程

一、營業前的準備工作

(一)早班人員

1.至前檯櫃檯領取各式中英文報紙各一份及當日住客名單。

2.打開入門、電燈及電腦。

3.打開室內溫度調節器至適溫。

4.檢查各項設備預約本（**表13-1**），以利安排相關場地及人員。

5.打開三溫暖（sauna）、蒸氣浴（steam）及按摩浴池（jacuzzi）等
的設備溫度調節器至旅館規定的各種溫度。

6.詳閱「工作記錄簿」上是否有特別注意或交待事件，並視情況立即
處理且簽名。

7.依「每日工作檢查表」上所列項目，清理環境及補充必要的用品或
備品。

(二)晚班人員

1.至前檯櫃檯領取晚報一份。

表13-1　健身中心各項設施預約本

日期：　　年　　月　　日星期

設施名稱 時段	SPA 按摩室(1)	SPA 按摩室(2)	按摩 浴池	個人 蒸氣室	回力 球場	乒乓 球室	電腦 揮桿室	撞球室
07:00-08:00								
08:00-09:00								
09:00-10:00								
10:00-11:00								
11:00-12:00								
12:00-13:00								
13:00-14:00								
14:00-15:00								
15:00-16:00								
16:00-17:00								
17:00-18:00								
18:00-19:00								
19:00-20:00								
20:00-21:00								
21:00-22:00								

2.檢查各項設備預約本，以利安排相關場地及人員。

3.詳閱「工作記錄簿」上是否有特別注意或交待事件，並視情況立即處理且簽名。

4.依「每日工作檢查表」上所列項目檢查，如有不潔之處，則立即清潔，並補充必要的用品或備品。

二、服務客人流程

(一)寒暄問候及引導

1.見到客人進門時、聽到客人開門聲或聽到客人按呼叫鈴時立即前往迎接，親切的與客人寒暄、問候，如為熟識客人（如會員或常住客）應立刻喚出客人大名。

2.禮貌詢問客人，瞭解客人來意後，須提供適切服務。

3.如為第一次來客，應帶領客人參觀本中心的各項設備設施，並加以詳細解說使用方法、使用時間及其用途，然後依客人指示，提供親切適當的服務。

(二)引導客人做使用前準備

1.凡對使用健身設備的客人，在使用前應帶領客人至更衣室，做健身前淋浴更衣準備工作，並提供下列服務：

(1)如客人未著運動服則取出適當尺寸大小的運動服及運動鞋給客人。若旅館未提供此項設備，應在服務指南中說明使用健身中心的客人必須自行穿著運動服及運動鞋。

(2)將浴巾及更衣鑰匙給予客人。

(3)向客人解釋如何使用更衣櫃。

2.問清楚客人是否有預約，若有預約時，須查明該設施是否有其他客
　人使用中，若客人預約為SPA或按摩，則必須確認兼職或外包按摩
　師或美容師是否已到。

3.在給予客人浴巾及更衣櫃鑰匙時應問明客人房號或會員卡號碼。

4.離開更衣室前問客人有無任何問題，如無問題則說聲謝謝後離開。

5.回到接待桌，將客人房號或會員卡號碼記錄於健身中心使用登記表
　上空白處，並以電腦查明客人姓名登錄上去，以方便叫出客人大
　名。

(三)客人使用設備中作業

1.依客人使用時間，以「使用時段中」記錄於健身中心使用登記表內
　適當格內，如為持會員卡的會員並在所屬格旁註明姓氏，以瞭解每
　段時間使用情形及會員使用情形。

2.客人淋浴更衣完畢，依客人先前指示，帶領客人至健身中心並視情
　況解釋設備使用方法及應注意事項，且提供適切的服務。

3.客人使用健身設備時，適時陪伴客人並提供服務，在適當時機下推
　銷飲料，提供餐飲服務。

(四)客人使用完設備作業

1.客人使用健身設備完畢，詢問客人是否需要按摩或SPA，並安排該
　項服務後續工作。

2.客人休息期間，如時機適合下陪其聊天，並問其對本中心的服務、
　設備是否滿意，是否有任何建議等，且將意見記錄於「工作記錄
　簿」內，反映上級知道。

3.請客人於登記本上顧客簽名處簽名。

4.客人離開時，親切歡送並祝客人愉快，歡迎下次光臨等用語。

三、客人使用各項健身設備應注意事項

(一)三溫暖

1. 客人如有交待使用時間，則記錄於備忘紙上，並隨時注意時間，時間到時立即敲門通知客人。
2. 如果客人希望能儘速流汗，應替客人將水澆在三溫暖機器的石頭上或槽內並告訴客人如何使用，客人在蒸浴時可自行使用。
3. 如為第一次使用三溫暖的客人，應建議客人一次蒸浴的時間不要過長，最好短時間內能出來休息一會後再進去蒸浴。

(二)超音波浴池

1. 建議客人最好著泳衣且先淋浴清潔身體後才下水。
2. 客人下水後，問客人水溫如何？如不滿意則依客人喜好調至溫度滿意為止。
3. 客人在泡水時，可藉機適時推銷飲料。
4. 客人起來之後，問客人需要按摩或SPA嗎？並介紹說明本中心按摩及SPA指壓的療程及其優點。

(三)各項健身器材

1. 建議客人在使用各種健身器材前最好能做暖身運動。
2. 如有不知器材使用方法的客人，親切的解釋其使用操作方法。
3. 若時間允許，應適時地站在客人附近，隨時注意客人並提供適切服務。
4. 客人運動當中或運動完畢發現客人流汗，立刻傳遞毛巾，並問客人要不要喝些健康飲料或冰水等。
5. 客人健身當中於休息室中休息時，儘量避免吵到客人。

(四)SPA按摩室

1. 相關器材不可隨意碰觸，應由專業的按摩師親自操作，若其忙碌時，應協助其準備各項用品。

2. 客人作SPA療程中除有重要或緊急情況，否則一律不可打擾客人。

3. 若療程中有提供飲料時，應於適當時間（或由按摩師通知），通知客房餐飲部事先準備並於療程結束前端至按摩室內。

四、按摩、指壓或SPA服務及相關帳務處理程序

(一)客人衣著應注意事項

1. 凡被按摩、指壓或SPA的男客須請其著短運動褲，女客則提供浴袍或大毛巾並請其穿妥。

2. 請客人於更衣室換妥衣服，並請客人於按摩、指壓或SPA室內等候。

(二)按摩、指壓或SPA服務程序

1. 著衣完畢，請客人趴在床上。

2. 如為男客尚須為其蓋上大毛巾。

3. 問明客人希望按摩、指壓時間為半小時或一小時，SPA服務則問明客人需要何種療程，並解釋各療程間的差別及再次說明各項收費標準（以避免客人因不瞭解而產生消費糾紛）。

4. 請兼職或外聘的按摩師或美容師為客人服務。

5. 按摩、指壓或SPA服務期間不可與客人聊天，使客人得到充分休息。

6. 按摩、指壓或SPA服務時間到了，應以電話與兼職或外聘的按摩師

或美容師聯絡，並提醒其服務的客人是否要繼續，並為其查清楚各場地預約的情況，以利控制各場地的運用。

7.填寫「雜項消費傳票」（miscellaneous charge voucher）（**表13-2**）一式三聯，並填明：日期、金額（依各項服務收費標準填寫）、說明（按摩、指壓或SPA服務）、備註（兼職或外聘的按摩師或美容師姓名）。

8.客人更衣完畢，客人出來後，請客人在「雜項消費傳票」上適當格內填上房號、名字或會員號碼並簽名。

9.兼職或外聘的按摩師或美容師查核傳票填寫無誤後則在傳票上「簽核」處簽名。

表13-2　雜項消費傳票

□ miscellaneous charge voucher □ cash paid out voucher □ credit voucher		編號：
房號（room no.）	姓名（guest name）	
日期（date）	金額（amount）	
說明（explanation）		
顧客簽名 （guest signature）	出納 （cashier）	簽核 （approved）

10.客人離開後，立刻電告櫃檯按摩、指壓或SPA客人的姓名、房號及金額，傳票則暫放抽屜內以為晚上登帳依據。

11.更換按摩、指壓或SPA房使用過的床單、大毛巾、面巾及浴袍（各項器材則由兼職或外聘的按摩師或美容師負責整理），並依規定鋪設整齊。

五、客人點叫餐飲服務程序

(一)若客人所點的飲料為本中心吧檯冰箱內飲料時

1.取出所點的飲料在客人面前開瓶，並倒入適當杯內服務客人。

2.若為住客時，立刻電告櫃檯「客人房號、姓名、飲料名稱、數量」直接入帳，帳單由櫃檯直接開立。

3.若為會員時，請會員於消費簽單上簽名並寫下會員號碼。

(二)若客人所點的餐飲為本中心無法提供時的作業程序

1.立即電告客房餐飲部，告知「房號或會員號碼、姓名、餐飲名稱、數量」，並請儘速送上。

2.餐飲服務部將餐飲及發票或簽單送上時，先請客人在發票上或簽單上簽名，然後將餐飲服務客人。

3.將所點的飲料數量，記錄於Health Center-Customer Record表內的「餐飲消費」欄內。

4.客人飲食完畢，立即收回使用過的餐具、杯子，並加以清洗歸位，如屬餐飲服務部的餐具、杯子，則送至樓下，餐盤架上整齊排列，以待餐飲服務部人員定時來收取。

圖13-2　健身中心──烤箱

資料來源：圓山大飯店提供。

六、環境及健身設備器材的清潔及維護程序

(一)接待室

◆每日清理項目

    1.入口玻璃門的擦拭。

    2.所有家具的擦拭（如沙發、桌、椅、櫃子、茶几、電話、電視機、檯燈、踢腳板等）。

    3.垃圾桶的清理。

    4.桌上雜誌的整理。

5.所有盆景、花澆水及枯葉等的整理。

6.地毯的吸塵。

◆**每星期定期清理保養項目（由清潔人員負責）**

1.冷氣機濾網。

2.落地鏡擦拭。

3.百葉門、牆的清理。

4.男女更衣室。

(二)健身中心內各室的整理及各項備品的補充

◆**一般性的整理項目**

1.淋浴間的清潔及用品的排放、補充。

2.衣櫃、鞋櫃的清潔及櫃內物品的排放及補充。

3.地板的清潔（由清潔人員負責）。

4.抽水馬桶及抽風機的清潔（由清潔人員負責）。

5.垃圾桶內垃圾的清理。

6.化妝檯、吹風機、鏡子的清理及用品的排放及補充。

7.磅秤的清理。

8.百葉窗的清潔（由清潔人員負責）。

◆**三溫暖室**

1.每日清理一次。

2.清理內容如下：

(1)木製坐板、木門。

(2)機器。

(3)淋浴。

(4)抽風機。

(5)蒸氣室的玻璃門。

◆指壓、按摩及SPA室

1.每日清潔項目：

(1)地毯。

(2)指壓、按摩床。

(3)電話、茶几。

(4)各項機器外表的擦拭。

(5)衣櫃。

2.每週定期清理項目：

(1)踢腳板。

(2)百葉門。

(3)冷氣機。

(4)牆。

◆超音波浴池

1.每日早晨清洗浴池，清洗時先將水放掉部分，然後用清潔劑、刷子清洗。

2.每日上午十時開始放水，直至放滿為止。

3.每星期用水酸劑澈底清潔及消毒。

4.浴池外圍的地板，每日用拖把擦拭乾淨。

◆健身中心健身區、櫃檯區及辦公室

1.每日用銅油擦亮銅器部分器材，不鏽鋼油擦拭、電鍍及不鏽鋼器材並於清理完畢後將器材歸位。

2.地毯每日用吸塵機吸塵乾淨。

3.所有花木定期澆水。

4.吧檯內外每日整理乾淨，物品依規定位置排放整齊，水杯、刀叉等

物須每週送至餐務部門作定期的保養。

5.電話、音響、電視每日擦拭乾淨,電視必須同時檢視遙控器是否運作正常、乾電池是否須更換。

6.吊扇每星期定期清潔乾淨。

7.地板每星期清洗一次,視情況請清潔人員打蠟。

8.所有內面玻璃、鋁門窗一星期定期擦拭一次(由清潔人員負責)。

◆陽台(由清潔人員負責)

1.每日擦淨陽台內的桌椅、涼椅、太陽傘。

2.每日清洗淋浴室及更換補充用品。

3.花木及盆栽適時澆水。

4.清掃落葉花瓣或用吸塵器清潔。

◆倉庫

每週清理下列項目:

1.地板。

2.櫃子。

3.器具擺置。

4.飲水機。

除了定時清潔維護之外,凡平時發現上述項目有任何不整潔的地方,應立刻清潔及維護,隨時保持健身中心的環境及設備器材處於完整、清潔狀態。

凡發現任何設備有損壞或故障,則立刻開列「請修單」,交予工程部修護。

凡屬清潔人員所屬部分,如有不潔之處,應隨時與負責的清潔人員聯絡處理。

七、健身中心布品類的換洗及領取程序

(一)換洗程序

1.詳細點數欲換洗的布品類，並將各類布品數量填寫於「健身中心布品送洗單」（**表13-3**）內。

2.持健身中心布品送洗單及欲換洗的布品至洗衣房換洗。

(二)領取程序

1.領回相同數量的布品，尤其是本中心專用運動衣褲、浴巾、衣服、床單等，務必如數領回。

2.如有未如數領回的布品，則於下午三時以後至洗衣房領取。

表13-3　健身中心布品送洗單

<table>
<tr><td colspan="4" align="center">健身中心布品送洗單
日期：_____</td></tr>
<tr><th>名稱</th><th>送洗量</th><th>點收量</th><th>備註</th></tr>
<tr><td>小床單（single sheets）</td><td></td><td></td><td></td></tr>
<tr><td>枕套（pillow cases）</td><td></td><td></td><td></td></tr>
<tr><td>腳布（bath mats）</td><td></td><td></td><td></td></tr>
<tr><td>浴巾（bath towels）</td><td></td><td></td><td></td></tr>
<tr><td>中毛巾（face towels）</td><td></td><td></td><td></td></tr>
<tr><td>小方巾（hand towels）</td><td></td><td></td><td></td></tr>
<tr><td>腳墊布（foot mate）</td><td></td><td></td><td></td></tr>
<tr><td>口布（napkin）</td><td></td><td></td><td></td></tr>
<tr><td>浴袍（bath robe）</td><td></td><td></td><td></td></tr>
<tr><td>運動服（jogging suit）</td><td></td><td></td><td></td></tr>
<tr><td colspan="4">第一聯：送洗單位
第二聯：布品間
第三聯：洗衣房　　　　　送件者簽名　　　　收件者簽名</td></tr>
</table>

八、簽帳小費處理

若客人以簽帳方式給小費時：

1.由健身中心人員填寫「代支傳票」一式二聯，填明：房號、名字、
  日期、金額、小費。
2.填寫完畢，請客人務必在傳票上簽名。
3.每日營業結束後，將一式二聯代支傳票交至前檯櫃檯領取現金。

九、營業後的整理工作程序

(一)健身中心工作記錄簿

將當班期間所須注意或交待事件記載於「健身中心工作記錄簿」
（health center log book）內，以利明日早班人員準備及注意。

(二)整理各項文件及帳務

◆晚班人員填寫按摩、指壓及SPA記錄表

1.依當日所開列的「雜項消費傳票」逐筆登錄於該表內，填明：日
  期、傳票號碼、客人姓名、應付金額、其他、合計、備註：如付現
  金，填上「現金及金額」。
2.如為持卡客人，則填上「卡號」。
3.逐筆加總，將所得的總額填入表上「總計金額」欄最下格處，填表
  人在「整理者」處簽名。
4.填寫完畢，將「雜項消費傳票」第二聯留存備查，其餘一、三聯整
  理後與該表釘在一起，下班後一併交至夜間櫃檯人員入帳。如有現
  金則連同現金也一併交至夜間櫃檯人員保管。

◆填寫「健身中心消費客人統計」表（或以電腦統計）

1.依「按摩、指壓及SPA記錄表」上，將今日按摩、指壓及SPA人數填入該表內。

2.計算今日使用本中心健身設備及加上按摩、指壓及SPA人數的總人數，並填入該表「總計」處。

3.若電腦內具有健身中心消費客人統計功能者，則逐筆輸入電腦，並於下班前將所有報表印出一份留存。

(三)關閉設備程序

1.依「每日工作檢查表」上所列項目，逐項檢查以利各項安全的維護。

2.如有特汙或大量的垃圾時（如客人吃剩物品），要先清理乾淨不可隔夜，以避免滋生蟑螂、蚊蠅及老鼠等物。

3.關閉所有電源及三溫暖溫度調節器、超音波浴池開關、SPA室內的各項開關及水源。

4.將入門鎖好。

5.將入門鑰匙交至安全室或值班經理室（依各旅館規定），以利明日早班人員取用。

問題與討論

一、個案

　　張小姐為某家五星級旅館健身中心的會員,某個星期六早上預約了二堂新推出的SPA療程,由於該療程為新推出促銷的療程,所以會員預約的頗熱烈。張小姐比預約時間早到半小時,所以先行使用了三溫暖的設備,隨身的物品因來不及到櫃檯寄放,心想來了那麼多次了也沒有不見,所以便隨手將其鎖在更衣櫃內。洗完三溫暖因SPA預約時間已到,所以張小姐即前往SPA室做一個半小時的療程。在一個半小時後,張小姐準備簽帳時,想起了自己的會員卡在皮包內,而皮包仍鎖在更衣室的櫃子內,便向美容師說明即前往更衣室拿取皮包。但在打開更衣櫃後,赫然發現衣物仍在但皮包卻不翼而飛。張小姐非常生氣,直覺旅館一定有內賊,要不然鎖在更衣櫃內的皮包為何會失竊,便向值班主管強烈抗議。

　　當值班主管得知上述情況後,便請健身中心人員協助尋找,但因當日有許多會員進進出出,而張小姐在急忙中也不記得自己於更衣過程中,是否有短暫離開,而讓別人有機會拿走皮包,且因旅館於更衣室中貼上告示牌,提醒客人勿將貴重物品放置於更衣櫃中,以免遭竊,值班經理能做的只有代為協尋且將張小姐此次消費的費用,以簽帳的方式處理。張小姐雖然理虧,但仍很質疑旅館內部管理,決定取消會員的資格不再來此消費。

二、個案分析

　　此案例說明了旅館健身中心的管理及各項制度規劃的重要性,上述案例的發生並不常見,但卻對旅館的管理及聲譽產生極大的影響,不可不慎重處理。

三、案例解析

1. 健身中心內有許多的設施（如三溫暖、超音波浴池等）是關係到住客及會員的隱密，所以旅館不會有任何的偵測設備（如監視系統）。

2. 當張小姐於更衣室內更衣及放置私人物品，甚至皮包被他人取走，並無任何佐證或在場的證人，所以旅館很難證明是內賊以鑰匙盜取或有其他客人趁張小姐更衣時，取走她的皮包。

3. 事件發生後，值班經理雖然向張小姐解釋，旅館已在更衣室內貼上公告告知客人勿將貴重物品放置於更衣櫃中，萬一遺失時旅館將不負賠償責任，並也盡力為張小姐協尋皮包。但如此的處理方式並未取得張小姐的諒解，而間接地喪失了一個客人，真可謂得不償失。

4. 值班主管應向高階主管報告此事，因為萬一張小姐所懷疑的內賊為事實的話，那麼旅館內部的管理改善及保全制度將是一大挑戰（必要時更衣室的鑰匙必須全部更換，以免類似的事件再次發生），並須將所調查的結果向張小姐說明，並適時地表達旅館的歉意，以免流失好不容易爭取來的會員，才是澈底解決此事件的方法。

四、問題與討論

大林國際觀光旅館健身中心為對外招收會員的俱樂部，因其設備新穎會員收費不高，所以有許多的會員進出，某天常住客瑪莉華恩小姐，預約了個人式的超音波按摩浴池，但因該健身中心接待員為新進人員，急忙中未將其寫入設施預約表內，而瑪莉華恩小姐依預約時間下來時，所有個人式的超音波按摩浴池皆為會員使用中。因此瑪莉華恩小姐非常生氣地向值班經理投訴，認為旅館不該招收如此多會員，而直接影響到住客的權益，希望旅館給她一個滿意的答覆！

Chapter **14**

客房安全與管理

　　旅館的安全牽涉多方面，有其複雜性，所以主要安全特點如下所述：

1. 不安全因素較多：旅館多數屬高層建築，生活用品多，用火、用電、用氣量大，易燃易爆危險品多，加以來店消費的客人情況複雜，流動性大等因素，導致旅館潛在的不安全因素多。

2. 責任重、影響大：客人消費期間發生安全、意外事故，不僅使客人蒙受損失，更重要的是給旅館聲譽帶來惡劣影響，經濟上的損失是難以估計的。作為客人在旅館期間主要活動區域，必須加強各種安全防範措施。

3. 服務人員安全意識要加強：旅館安全以防火、防盜、防暴、防突發事件為主，由於客人居住或消費時間短，流動性大，破案時間急，因而要求服務人員安全意識要強，服務水準要高。

4. 顧客隱私度高：客人在房間裡，由於私人隱私被充分尊重，服務人員無從察覺，因此一些違法行為，如色情、持違禁品（販毒、吸毒、持有槍械）、賭博等往往容易進行。旅館服務人員就必須有觀察、識別、判斷和處理各種問題的能力。

第一節　旅館安全部門概述

　　安全部（或稱警衛部、保安部，在規模中小型旅館稱為「室」，如警衛室）是擔負旅館安全保護工作的部門，是治安機關在旅館安全防範工作的重要輔助力量。本部門對旅館實施安全監督，確保館內各場所安全、安定，減少意外及違法事件，保證住客和工作人員的人身安全，使旅館有秩序地進行經營活動。

一、安全部具體職責

1.對旅館實施安全監督，確保館內各場所安全、安定，使旅館有秩序地進行經營活動。
2.做好安全防範工作，減少意外及違法事件在旅館發生，保障住客和工作人員的人身安全。
3.做好館內員工的「四防」（防火、防盜、防破壞、防自然災害）安全教育，落實各項安全維護責任，指導與協助各部門做好防範工作，保護客人和旅館的人身、財務安全。
4.嚴格做好安全把關責任，配合治安當局對治安事件的調查工作。
5.協助做好VIP接待和重要活動的安全保護。
6.管理好各項安全檔案資料。
7.完成安全部經理或上級交代的其他事項。

二、安全部工作管理制度

安全部門工作繁複，要求紀律嚴謹，敘述如下：

(一)服裝儀容

1.安全人員上班前不得飲酒，上班時要求穿制服，配戴工作名牌。
2.上班後注意力集中，保持舉止端裝，待客有禮，處理問題要妥善分析情節的輕重。
3.工作人員不准留長頭髮、染髮、留鬍子、長指甲，違者警告，限期改正。

(二)值勤方面

1. 遇到治安或意外事件時應沉著冷靜，正確的向有關部門或值班主管報告。監控中心人員不准擅離崗位，當班工作人員不准打和工作無關的電話。非安全人員不得進入安全部辦公室，也不准任何人在辦公室會客。
2. 值班人員必須經常打掃整理環境整潔。

(三)公共區域

1. 值班人員必須按照指定地點堅守崗位，不得交談，妨礙他人工作，如離開崗位對旅館造成任何財物損失，應按相關規定懲處。
2. 用餐時必須相互輪流，不得空缺崗位用餐。一旦發現異常情況，迅速抵達現場，同時應向值班主管報備，未妥善處理又不及時稟報者，視情節輕重給予處分。
3. 工作時間嚴禁會客、做私事、吃檳榔、飲酒、抽菸、看書、寫信、聊天、睡覺，因而造成損失者給予懲處。

(四)外勤方面

1. 保障消防通道暢通和停車場秩序的良好，如亂停放而造成塞車應追究當班人的責任。
2. 要經常檢查重點位置，發現可疑份子要查問清楚，防止意外事故發生。

(五)遲到、早退、病假、事假、曠職的處理

1. 遲到、早退十分鐘給予警告。
2. 病假必須有醫院證明才可請假。
3. 事假必須事先向經理請假，除特殊狀況外，不准代理請假或電話請

假，不按規定應予懲處。

4. 要按時交接班，交接時要詳細填寫值班記錄，交接完畢雙方簽名以明責任，領班每天要詳細檢查記錄情況，發現問題應及時提報。

5. 嚴格遵守保密制度，不得洩漏內部任何安全資料。

三、安全人員職責基本要求

1. 有強烈的工作責任心。

2. 熟悉國家法律及政府有關治安管理法令內容。

3. 有細緻敏銳的觀察力，能對周遭細微變化做出迅速判斷。

4. 熟悉掌握各種保安設置、配備使用方法。

5. 有一定的組織能力，對於突發事件能迅速反應，並做有效的控制。

四、安全部人員的職責範圍

較大型旅館由於管理範圍廣，編制人員多，自成一個大而重要部門，茲就各職級工作範圍分述如下：

(一)安全部主管職責範圍

1. 在旅館總經理的領導下，對館內的治安、消防工作進行管理，檢查、督促，維護旅館內部的秩序和保障館內的消防安全，負責安全部每天正常運作，向總經理做工作報告。

2. 制定更新安全部的管理制度、操作規程；制訂旅館安全、消防的年度、季度和月度工作計畫；制訂重大節日重要活動場所的安全保安方法，做好本部門年度預算。

3. 負責維護旅館的內部秩序，預防和察查發生之事故，協助和配合治安機關調查違法的案件。

4. 對於「防火、防盜、防破壞、防自然災害」為中心的四防安全項目加強教育，定期檢查四防設施，增強旅館員工的安全意識。

5. 重視安全防範工作，負責制訂夜間值班巡邏程序和要求，確保旅館與顧客財產、人身安全。

6. 負責組織管理消防中心和消防人員，制訂旅館防火計畫和消防疏散方案，建立完整的安全保護措施。

7. 定期組織發展旅館消防設施、滅火器和消防安全措施，確保其完好有效，確保旅館疏散通道和安全出口暢通無阻，在旅館內教育員工消防知識、技能的宣導和培訓，組織滅火和疏散實施演練，提高快速反應和防火自救功能。

8. 實施旅館月度和季度防火檢查，督促火災防範人員落實防火措施。

9. 掌握旅館消防安全情況和消防系統，向旅館消防安全負責人做好督導工作。

10. 建立旅館的安全、消防檔案，以及安全、消防資料的工作和管理。

11. 對旅館外包單位消防工作負責監督檢查和指導，使其符合消防安全規範。

12. 受理房客有關安全消防工作負責監督檢查和指導，使其符合消防安全規範。

13. 調查館內發生的重大治安案件、事故，及時向總經理報告調查結果和意見處理。

14. 做好部門的服務品質檢查工作，提高旅館整體的服務水平。

15. 和當地治安機關保持密切聯繫，協助違法案件調查。

16. 加強對旅館重要區域的巡查和監控，落實安全管理責任，及時將不安全因素消弭在潛伏或萌芽狀態。

17. 指導並檢查員工培訓，即時提出必要的工作指導和協助。

18.負責對涉及旅館員工招聘、考核、督導、評估和使用之察查工作，決定本部門的人事變動。

19.查看並批示領班上呈之安全人員交接簿，瞭解下屬值勤情況。

20.檢查旅館周圍、大門前、大廳、公共區域、娛樂場所、客房樓層、重要區域與設施的安全、消防、環境衛生及員工違規等情況，發現問題及時處理。

21.及時瞭解旅館當天的經營情況（住房率、旅行團遷入數、宴會情況、工程情況等），協助有關部門做好館內的治安、消防管理、VIP、保安和各種接待服務工作，負責督導各領班及安全人員履行職責情形，具體檢查各項治安和消防措施落實到位狀況。

22.每天上午十時之前要將「主管巡查報表」上呈總經理，每星期一到安全部辦公室主持週會，每週督導檢查員工宿舍一次，每月一次檢查安全人員服裝儀容，每月月底配合總務部盤點。

23.有VIP到店時，應提前到現場做好接待準備，抵店後安排人做好保全工作。

24.做好旅館安全、消防工作的月度和年度工作總結和計畫，負責屬下員工的工作考評和年終績效考核。

25.落實完成上級臨時交辦任務。

(二)安全部領班職責範圍

安全部領班是基層安全人員最直接的上級，並且對安全部的主管負責，工作也特別重要，分述如下：

1.負責本班次的工作，協助管理督導館內、館外之巡查維安和消防監控等。

2.每天按上班時間提前三十分鐘到達。向安全部主管瞭解當天的工作任務和指示。

3. 上班前十五分鐘負責檢查安全人員的服裝儀容，分配工作任務，要求安全人員提前五分鐘到工作崗位接班。

4. 安全人員接班之後檢查各崗位的交接班情況記錄，並在交接簿上簽名確認，發現問題及時通知有關部門或安全部主管處理。

5. 當班時要瞭解掌握旅館當天的經營狀況（住房率、旅行團遷入數、宴會情況、工程情況等），協助有關部門做好館內的安全、消防管理、VIP維安等各種接待服務工作。

6. 做好各崗位的巡查，督促各崗位安全人員嚴格按操作規定工作，對各崗位出現的問題要及時到現場協助，必要時和大廳經理處理一般性的意外事件、客人投訴、交通事故、員工違規事件。

7. 下班前寫好「安全部領班工作日誌」，和其他領班做好接交班工作。

8. 其他部門要求派安全人員協助有關工作時要請示本部主管同意，在確保不空崗位的情況下才能安排人員協助。

9. 在人力較吃緊的情況下（包括用餐），領班要負責不能隨意空缺崗位。在協調安全人員用餐時（根據情況可分兩批或者三批）領班要加強對重點區域的巡查，安全人員全部回到崗位後領班才能用餐。

10. 當值早班時，向客務部（前廳部）、行銷業務部、工程部瞭解每天會議、宴會及工程情況；當值中班時，要瞭解住房率、旅行團與散客遷入情況。

11. 當值夜班時，於凌晨零至二時，必須在大廳、正門或停車場範圍內，二至七時要對各崗位進行巡查，於二至七時對全館各崗位巡查不能少於三次，並做好記錄。

12. 夜班巡崗時，每位領班要填寫「夜班巡查路線狀況報告表」，由所在崗位的安全人員填寫巡查崗位時間和簽名確認，下班前將狀況報告表交安全部辦公室。

13. 當值期間要掌握大門口流量高峰期，領班必須在場協助大門崗位的安全人員管控車輛、檢查停車場登記情況三次，在登記本上簽名確認。

14. 做好確認辦公室電話管理工作，防止使用公司電話辦理私事。

15. 如果公司重要客人到店，領班負責隨時和各崗位安全人員聯繫。

16. 每週一次到安全部辦公室會開，並做好記錄。

17. 根據季節不同，各時期的防盜、防竊、防火措施，制定相關的工作計畫。落實檢查和提高旅館安全的預防能力。

18. 負責組織每月或重大節日前的消防安全檢查，並應填寫「防火檢查記錄表」。

19. 要掌握瞭解旅館施工單位的施工情形，並做好施工現場防火安全監督檢查。

20. 經常性舉行治安、消防、救火技能培訓和演練，並做成考核成績記錄保存。

21. 熟悉操作旅館安全系統配備、消防器材，以保障各部門正常運行。

22. 監管旅館安全、消防器材，保證能完好使用，若發現缺失應馬上報告主管。

23. 協助各部門處理各類安全有關事務，提出合理的建議，增加公司凝聚力。

24. 負責旅館各部門新進員工職前各項安全工作培訓。

25. 負責本部門的排班工作，在不影響正常工作的情況下安排好本部門的排休。

26. 完成主管臨時交辦任務。

(三)安全部安全人員職責範圍

安全人員（或稱保安員、警衛）是安全部門的基層人員，但也是旅館的守護神，其直屬長官為安全部領班，並對其負責，安全人員工作範圍如下：

1. 負責旅館所有安全事項，包括日常防火巡查、檢查，並應填寫防火巡查紀錄。

2. 熟悉旅館各區域的消防安全設施、器材的設置點，保障其完好到位，並能有效使用。在巡查中發現有消防設施故障問題，應及時填寫工程維修單並向領班報告。

3. 對旅館的用火、用電安全應做好巡查並實行嚴格管理，在巡查、檢查中發現的任何違章、違規行為和火險問題，應當立即責令當事人做出改正，無法當場改善應及時上報處理。

4. 做好進入旅館施工單位的監督檢查，保障施工現場無火險隱患存在。旅館任何單位用電作業都必須督促施工單位事先申請，經批准同意，動火現場符合動火作業安全要求後方可施工。消防巡查員應在現場全程跟監，應落實動火前、中、後的三步驟檢查程序。

5. 消防員每日進行的消防巡查應按規定路線走過，並在各設置點的簽到本上簽名，每班次的巡查次數至少保持在六至八次。

6. 由消防中心確定的旅館重點防火部位，消防員必須每日做好防火安全檢查，防火安全檢查由消防員及該場所崗位或三級防火責任人共同進行，經雙方當事人檢查確認無火險和治安安全疑慮後，雙方在檢查表中簽名之後才可離開。

7. 當消防巡查員接收到消防監控員或其他人員的火警通報信號後，消防巡查員必須立即趕到現場檢查確實，原則上要求兩分鐘內到場。消防員到場後，無火警亦應及時向監控中心反映實際狀況，若確實

為火警必須立即採取急救措施並報告。

8.每月、重大節日前或遇旅館有重要接待時，消防巡查員都必須參加由消防中心領班或主管組成的消防安全檢查。

9.督促其他部門或單位在期限內落實火險的整改和複查情況。

10.保持旅館安全疏散通道、出口暢通，保障走火樓梯常閉式火分區常開式防火開關狀態。

11.檢查旅館消防系統，水壓是否正常連續供給。

12.在日常防火巡查中消防巡查員應兼顧旅館治安巡查，檢查客房房門有無關好、鎖好，留意客房區域有無異常聲音，注意有無可疑人或物，做好對深夜來訪人員的跟控，對在巡查中發現的治安問題應採取有效措施和防範，對無法落實的須向當時的領班或主管報告。

13.樓層發生突發情況應向保安通報，必須在一至二分鐘內趕到現場，如果沒按規定時間到現場要做解釋，理由不充分應處分。

14.在巡邏過程中如發現問題須向房客詢問，保安員不能擅自進入房間，必須等到大廳副理和客房部人員都到場才能一起開門進入，如有特殊情況需送客人回房，應該透過領班和客房部門跟大廳副理協助送客一起進房，只限在房門口開房門和開燈。

15.保安員在巡邏時必須配戴耳機塞，並做到開門動作輕，說話輕，走路輕，以免影響到客人休息。

16.負責旅館公共場所燈光的檢查，時間應根據季節和天氣的特點作控制，才能節省電源。

17.熟悉旅館客房分布的區域，服務場所的經營時間正確的指引客人。

18.不准向客人索取小費、財務，不准私自接受客人的饋贈。

19.完成上級交付的其他工作任務。

第二節　房客各項突發問題處理作業流程

　　住客常因旅途勞累、氣候或水土不服等因素，容易受到感染、食物中毒；另因不熟悉當地的人文風俗環境，容易引發一些意外狀況，以下列出各項房客常發生的突發問題及其處理作業流程：

一、住客急病的處理作業流程

(一)住客急病時的處理

1.當房客因病要求服務人員買藥時，千萬不可接受，並應立即將所發生的情況，轉報房務部辦公室處理。

2.當發現房客生病或接到房客告知生病時，房務部主管應依狀況立即與前檯值班主管或與旅館醫務室聯繫，並儘速前往房間探視住客，若旅館無醫務室則應代請醫生或送簽約醫院。

3.對情況危急或需緊急救護的客人，應儘速送醫，以爭取第一救護及急救時間。

(二)急病後的後續處理

1.經醫師治療後，須向醫生問明房客狀況，定時入內探看並加以照顧。

2.由值班主管向房客詢問，是否須通知其在台的親友或分公司的相關人員，以利作後續的處理。

3.送醫後須留院診治的房客如無親友出面代為處理房內財物時，應會同大廳值班主管及房務部主管雙鎖其門，並等進一步指示。

4.如經醫生診斷為傳染病患，應依醫院指示作全面性的房間消毒，並

將備品報請銷毀。

5.對於客人急病的事件處理，應做翔實的書面報告，說明其發生的原因、處理經過及後續追蹤的結果。

二、客人企圖自殺的處理作業流程

(一)注意觀察住客不正常的狀況

當房務人員發現房客有以下情況時，均應特別加以注意，發現任何可疑者應立即回報主管：

1.精神恍惚、神情不定或經常暗自流淚等的房客。

2.房客不自主聊到自殺、死亡或精神上的痛苦等。

3.房間內擺置大量的鎮定劑或安眠藥等。

4.房客一直掛DND卡，不接聽任何電話。

5.房間布置陰沉、遷入後即未出房間。

6.單身年輕女子無行李，且無任何訪客及電話等。

7.其他不正常的表現或情況。

(二)處理作業流程

1.當房務人員發現房客有以上情況時，應立即將所發生的經過，轉報房務部辦公室處理。大廳值班主管及房務部主管應瞭解其遷入後的情況，選擇適當的機會加以會談，以利紓解其情緒。

2.找出房客的基本資料，設法通知其家人或朋友處理。

3.若房客的情緒一直無法改善時，應要設法通知緊急聯絡人，或很委婉地請其遷出，以免發生任何突發狀況。

4.將該房客輸入黑名單以作為訂房時的參考。

三、房客酒醉的處理作業流程

　　酒醉問題在觀光旅館中經常發生，一般而言，其處理的方法常因客人發生的狀況不同而有不同的處理標準。但若遇到酒品不佳的客人，應要特別小心處理，以免發生任何意外。

　　服務的人員對房客酒醉的處理，應要冷靜且有耐心地依情況處理：

1. 外歸醉酒的房客，服務中心人員應陪同扶持客人入房並通知房務部。
2. 房務部接獲通知後，應派當班的幹部或主管進入，如果其有嘔吐的徵兆，應扶房客到浴室協助嘔吐於馬桶內，並將垃圾桶放於床邊，提醒客人如果再有嘔吐可吐於桶內（垃圾桶內應先墊上垃圾袋）。
3. 將房內火柴收起以免發生火災意外，勸客人安靜入睡。如客人在房內大聲吵鬧或再度飲酒，應通知值班主管會同安全人員婉言規勸客人，以避免擾亂其他住客的安寧；若其不聽應設法請其遷出。
4. 酒醉的客人如有再叫酒，應禮貌婉拒。
5. 酒醉的客人如有叫喚，應與值班主管一同前往，女性服務人員避免獨自服務，以免發生突發意外事件。
6. 若酒醉的客人將房間弄髒，應依其汙損狀況事後向客人索取特別清潔費用，以向房客表明旅館的管理標準（依各旅館管理制度）。
7. 發生酒醉鬧事的房客，應將事件詳加記錄，並將該房客輸入黑名單以作為訂房時參考。

四、住客從事非法活動的處理作業流程

　　由於觀光旅館的隱密性高且不易被警方臨檢，近年來不法之徒利用此特性從事色情交易、毒品交易、違法等活動，也屢見不鮮。所以客房服

務人員的安全意識應提高，不但可保障旅館的聲譽及財產，並可同時保護自身及其他房客的安全。

(一)客人從事色情交易的處理作業流程

1.旅館對房客自行帶回或約見的訪客，一般皆無法管理，但對近年來有部分色情行業女子，住進客房內再利用內線電話或前往其他客房敲門的行為，身為該樓層的服務人員應提高警覺，迅速通告房務部辦公室請求主管的協助及相關的支援。

2.會同安全部門人員暗中監控，確認情況以避免不必要的誤會。

3.請監控室人員保持錄影，以蒐集相關證據。

4.若接獲其他房客抱怨電話，應將懷疑的房客電話記錄印下。

5.值班主管在確認該房客為欲在旅館從事色情交易時，應與該房客私下會談，表明旅館規定不可在館內從事色情交易的立場及規定，並請其立刻遷出。

6.若該房客不聽勸告，應報警處理，並提供警方人員相關證物（如監視錄影帶及通聯記錄等）。

7.發現從事色情交易的房客，應將事件詳加記錄，並將該房客輸入黑名單不再接受其日後的訂房。

(二)客人從事不法事件的處理作業流程

1.若在客房內發現住客擁有大量金錢、違禁品（如注射針筒、毒品等）或持有槍械、刀械等物品，應要迅速通告房務部辦公室，加強對該樓層的監控。

2.會同安全部門人員暗中監控，確認情況以避免不必要的誤會。

3.請監控室人員保持錄影，以蒐集相關證據。

4.若有任何突發事件，應報警處理，並提供警方人員相關證物（如監

視錄影帶）。

5. 發現從事不法交易的房客，應將事件詳加記錄，並將該房客輸入黑名單不再接受其日後的訂房。

五、住客在房內死亡的處理作業流程

(一)住客於房內自殺、突發疾病死亡時

1. 如發現住客於房間內自殺或其他突發疾病死亡時，應冷靜沉著處理，立即通知房務部值班主管，並會同安全部人員及旅館最高主管共同作後續處理（如報警、通知家屬及相關單位）。

2. 確認住客已死於房內，不可動房內任何物品，將房門雙重鎖起，以保持現場的完整。

3. 適時提供警方相關案情資料。

4. 不可與同事討論，保守秘密避免張揚。

5. 保持現場的淨空，不可讓閒雜人等進出，若有媒體人員欲進入，亦應協助安全人員禮貌地拒絕其進入，或請公關部人員協助處理後續相關事宜。

6. 待相關單位的檢查及勘驗工作完成後，應與家屬協調利用夜晚由後門進出，以免驚動其他客人或員工。

7. 發生事故的房間事後應作房間消毒，並將該房客所使用的備品全數報請銷毀。

8. 整體事件處理後，應由房務部門主管將所有經過及處理的結果向總經理做報告。

(二)住客房內發生凶殺事件的處理作業流程

1. 若客房內發生不尋常的吵架或打鬥聲，應儘速通知安全人員處理。

2.千萬不可隻身前往房間，以免危及自身安全。

3.必要時由安全部門人員通告警方，請求支援處理。

4.協助受傷人員的急救及送醫等相關事務。

5.由安全部門人員派員管制封鎖現場，並將房門雙重鎖起，以保持現場的完整。

6.適時提供警方相關案情資料。

7.保持現場的淨空，不可讓閒雜人等進出，若有媒體人員欲進入，亦應協助安全人員禮貌地拒絕其進入，或請公關部人員協助處理後續相關事宜。

8.待相關單位的檢查及勘驗工作完成後，再進行房間的清潔工作。

9.若客人死在房內時，其後續的相關處理方式比照住客在房內死亡的處理作業流程。

第三節　旅館火災與地震處理作業流程

在客房中發生的火災或地震，應保持鎮定以謀求最佳解決之道，不可隔岸觀火、與客人亂成一片，或自作主張、行動，必須遵守旅館相關規定處理以謀求意外的降低。

一、火災的處理作業流程

為了保障客人生命、財物與旅館財產之安全，平時應積極推動旅館各部門、單位的管理，服務人員參與火災預防的工作。

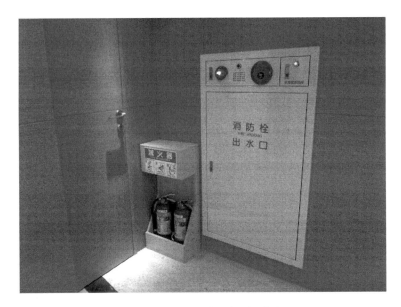

圖14-1　旅館的消防栓與滅火器

(一)火災的處理作業內容

火災的處理作業內容包括迅速報警、成立救災指揮部、通報、疏散與救護、組織滅火、防煙和排煙、安全警戒等內容和程序。

◆迅速報警

火災的處理，首先必須發現火源，因此，報警是火災應急方案的第一步，把握好報警的內容和程序，是及時掌握火災訊息，迅速把火災撲滅在起初階段的關鍵。

從報警系統的功能來看，當消防控制中心的報警紅燈發出警報信號，那就證明火災受信總機已發現了「可疑情況」，此時，消防中心人員應立即查明報警地點、位置，並通知安全警衛或樓層服務員趕赴現場予以確認。

如確認起火，則立即透過消防控制中心的電話向消防隊報警，並通知旅館最高負責人，同時警報器會自動緊急廣播，報知館內所有人員。在報警的時候，應詳細說明起火地址、起火地點、火勢狀況及自己的姓名、服務部門、員工編號、電話號碼等。

◆ 成立救災指揮部

火災處理作業牽涉到旅館各層級幹部、各部門員工的協同作業，如何迅速組成強有力的領導團隊變得相當重要。因此，在確認火災發生後，消防控制中心必須立即通知在旅館的最高主管（如總經理）和各部門主管，迅速成立救災指揮部，以負責火災救援和人員疏散的指揮工作。旅館的總經理是當然指揮官，救災指揮團隊的主要職責為：

1.根據火勢情況通報人員疏散。
2.掌握火勢發展情況及時調集人力，布署救人、疏散物資和滅火、排煙等任務，並檢查執行狀況。
3.消防隊到達以後及時向消防隊指揮官報告情況，服從統一指揮。

◆ 通報

通報是將火災情況通知有關部門和人員，疏散通報必須根據救災指揮部的命令，向需要疏散的人員發出通報。

1.疏散通報應根據火勢的發展決定向部分區域或是向全樓通報。通報次序：首先是著火層；其次是著火層以上各層；再其次是有可能蔓延的著火層以下的樓層。
2.通報的方式有語言通報（包括消防緊急廣播、室內電話等）、警鈴通報、逐層敲門等通報。
3.用言語通報時，通報人的語氣要溫和沉著，避免驚慌；以下是總機話務員向客房通報時的對話：

電話鈴響，外賓住客：「哈囉！」

話務員：「對不起，我是飯店總機，本飯店發生火災，情況緊急，為了您的安全，請儘速撤離您的房間，按指示標示向安全區域疏散！」

外賓驚訝回答：「這是真的嗎？」

話務員：「是的，我們正在採取安全措施，請您不要驚慌，趕快疏散至安全地方！」

◆疏散與救護

1. 疏散就是按事先規定的路線，將人員疏散到安全地帶。要使疏散有條不紊地進行，就必須明確分工，把責任落實到各層工作人員和義務消防隊員。

2. 各層服務員和義務消防隊員在帶領客人疏散時，必須逐房清理，不遺漏任何一人。

3. 在餐廳、三溫暖、客房、游泳池等人員較多場所，管理人員應分工負責，按照不同出口，將賓客疏散到安全區域。

4. 疏散中，前檯經理應攜帶好訂房部、電腦室提供的當天客人情況，認真清點客人人數並看護與安慰客人，不讓其走散或返回起火現場。

5. 人事部門應攜帶職工考勤卡到集結點清點員工人數和分配任務。

6. 財務部門應攜帶現金和貴重物品轉移到指定地點。

7. 在疏散的同時，一些與消防有關的重要部門則必須照常運轉。如電話總機、工程部的水、電等人員都必須堅守崗位。如這些部門受到威脅，應迅速向救災指揮部報告，請求組織力量保護，盡力排除各種危險情況。

8. 作為旅館的每一名員工，必須掌握有效率的疏散次序：

   (1)先疏散著火房間，後疏散與著火房間相鄰的房間。

   (2)先疏散著火層以上層面，後疏散著火層以下層面。

(3)指導青壯年者通過煙霧沿著安全樓梯疏散，護送行動不便人員以消防電梯疏散。

◆ 組織滅火

組織滅火是撲滅火災的關鍵，而有效地滅火，就必須有一個強有力的滅火指揮組，來指揮滅火行動。

1.滅火指揮組應在非著火現場的相對安全點上。

2.滅火指揮組成員由旅館值班經理、專職消防人員、工程技術人員和火災發生之部門經理組成，由值班經理或專職消防人員擔任滅火組指揮。滅火組的職責是深入火場，有效地控制、撲滅火災。

3.滅火指揮組的職責如下：

(1)組織偵查火情，掌握火勢發展情況。

(2)及時向救災指揮部回報火情。

(3)根據火勢情況指揮切斷電源與可燃氣源。

(4)指揮人員實施滅火、疏散、搶救受傷人員。

(5)派出人員關閉著火層防火分區的防火門，阻止火勢蔓延。

(6)檢查滅火人員的滅火行動布署是否符合要求。

(7)警察局的消防隊到場後，偕同組織性的火災搶救。

◆ 防煙和排煙

防煙和排煙是防止火災蔓延和保證人員之安全移動、逃生的重要手段：

1.當火災發生後，煙霧就會瀰漫，這時根據火災指揮組的報告，關閉指定的防火門，還必須把客用電梯降至底層，查看內部無人之後電梯門鎖好。

2.消防中心根據救災指揮部的命令，啟動送風排煙裝置，在安全樓梯

間進行送風排煙。

◆安全警戒

1.火災應急方案中，安全警戒的任務，主要由旅館安全部擔任。

2.旅館外圍的警戒任務是：

　(1)不准無關人員進入旅館。

　(2)指導疏散人員離開大樓。

　(3)看管好疏散物品。

　(4)保證消防電梯為消防人員使用。

　(5)指引警局消防隊進入著火樓層和消防控制中心。

3.安全人員應密切監視控制區，如有異常情況，立即向本部門經理報告。

(二)應急方案的結束

　火災應急方案以消防隊到來，成立聯合指揮部後結束。

　這些工作應在起火後五分鐘內展開、落實，各部門員工必須注意應急方案的平時演練。使之成為在緊急情況下能迅速實施、配合默契的消防流程。只有這樣，才能有備無患，嚴陣以待地掌握與火災爭鬥的主動權。

◆災後的善後工作處理方式

1.各部門要清點自己的人員，查看是否全部撤出火災區域；房務部要清點客人，防止遺漏。

2.工程部視情形，負責與自來水公司、瓦斯公司等單位聯繫；行銷業務部門要與醫院聯繫。

3.餐飲部門視情況準備食品和飲料，安排好疏散客人的臨時需求。

4.工程部在火災撲滅後，應及時關閉噴水門閥，更換損壞的噴頭或其

他消防設備，並使所有消防設施恢復正常。

5.行政辦公室協調各部門經理，保護現物和旅館的財產、人員安全，並重新配備滅火器。

6.災後立即組織事故調查小組，進行事故調查。

◆注意事項

1.當火情由旅館組織力量可以撲救時，不要驚動消防機關，以免影響旅館聲譽。

2.總指揮部設在消防中心（安全監控中心），總指揮由總經理或夜間經理擔任，所有命令由其下達。

3.火情發生後，所有對講機處於待命狀態，當總指揮呼叫時，或主動做狀況報告時，以簡單扼要、準確為原則。

4.房務部在實施疏散計畫時，要將客人按順序排列，從消防樓梯（安全樓梯）疏散，絕對不要搭乘電梯，電梯只供義務消防人員和專業消防隊員使用。要防止不知火情等危險的客人再回到他們的房間，疏散中不能停留、阻塞通道。

5.客房服務員負責指導檢查疏散情況，檢查內容包括：

(1)房間內床上、浴室是否尚有未聽到疏散通知的人。

(2)是否還有行動不便的老人。

(3)是否還有未熄菸頭和未關閉的燈。

(4)主要出入口是否關閉。

二、地震的處理作業流程

台灣位於歐亞大陸板塊與菲律賓板塊交界處，地震十分頻繁，據統計，世界上百分之七十的地震發生在這所謂的環太平洋地震帶上，地震災害時有所聞，如地震直接引起的山崩、地裂、建築物橋樑傾倒等，間接使

得爐火震倒、瓦斯管線破裂釀成火災，或引發海嘯、河堤潰決造成水災等，均對人命財物造成重大的威脅。

在台灣地區所用的震度標準共分為以下七個級數：

0級（無感）：地震儀有記錄，人體無感覺。

1級（微震）：人靜止時或對地震敏感者可感到。

2級（輕震）：門窗搖動，一般人均可感到。

3級（弱震）：房屋搖動，門窗格格作響，懸物搖擺，盛水動盪。

4級（中震）：房屋搖動甚烈，不穩物傾倒，盛水容器八分滿者濺出。

5級（強震）：牆壁龜裂，牌坊煙囪傾倒。

6級（烈震）：房屋傾倒、山崩、地裂、地層斷陷。

(一)地震產生時的處理

1.地震時應立即停下手邊的工作，隨手關閉使用中的電源及火源，使用中的吸塵器等電器用品要立刻拔掉插頭。

2.提醒周遭住客保護自身安全為首務。

3.客人會驚慌，應以平靜的口吻及沉著的態度來安定客人的心。

4.應臉色鎮定向客人解釋是地震：「It's earthquake, it will happen sometimes in Taiwan.」。

5.請住客遠離窗戶、玻璃、吊燈、巨大家具等危險墜落物，就地尋求避難點。

6.請客人以軟墊（沙發墊）保護頭部，尋找堅固的庇護所，如堅固的桌下、牆角、支撐良好門框下。

7.除非是超級地震，否則應向客人解釋：「It's safe for you to stay in the hotel instead of outside.」。

圖14-2　樓層監視器

圖14-3　廣播擴音器

8.若為強震須逃生時，要把避難處門扇打開，以免門扇被震歪夾緊，而導致門扇無法打開而喪失逃生的契機。

9.指引客人逃生梯位置。

10.勿使用電梯，以免受困。

11.勿湧向逃生梯、出口樓梯，以免造成人群擁擠傷害。

(二)地震後的處理

1.一發現火災，迅速就近以樓層滅火器撲滅以防止火勢蔓延，並依旅館火災處理流程作業。

2.如果聞到瓦斯味道，千萬不要用火，以免發生爆炸引起火災。應該立刻打開門窗通風。但是不要開動抽風機，因電器火花可能引起爆炸。

3.避開掉落地上的電線和電線碰到的物體。

4.協助急救受傷的住客及同仁。

5.檢查房間是否有明顯裂痕。樑柱如果遭受破壞，應立即通知房務部

辦公室，請求是否須疏散住客，以免發生危險。

6.若須疏散住客時，應儘速指引客人逃生梯位置。

7.因地震後常會發生停電狀況，勿使用電梯，以免受困。

8.隨時收聽災情報導，確定不再有地震後協助清點旅館及住客財產。

9.協助清理現場。

10.迅速恢復原有舊觀。

11.由旅館的現場指揮主管，負責將整個事件的經過及處理的結果做成完整報告，做成日後的員工訓練教材。

第四節　竊盜預防處理作業流程

在旅館的安全管理中，除火災、地震及各項房客突發事件外，如何預防旅館發生竊盜（客人、外來人員或員工）的事件，除了應建立相關的安全管理制度外，更須依靠所有相關部門的協力合作，才有辦法達成。

一、建立旅館鑰匙管理制度

(一)客房的各種鑰匙的保管及管理

旅館客房的鑰匙可分為：

◆樓層主鑰匙（floor master key）

此鑰匙可開該樓層的每個房間，通常為樓層房務員所配戴的鑰匙。其保管及管理方式為：

1.房務人員於上班時於「樓層主鑰匙領取表」上簽名領取，下班時交回房務部辦公室後簽名，不可將鑰匙帶走，否則依旅館管理辦法處

理，若因此而發生的事件，也必須負相關的責任。

2.房務人員於上班時要小心保管，將樓層主鑰匙依旅館規定以鑰匙鍊繫於腰身處，千萬不可將其放置於工作車上或隨手放於客房以避免遺失，更不可將其借給其他同事。

3.若房客要求以樓層主鑰匙為其開門時，首先必須確認其確實為該房的住客，才可為其開門。若無法確認或該客聲稱為住客的朋友或家屬時，應禮貌告知旅館規定並請其至大廳由值班經理為其處理或協助。

◆ 區域通用主鑰匙（section master key）

此鑰匙可開某特定區域樓層的每個房間，通常為房務部領班所配戴的鑰匙，為巡視及檢視客房時使用，其保管及管理為相關領班負責。其注意事項可參閱樓層主鑰匙的管理規定。

◆ 通用主鑰匙（grand master key）

此鑰匙可開每樓層的每個房間，通常為房務部主管所配戴的鑰匙，為檢視客房時使用，其保管及管理為房務部主管負責。

◆ 緊急主鑰匙（general/emergency master key）

此鑰匙可開整棟大樓任何一個房間，通常為總經理／副總經理或駐店經理所配戴的鑰匙，或保存於前檯的保險箱內，遇到任何緊急狀況（如住客的突發事件等）必須以此開啟房門。

◆ 客房鑰匙或鑰匙卡（room key or room card）

平時保存於大廳櫃檯的客房鑰匙箱內，當住客辦妥遷入手續，大廳人員即將客房鑰匙或鑰匙卡交給客人使用，當客人外出或辦妥遷出手續時再交還給櫃檯。

(二)預備門鑰匙的保管及管理

負責管理部門：除了客房門鑰匙由房務部負責管理外，其餘各公共區域、職工用室及各辦公室的門管理，皆由安全部建立預備鑰匙管理。

◆預備門鑰匙的管理

1.將預備門鑰匙依部門順序編號，以櫃子裝起所有的鑰匙。

2.建立預備門鑰匙記錄簿，以管理使用狀況。

3.若有部門因改建或增減門而更換門鎖時，應主動交一副鑰匙給安全部保管。

4.每日交班時應檢查是否有未還的鑰匙要負責催討，若其未繳回時必須列入交接事宜。

◆預備門鑰匙的使用規定

1.先問明其理由是否為緊急所需且以公事為優先借用。

2.若欲至倉庫取貨者必須有該單位主管簽核的領貨單。

3.將借用者登錄於「預備門鑰匙借用記錄表」，填明：日期、借出時間、借用人姓名、鑰匙編號，最後借出鑰匙的安全人員簽名。

4.使用完畢後將鑰匙立即歸還定位，並將「歸還時間」及「安全人員」簽名於「預備門鑰匙借用記錄表」。

二、建立旅館進出管理制度

(一)員工進出作業

1.凡為旅館的員工或契約性的臨時工作人員均一律由警衛室進出。

2.員工進出時均須依旅館規定配戴識別證。

3.若為因事臨時外出時：

(1)由主管在外出通知單上註明事由簽發，由安全人員查驗後放行。

(2)登記於員工外出登記簿內，填明：日期、外出時間、單位、職務、員工姓名、外出事由。

(3)注意員工返回時間，並在員工外出登記簿內寫上返回時間。

4.員工物品檢查作業：

(1)攜出物品：若因公或正當事由，攜帶公物外出時，需要有該部門主管簽核的放行條，並由安全人員驗明是否為放行條中的物品。

(2)攜入物品：

‧登記於員工自外攜物登記表內，填明：日期、單位、職務、員工姓名、攜入時間、攜帶物品名稱等。

‧待員工下班時，檢查攜出物品是否符合。

‧檢查無誤後，於員工自外攜物登記表內填明：「攜出時間」及「檢查人員簽名」。

(二)非員工進出作業

1.應暫時留下對方的身分證件或相關證明，經安全人員登記及查驗後發給臨時證配戴。

2.如未帶證件者，則與其業務相關部門主管聯絡，經認可後始可進入，並在訪客登記表內寫明訪客姓名及認可主管的姓名、日期、進出時間及受訪單位人員姓名。

3.訪客離開時，查明無誤後歸還其證件並請其繳回臨時證。

三、建立公共安全的管理制度

(一)公共區域作業

1.隨時提高警覺，注意異味、異聲及可疑物品和人員。

2.凡進入本旅館的客人，除依其穿著、言行、外表、舉止等是否配合相稱，加以謹慎過濾外，並作適當的監視以預防萬一。

3.建立緊急事件處理程序，並熟記其處理程序，接獲任何通知有客人鬥毆、滋事、擾亂公共秩序及安寧、意外傷害時，即前往處理並依其發生程度報請相關人員協助處理。

4.遇有大型活動時，常有酒醉的客人無理取鬧而影響公共場所的安寧，應由值班經理會同安全部人員協同處理。

5.前檯人員及房務部人員應隨時注意客房區人員的進出，若非房客或訪客的閒雜人等，應通知安全部門人員加緊監控，必要時須請該客離開以保障住客的安全。

6.安全部門人員應隨時注意監視器的監控，遇有任何可疑的人員應通知相關部會協同監視。

(二)樓層及客房區域作業

1.隨時提高警覺及注意樓層監視器的監控。

2.備品室隨時上鎖，備品車上不要放置貴重物品，如有客人遺失物應先交至房務部辦公室或鎖在備品室內。

3.若遇房客未關門或鑰匙插在房門時，要取出交給樓層人員或房務部辦公室。

4.發現樓層有可疑的包裹或物品，應小心檢視，若無把握時應通知安全部門人員前往處理。

5.為參觀人員、外包商或工程人員開啟客房時，應瞭解其使用時間，時間一到應立刻前往檢視並將房門關妥。

四、建立保管客房財產的管理制度

觀光旅館的客房因設計豪華，裝潢及擺設皆為名貴的家具或用品，難免引起房客、員工或訪客等的覬覦，而發生失竊的事件。遭偷竊的物品大至家具、電器用品，小至毛巾、花瓶及杯盤等物品，故房務部門應建立保管客房財產的管理制度，以保障旅館財產的完整。

1. 房務人員應養成熟記客房內所有物品的擺設位置及數量。
2. 每日清潔客房時，應邊做邊清點房內的物品，若發現有任何遺失，應立即報告房務部辦公室作後續處理。
3. 當班人員應注意觀察客人攜出物品的情況。
4. 多數房客可能帶走毛巾、浴袍等作為紀念品，而不是刻意地偷竊。若有房客詢問該項物品是否可帶走時，應很婉轉地向其告知該項物品為收費項目，客人喜歡時可向房務部辦公室洽買，並向客人說明旅館的服務手冊上皆註明各項備品的販賣金額，以利客人選擇或打消客人帶走的念頭。
5. 若為員工（此項應由安全部門加強攜出物品的管控）、訪客或外包商進入該客房後而遺失，應立即報告房務部辦公室，由該訪客或外包商的接洽單位負責尋回。

第五節　旅館工作安全制度

在旅館的安全管理中，員工自身的工作安全作業程序是最繁瑣的，因此每家旅館都會制定相關的安全守則，一來讓員工有安全的規則可遵守，二來可為各項意外事故的發生做預防。為減少危及自身安全的狀況發生，房務部的所有從業人員都要建立正確安全的作業程序，更要有安全的

意識以避免意外事故的發生。

建立旅館安全衛生管理制度

(一)一般性安全守則

1. 依旅館規定的安全設備，每位員工應遵守以下事項：
   (1)不可任意拆除或破壞使其失去功能。
   (2)如果發現被拆除破壞失去功能，應立即報告主管人員或雇主請修。
2. 各單位的物品材料，必須置放固定位，不能傾斜，不可堆積過高，以避免危險。並以不堵塞通道為原則，如果堆積物有危險時，要禁止閒雜人等進入該場所。
3. 離地面高度超過2公尺以上作業，必須設工作檯，檯上要有護欄裝置方可作業。
4. 容易引起火災的危險場所，不可使用明火或在現場抽菸。
5. 勿攜帶危險物品或易燃物品進入工作場所。
6. 消防栓、滅火器置放處不可堆積雜物或阻塞。
7. 使用蒸氣、瓦斯、沸水、電器開關，需確定不會發生危險傷害時才可使用。
8. 冰庫、冷凍庫內不得裝鎖，工作人員進出需穿防凍工作衣及止滑鞋。
9. 使用酒精、松香水、香蕉水、去漬油、樹酯等溶劑，一定要遠離熱源及隔離存放。
10. 逃生門為緊急逃生口，平日應注意不可放置物品阻止通道。
11. 員工平時應注意消防器材及滅火器放置位置，並學會使用方法。

12.保持工作區域整潔，經常檢查地面是否溼滑，並作適當的處理。

13.為防止電氣災害，所有工作人員應遵守下列事項：

(1)電氣器材的裝設與保養，非領有電匠執照或極具經驗的電氣工作人員不得擔任。

(2)未調整電動機械修理，其開關切斷後，須豎指示牌標示，以免發生危險。

(3)發電室、變電室、受電室，非工作人員不得進入，且不能以肩負方式拿過長的物體、鐵鋁等物質通過或在其中間行走。

(4)所有開關完全裝有鎖緊設備，應於操作後加鎖切斷開關，不得以溼手操作，操作時應迅速確實。

(5)非職責範圍或工作人員，不得擅自操作各種設備及機械。

(6)如遇有電氣設備或電路著火，千萬不可用水滅火以免發生觸電，需要用不導電滅火設備。

14.使用工作梯時應注意下列事項：

(1)不可使用橫桿缺少或有缺點不安全的鋁梯。

(2)使用工作梯時不可多人同時站在梯上工作。

(3)使用活動鋁梯時要在下面放防滑地墊以減少滑動的危險。

(4)在工作中梯子架設在門口前要設置警告牌，並須注意行人推門碰撞的安全，必要時要派人看守及指揮或暫時封閉。

(5)使用活動梯時，梯子頂端及落角點必須穩固，上下端均須固定，使其不易移動，如果梯子不牢固，使用時一定要有人在梯旁扶著，以防止梯子滑動的危險。

15.工作時為保護自身的安全應著個人防護具，以減少受傷的可能性：

(1)頭部：簡易防護口罩。

(2)手部：防護手套。

(3)身體防護：工作服。

(4)足部防護：橡膠底工作鞋（防滑）。

16.在堆放物品時，至少要留有45公分以上的通道。

17.染有油汙的廢棄物，應丟入不燃性的容器內，以免發生危險。

18.搬運東西或抬舉重物時應注意下列事項：

(1)一般抬舉的重物，不可超過本身體重的百分之三十。

(2)舉物時應利用腿的力量，而非靠臂力以免發生危險。

(3)舉物時將雙腳靠近物品，一隻腳稍微在前，可以取得較佳的平衡。

(4)採取較窄的站姿，雙腳大約分開25～35公分。

(5)告知他人以免碰撞而發生危險。

(6)轉身時先看看後方有沒有人，才不至於有燙傷、撞擊的危險產生。

(7)可利用推車省時又省力。

19.大廳、廁所的腳踏板或地毯若有翻起時，應立即處理以避免客人跌倒。

20.每一位員工有接受體格檢查及健康檢查的義務。

(二)各部門工作安全守則

◆房務部工作人員應注意事項

1.清理浴室，勿站在浴缸及洗手檯邊緣上，必要時要用梯子。

2.進入黑暗的房間前，應先開燈，使用開關或其他電器品時，應擦乾雙手，以免觸電。

3.架子上的物品要放整齊，工作車運送物品時不要讓物品擋住視線，遇到轉彎時應特別小心。

4.吸塵器、抹布、掃把、水桶等清潔用品，應放在安全地方，不可留

在走道或樓梯口，以免造成意外。

5. 如果有東西掉進垃圾袋內，為了確保安全，勿直接將雙手伸進垃圾袋翻撿，可將垃圾拿出放平，倒出來檢視，以免造成意外。

6. 勿用手撿破碎玻璃器皿、刀片及其他銳利物品，應使用掃把畚斗清除，放在指定容器內，以免造成意外。

7. 發現工作區域、地板、樓梯破裂或滑溜，冰箱、電器、燈泡燒壞，空調不冷及漏水，一切設施不良時應立即報修。

8. 為了客人及自己的安全，應注意遵守禁止吸菸等所有的標示及規定事項，要確實遵守，以免造成意外。

9. 使用電器用品時，勿站在潮溼的地面上，以免觸電。

10. 勿將具有危險性的清潔溶劑放在高於頭頂位置的架上，以免發生意外。

11. 勿使用箱子、桶子或其他可堆積的物品代替梯子使用。

12. 換乾洗油或使用化學清潔溶劑時，一定要戴口罩；使用時若不小心沾到手或身體時，要立即以冷水來沖洗乾淨，以免傷害皮膚。

13. 燙衣板在操作中，不可突然停止以免發生危險，使用燙衣板要十分注意，要按規定操作使用，否則會因大意而受傷。

14. 操作各類蒸氣開關及各類機械要注意安全。

15. 使用脫水機前應注意衣物是否平均放好，蓋子是否蓋好，在運轉中不可取出衣物或放入任何衣物。

16. 隨時檢查所有不安全的地方：地面破損、水管漏水、電器品不良、故障的機器，暴露在外的蒸氣管，應立即報修。

17. 如果發現機器運轉不良時，應立即停機不可使用，並立即報修。

18. 如果割傷或刮傷時，應立即上藥、就醫，以免感染細菌。

19. 員工在操作所有的機械設備時，一定要遵守操作說明標示，確保安全以免發生意外。

◆前檯工作人員應注意事項

1.接待客人的服務：

(1)保持崗位整潔，經常檢查腳踏板位置是否正確，大門轉軸是否正常及走道是否清潔暢通。

(2)幫客人開車門時要小心，注意安全。

2.服務中心人員應注意的事項：

(1)放置行李要小心，以免行人絆倒。

(2)用手推車載行李以節省人力及時間，遇到轉角時應留心，上下樓梯不可跑步。

◆餐廳工作人員應注意事項

1.看見不安全的設備、情況，應立即向主管反應，如桌椅、任何不良設備立即搬離現場或報修。

2.制服要穿著舒適，過窄、過長的衣袖及破舊的鞋面均要避免，以免發生意外。

3.地面應保持清潔乾爽，當玻璃器皿、水、食物掉落地面時應立即清理乾淨，防止發生危險。

4.不可堆積杯盤，避免破損與意外發生。

5.如有容易絆人的物品倒在地面，應立即清理或扶正。使用過的盤子或玻璃器皿，非常滑膩，端拿時要小心。

6.拿過錢的手可能沾有細菌，所以不要接觸眼、口及食物，另工作及進食前要先洗手。

◆廚房工作人員應注意事項

1.開啟容器或盒子，要使用適當的工具；留下的金屬、木頭、釘子廢物應妥善處理。

2.為防止細菌感染，食物容器應蓋緊。

3.儲放於冰箱底層的沙拉點心或其他食物要加蓋,以防止容器底部可能有細菌。

4.罐頭食品及其他包裝好的食物要妥善存放,較重較大的要放在架子底層。

5.使用絞肉機時,須以棍子將肉推入,不可直接用手推入以防止絞入危險。

6.使用切麵包機時,要等到機器停止後才可用手移動麵包,並特別注意使用此機器時不可與他人交談以免分心。

7.炊具把手不可突出放置邊緣,不可用手直接拿熱器皿,應使用鍋墊。

8.碟子架不要放在洗碗機周圍,以免手被割傷。

9.破損的玻璃器皿切勿放入碗池或洗碗機內,以免手被割傷。

10.在移動裝有熱湯或熱水的容器前,必須先決定好放的位置,其所經過的通道是否暢行無阻。

11.在清洗鍋盤時應用較緊密的鐵絲絨及銅製墊子。

12.咖啡壺加熱時,要放置好並抓緊把手,以免熱水流出而燙傷。

13.瓦斯管及點火器要經常檢查,一發現有瓦斯氣味應立即報告處理。

14.廚房工作人員的工作制服及帽子應隨時或定期清洗,以保持清潔。

15.冷凍庫或冰庫應備有禦寒衣,且要定期保養及更新,以保持清潔及安全。

16.要保持自己及工作場所的安全與整潔,適當的管理可增進效率及安全,工作時地板要隨時保持乾淨。

17.隨時注意有沒有金屬品、玻璃、汙穢物及其他有害的東西掉入食物內。

18.損壞的器皿如鍋盤碟子，不但會影響工作且易生意外傷害，所以一旦發現應立即反應處理。

◆ 工程部工作人員應注意事項

1.在使用重型及危險性工具時，工作中應避免傷到他人。

2.使用各種類的磨輪機時，應戴好面罩或護目鏡以保護眼睛，但忌戴手套以免捲入。

3.走道、樓梯間、工作場所不可堆放雜物，應保持其暢通。

4.保持所有工作梯正常，將損壞的修補或丟棄。

5.衣櫃要保持整潔，不可置雜物，如瓶子、空箱子等。

6.在工作中雙手潮溼或站在溼地時，上鋁梯請勿觸碰電器用品。

7.進食前應先洗手，不小心割傷或刮傷時，應立即擦藥包紮或就醫，以避免感染細菌。

8.所有的工具應放置在安全的位置，並應養成使用完後就定位，及定時整理放置工具的櫃子。

9.要隨時保持機房工作場所的清潔。

10.所有值班人員一定要對各項機械做自動檢查，定時記錄以確保安全。

11.使用電焊熔接要嚴防火花噴濺，工作人員必須戴防眼護目鏡以免產生意外。

12.鍋爐、壓力容器操作人員在上班時間內，要嚴守操作程序，及監視鍋爐壓力容器運轉的安全，不可擅自離開工作位置，若須短暫離開時必須先轉告同事暫時代理。

◆ 辦公室工作人員應注意事項

1.在辦公室內任何桌椅、事務機器、電器有任何損害，應立即報修。

2.穿著合適的服飾、鞋子，不可穿著過高的鞋子及寬鬆的衣服，穿著

須按照規定。

3.開關抽屜應儘量使用把手,不可從上面或側面拉開,以避免夾傷手指。

4.檔案櫃抽屜使用後要馬上關上,每次只開一個抽屜,以免因重心不穩而傾倒,造成意外。

5.廢紙丟棄於垃圾桶內,要保持辦公室內整潔,以免紙屑掉落地面造成髒亂。

6.辦公室下班時,一定要將電源、冷氣關掉,以免造成意外。

7.辦公室內用文具夾、釘書機、迴紋針、大頭針,要注意使用上安全。

8.勿站在門口前,以防別人突然開門造成傷害。

9.勿邊走邊看書、文件或喝茶。

專欄14-1 平日居家時如何保護背部

房務人員因每日的鋪床、清潔房間等作業都須靠下肢及腰背的力量,所以在職場上有許多人因背痛的問題而困擾,甚至於離開旅館這個行業,所以如何保護背部而不因此造成職業傷害是房務管理所須注意的細節。

一、平日居家時如何保護背部

1.平躺,兩腿彎曲,使背部與床合而為一,臀部下可墊枕頭,使背部充分休息。

2.站立時,一腳踏在板凳(或台階)上曲膝,另一腳向後伸直。

3.起床時，身體先移至床側，側臥靠兩腳和手肘支撐的力量幫忙起床。

4.梳洗時身體不要太向前彎曲，臉盆位置不宜過低，利用一手撐住，單腳踏在小板凳上。

5.開車時，座椅拉前，椅背稍往後傾，雙手置於二點及十點鐘的位置，讓手臂、手肘及脖子放鬆，使脖子很自然的靠在靠頭墊上。

二、工作時的要領

1.鋪床時蹲下來（或蹲下工作時），使重心降低，切忌彎腰以背部施力。

2.整燙衣服，燙衣板調至不必彎腰的高度，可坐在高凳椅或單腳踏於板凳上。

3.搬運東西時要以雙腳及背部的肌肉抬舉。

4.不要持續一個姿勢幾小時，一動也不動，應該常站起來手臂向前或後伸腰。

5.工作需要採長期坐姿者：

(1)先讓肩膀自然下垂，身體略向前傾，直起腰，肩膀向左右各轉幾下。

(2)雙手伸直置於臀旁的椅上，伸直腰，用雙手的力量把上身撐起維持五秒，重複幾次。

問題與討論

一、個案

　　美玉為某家五星級旅館房務部資深的領班，依據她多年來與房客接觸的經驗，她發現506房客的舉動非常奇怪，因為她是以暑假考生專案個人住進該房，但這二天來她從未離開房間，而且每次美玉進房時雖很熱烈地與房客吳小姐打招呼，但她都沒有半點反應。原本以為可能因為要準備考試而心情不定，但第二天卻發現她一個人呆坐在書桌前垂淚，桌上僅有幾封書信而沒有任何書籍。美玉越想越不對，趕緊向房務部門主管報告506房客人的所有情況。房務部林經理在聽過美玉的報告後，也覺得情況不尋常，即與前檯值班經理一同前往506房瞭解情況。剛開始吳小姐堅持自己是因為考試而心情不穩定，但在林經理與前檯經理溫情的勸說下，終於突破她的心防，原來吳小姐確實是考生且在家人同意及資助下住進本旅館，但卻在住進後的第一天得知自己交往多年的男友移情別戀，因心情跌落谷底所以根本無法看得下書。也不想讓家人知道，同學及朋友們又忙於準備考試也不好向她們求援。

　　當林經理與前檯經理得知上述情況後，勸說吳小姐要想開一點，另外希望吳小姐能讓旅館方面通知家人迅速北上接吳小姐回家，對她目前的心情應該會有改善。起初吳小姐堅持不回家，但在旅館人員多方勸說下，終於同意由旅館方面通知其家人，並在家人抵達旅館後向父母解說整件事情的始末，與父母辦理遷出手續後回家。

二、個案分析

　　此案例說明了房務人員對房客的服務及各種狀況反應的重要性，上述案例的發生雖不常見，但若因未及時妥善解決時，將對旅館的整

體聲譽及對外形象有極大負面的影響，必須特別慎重處理。

三、案例解析

1. 房客離家外宿或在國外，難免心情會有不定或是波折，所以在客房內會發生許多的狀況（如喝醉、招妓、企圖自殺等）。

2. 當吳小姐因私人感情的問題，獨自在房內垂淚，儘管她以考生身分遷入，卻沒有任何讀書的跡象，在在顯示她的異常表現。

3. 美玉在多次因工作關係進出房間，很警覺地發現吳小姐不正常的行為，立刻加以注意，並在情況明確後立刻向主管報告，表現出房務領班應有的職業敏感度，值得嘉許。

4. 房務部林經理與前檯值班經理適當地排除了一件可能會發生的自殺事件，除了可救助一條年輕的生命更可保住旅館對外的聲譽。

四、問題與討論

梅花國際觀光旅館住進了一團外國旅客，其中405房的小林及中島先生，不但帶回酒店小姐又將客房搞得亂七八糟，更因酒醉的關係在房內高聲唱歌及嬉鬧，引起同一樓層其他房客的抱怨，雖然在值班經理與領隊的勸導下終於平息喧譁。但第二天晚上他們兩位依然故態復萌，鄰房的商務旅客威廉非常生氣地向值班經理投訴，並希望旅館要求他們兩位立刻遷出！

Chapter **15**

綠色旅館中的綠色客房

　　旅館是人群相對比較集中的高消費場所，旅館為客人創造的舒適環境是依靠消耗大量能源和物資而換來的。隨著全球環境日益惡化，各個國家敏感的意識到應該及時處理好這一關係人類生存的重要課題，其具有明顯的必要性和緊迫性。各個國家紛紛祭出法律、法規來保護環境，並對產業進行調整。對服務行業中具有代表意義的旅館產業，欲將其運行綠色化，走永續發展（sustainable development）的道路，這正是旅館業發展的必然趨勢，也是未來旅館發展唯一的選擇。旅館內部如何運作來實現旅館的綠色化道路，旅館外部如何支撐來保障旅館的綠色化發展，值得進一步加以闡述。

第一節　綠色旅館概念

　　綠色旅館（Green Hotel）是指那些為旅客提供的產品與服務，既符合充分利用資源，又保護生態環境的要求，和有益於顧客身體健康的旅館。從永續發展理論的角度考慮，「綠色旅館」就是指旅館業發展必須建立在生態環境的承受能力之上，符合當地的經濟發展狀況和道德規範，即是透過節能、節電、節水，合理利用自然資源，減緩資源的消耗；其次是減少廢料和汙染物的生成與排放，促進旅館產品的生產、消費過程能與環境相容，降低整個旅館對環境危害的風險。

一、我國推展綠色旅館近況

　　政府開始注重綠色旅遊，2008年推出旅館業環保標章，並於該年舉辦「2008全國環保旅館大賽」，共有二百七十位網友參與推薦，計有七十八家一般旅館與三十九家觀光旅館符合資格，獲選環保旅館普遍採行節約用水用電、減少床單及毛巾更換頻率、減少提供拋棄式盥洗用品、實施垃圾

分類資源回收，及使用有環保標章產品等環保措施。這些項目其後也列入旅館業環保標章規格標準。此外，部分旅館為響應此次活動，推出了環保住宿優惠方案，例如「in是要環保」住房專案，用相對優惠價格並加贈兩客下午茶方式，提供給自行攜帶牙刷、沐浴乳、洗髮精、浴帽、梳子、刮鬍刀、拖鞋，隔日早報以及續住不更換床單、大浴巾、毛巾的旅客，或是訂房時只要註明自備個人盥洗用品，該旅館將不提供拋棄式個人盥洗用品及續住不更換床單、大浴巾、毛巾，並替旅客折價一百至兩百元。

全國環保旅館大賽後，行政院環保署更於2009年10月間召開「旅館業環保標章申請說明會」，共有包括國際觀光大飯店在內十六家業者出席，旅館業者反應熱烈，可見申請旅館業環保標章確有其吸引力與必要性，政府強力推動綠色旅館，以減少資源消耗，力盼環保理念能持續落實。

易言之，環保旅館除了推動節能、省水、廢棄物減量及垃圾分類回收、危害性物質管理等措施，亦不主動提供或陳列拋棄式個人盥洗用品，及續住旅客可選擇不替換床單或毛巾，減少廢棄物及汙水量，大幅減少對環境的破壞。環保署為進一步提升全民於住宿旅館時落實環保，力行綠色生活，並鼓勵旅館業者認同顧客之綠行動，於2010年推出「綠行動傳唱計畫」，藉由業者呼應消費者綠行動，自節省備品費用中提撥部分經費，贊助支持民間非營利組織之環保計畫，讓綠行動可以廣泛推動。

以國內一家國際觀光大飯店為例，該飯店早在2001年初，即成為台灣第一家通過ISO 14001環境管理系統標準認證的飯店。而該飯店在企業環保方針及目標上，也定期進行檢測與環保演練，員工皆遵循綠色環保守則，減少消耗並循環使用各項資源。該大飯店目前在節水措施方面，已實施的相關內容如下：

1.客房浴室之蓮蓬頭加裝節水器。
2.員工洗手間安裝省水之紅外線感應水龍頭。
3.廚房水龍頭加裝節水器。

4.公共區域及員工洗手間皆為省水馬桶。

5.雨水回收，空調冷凝水回收及游泳池溢出的水回收，皆再利用供應至空調冷卻水塔。

6.加強宣導，如客房放置立牌，提醒住宿期較長的客人，一起愛護地球，儘量減少毛巾的清洗，亦或在員工洗手間張貼省水標語。

　　該飯店除了在內部環境作環保管理，對外也積極參予環保公益活動，回饋社會，為國內率先將綠色概念應用在旅館上，並確實的執行各項永續經營理念。

　　此外，環保署為推廣綠色消費理念，將環保標章制度推廣至服務業，建立「旅館業環保標章規格標準」，有兩家旅館獲得第一批「環保旅館」驗證通過，環保署於2010年4月間辦理「旅館業環保標章授證典禮」，以表揚這兩家在營運與管理上均有明顯環境績效的旅館業者。

二、旅館業環保標章規格標準

　　行政院環保署所推出的旅館業環保標章規格標準如下：

1.本標準適用之對象係指所有提供住宿設施與服務，並領有政府核發之觀光旅館業營業執照或旅館業登記證之業者，包括觀光旅館及旅館業（含公務部門附屬旅館）。

2.業者之企業環境管理，應符合下列各項規範：

　(1)申請日前一年內，不得有違反環保法規並遭受環保主管機關處罰確定之記錄。

　(2)具有環境政策及環境管理方案／行動計畫。

　(3)建立能源、水資源使用、一次用產品使用、廢棄物處理之年度基線資料。

(4)每年進行員工環境保護教育訓練。

(5)每年參與兩次以上社區、環保團體或政府相關環保活動。

(6)辦公區域應推行辦公室做環保之相關措施。

(7)維護周邊50公尺內環境清潔。

(8)餐廳優先採用本地生產或有機方式種植之農產品，不使用保育類食材。

(9)場所之空氣品質符合環保署規定之室內空氣品質建議值，並具有維護管理措施與定期檢測。

3.業者之節能措施，應符合下列各項規範：

(1)每年進行空調（暖氣與冷氣） 及通風／排氣系統之保養與調整。

(2)室內照明燈具超過半數使用節能燈管燈具。

(3)出口標示燈及避難方向指示燈超過半數使用精緻型省電日光燈或發光二極體。

(4)地下停車場抽風設備設置自動感測或定時裝置。

(5)客房浴室之抽風扇與浴室電燈開關應為連動。

(6)客房電源與房卡（鑰匙）應為連動。

(7)在使用量較低之時間減少電梯或電扶梯之使用。

(8)當房客離去之後重新設定自動調溫器於固定值。

(9)於大型空調系統、鍋爐熱水系統及溫水泳池等設備安裝熱回收或保溫設備。

(10)具有確保無人區域之燈具維持關閉之作業程序。

(11)餐廳冷凍倉庫裝設塑膠簾或空氣簾。

(12)戶外照明使用光學偵測器或定時器。

4.業者之節水措施，應符合下列各項規範：

(1)每半年進行用水設備（含管線、蓄水池、冷卻水塔）之保養與調

整。

(2)水龍頭及蓮蓬頭超過半數符合省水設備規範。

(3)馬桶超過半數符合二段式省水馬桶規範。

(4)於客房採用告示卡或其他方式說明，讓房客能夠選擇每日或多日更換一次床單與毛巾。

(5)在浴廁或客房適當位置張貼（或擺放）節約水電宣導卡片。

(6)游泳池廢水及大眾SPA池之單純泡湯廢水，與其他作業廢水（如餐飲廢水、沐浴廢水等）分流收集處理，並經毛髮過濾設施、懸浮固體過濾設施等簡易處理後，回收作為其他用途之水源。

5.業者之綠色採購，應符合下列各項規範：

(1)附屬商店銷售產品類別中如有環保產品項目，應包含環境保護產品（具有環保標章、第二類環保產品、節能標章或省水標章等之產品）。

(2)每年至少有五項環境保護產品（具有環保標章、第二類環保產品、節能標章或省水標章等之產品）之個別採購比率達50％以上。

6.業者之一次用（即用即丟性）產品減量與廢棄物減量，應符合下列各項規範：

(1)不主動提供一次用沐浴備品（小包裝洗髮精、沐浴乳、香皂、牙刷、牙膏）。

(2)場所內不提供免洗餐具（餐具、免洗筷、紙杯、塑膠杯等一次用餐具）。設有餐廳者應具有符合衛生主管機關規範之餐具洗滌設備。

(3)具有相關措施向房客說明一次用產品對環境之衝擊，以爭取房客配合減量。

7.業者之危害性物質管理，應符合下列各項規範：

(1)常規電池之用品半數以上使用可充電電池。

(2)環境衛生用藥及病媒蚊防治等符合環保法規規定。

(3)洗衣設備不使用鹵素溶劑作為清洗劑。

8.業者之實施垃圾分類、資源回收，應符合下列各項規範：

(1)公共及客房之廢棄物實施垃圾分類及資源回收。

(2)餐飲有設置油脂截留設施，並有餐飲廚餘回收。

(3)不採購過度包裝之產品，減少包裝廢棄物。

9.本服務之場址與相關服務文件須標示「環保旅館」。

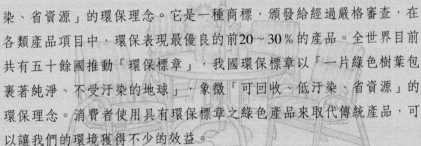

專欄 15-1　環保標章

　　為了配合綠色消費導向，讓消費者能清楚地選擇有利環境的產品，同時也促使販賣及製造之產商，能因市場之供需，自動地發展有利於環境的產品，環保署特別設計了環保標章的制度，並在1992年3月19日評選出我國的「環保標章」，這個標章圖樣為「一片綠色樹葉包裹著純淨、不受汙染的地球」，亦是象徵著「可回收、低汙染、省資源」的環保理念。它是一種商標，頒發給經過嚴格審查，在各類產品項目中，環保表現最優良的前20～30％的產品。全世界目前共有五十餘國推動「環保標章」，我國環保標章以「一片綠色樹葉包裹著純淨、不受汙染的地球」，象徵「可回收、低汙染、省資源」的環保理念。消費者使用具有環保標章之綠色產品來取代傳統產品，可以讓我們的環境獲得不少的效益。

資料來源：行政院環保署。

10.獲得旅館業環保標章之業者應對於各項環保措施持續改善,每年應提供一份年度基線資料比較表、規格標準符合項目差異分析與環境管理方案/行動計畫執行成效說明。

第二節　綠色客房

　　綠色旅館在國際間之評定項目很多,舉凡「建築綠色設計」、「安全管理」、「節能管理」、「環境保護」、「健康管理」、「綠色客房」、「綠色餐飲」、「綠色行銷」等皆是。綠色旅館本質上就是「生態效益型旅館」或「環境友善型旅館」,其核心是為顧客提供舒適、安全,有利於人體健康的產品,且在生產過程中加強對環境的保護和資源的合理利用,本節僅就綠色旅館之客房方面加以說明,要怎樣創建綠色客房把環保意識融入到其中。

一、綠色客房標準項

　　建立綠色客房的標準項如下:

1.有檢測合格的煙霧報警裝置。

2.有檢測合格的自動噴淋裝置。

3.有檢測合格的客用防毒面具。

4.房門安裝安全門鎖,並安裝防盜裝置。

5.電氣設備安裝穩固,零配件完好。

6.電氣開關安裝完好,連接正確,用途有明確標示。

7.家具無破損、無異味,滑動件滑動靈活。

8.浴室:

(1)浴室採用防滑潔具。

(2)浴室採取防滑墊、防滑桿等措施。

9.全館禁菸；若旅館無全面禁菸，則設有無菸客房樓層，其中：

(1)有控制客房內抽菸的措施。

(2)有清除客房內菸味的措施。

(3)設置吸菸區域。

10.客房內的濕度控制在40～65%，溫度根據當地氣候，合理調控。

11.樓層的新風系統符合公共場所集中空調通風系統衛生要求：有完善的送風控制制度及運行記錄。

12.有用於客房內空氣清潔、清新的設備。

13.有隔音設計與措施，客房隔音效果良好。

14.棉織品衛生、舒適，其中：

(1)地毯整潔（硬質地板亦同）。

(2)沙發整潔。

(3)窗簾整潔。

(4)毛巾整潔柔軟。

(5)浴巾整潔柔軟。

(6)睡袍整潔柔軟。

15.供應潔淨的飲用水。

16.採光充足，有可調節的光源。

17.根據客人需要提供個性化臥具。

18.放置有益人體健康的綠色植物。

19.有節約能源提示卡。

20.有免換洗提示卡。

21.不提供一次性消耗品。

22.採用節水型馬桶或中水系統用於馬桶。

二、旅館綠色客房實例

2010年威斯汀酒店集團（Westin）也開始設置綠色客房，下面就來介紹一下綠色客房的具體內容。

旅館為了促銷綠色客房，還規定凡是入住綠色客房，並且每天消耗的碳足跡（footprint）不大於6.28公斤，就可以獎勵客人500會員積分：

1. 首先客房使用了低流量的水龍頭，這樣除了可以節約水資源，還減少生產熱水所需的熱能需求。
2. 關於水資源，客房還是用了大家熟知的中水系統，將生活中產生的廢水，如洗衣、洗手及洗澡水進行回收用於沖廁。
3. 電力設施方面，旅館使用了高效照明設備，直接減少了80%電能消耗，同時減輕空調系統的負荷。
4. 馬桶上有兩個按鈕，可以選擇3公升或者6公升的水量，按需求決定。
5. 垃圾分類項目，鼓勵賓客在入住期間將可以回收垃圾和不可回收的垃圾分類處理。
6. 無效能源監控裝置（即可以觀察到入住期間所有消耗的碳足跡）。
7. 除此之外還有一些小的步驟同樣可以節能，如使用十字形旋轉門而非推拉門來減少能量流失，離開房間取下房卡，關閉所有燈等。
8. 綠色客房還有一些特殊的自動化，就是普遍使用節能燈，光線暗一點，但是在寫字檯、電視周圍不會暗，因為那樣可能會影響視力。還有當客人進入浴室時燈會自動打開，當出來時燈會自動關閉。當白天打開窗簾時，光線足夠，落地燈會自動關閉。

三、綠色旅館客房清潔生產

客房是旅館重要部門，對於水和能源的消耗也占著很重的比例，茲

就客房來闡述清潔生產措施：

(一)客房清潔生產

　　旅館客房清潔打掃的生產過程，實際上就是客房綠色服務的過程。這一過程是旅館最關鍵的環節，也是旅館收入的主要來源，客房的收入占整個旅館收入之比例很高，有些旅館甚至達60～70%。客房在旅館營運過程中主要包括兩方面的活動：一是旅館內服務員的服務過程，主要是客房打掃整理、衛生清潔和及時滿足客人的合理需求；二是客人在客房內住宿時所產生的一系列活動。針對於此，對旅館客房汙染產生源及成因和清潔生產方案分析如**表15-1**。

表15-1　旅館客房汙染產生源及成因和清潔生產方案

序號	汙染產生部位、過程	汙染產生原因	清潔生產方案
1	客人的洗浴過程	水溫調節不合適，過多放水；普通淋浴頭耗水過高	使用靈敏度更高的冷熱水調節板；改換接水蓮蓬頭
2	客人的洗衣過程	耗水，化學洗滌劑有汙染	提示客人送去洗衣店
3	空調使用過程	無效調溫，過度耗電	增加窗戶密封性；採用鑰匙卡取電
4	燈具使用過程	無效照明	採用鑰匙卡取電；使用節能燈；合理配置室內燈位
5	馬桶（坐便器）使用過程	沖水量過大	採用節水馬桶，用水量分大小解
6	一次性用品的使用過程	一次性使用，包裝過度	改用固定擠壓式洗髮液、沐浴乳
7	床單被套更換	洗滌、烘乾和消毒	用提示卡給顧客選擇更換時間的機會
8	浴室清潔劑和消毒劑的使用	含有毒有害物質	選擇對環境影響小的清潔劑和消毒劑
9	浴室清洗	水龍頭流量多、用量過多	加強對服務員接水意識教育；嚴格按操作規程
10	毛巾、浴巾及手巾更換	洗滌、烘乾和消毒	用提示卡給顧客選擇更換時間的機會

　　表15-1分析了旅館客房的汙染產生部位、過程及成因，並且據此擬定旅館清潔生產方案後，為了更好執行這一系列方案，旅館需要做好兩個方面的工作：

◆旅館自身的執行力

1.旅館應該制定嚴格、詳盡、規範性的工作流程，在工作過程中，嚴格按照流程來做。

2.加強對於員工，特別是基層員工的成本意識和環境意識的培訓教育，畢竟基層員工是在第一線工作的服務員工，他們的工作直接決定了對旅館資源的使用狀況。

◆旅館對客戶的引導

　　旅館單純的取消一次性用品的擺放或間隔過長時間的更換床單、被套及毛巾等，勢必會給客人造成不便。旅館應該在加強對與消費者說服教育、引導的同時，給予一定的經濟補償，如果客戶選擇不用一次性用品，旅館應該從房價中扣除一定的費用作為補償，從經濟的方面刺激消費者減少使用一次性用品。

(二)提倡廢棄物環保處理

　　旅館在經營生產過程和顧客遷入住宿過程中，難免會產生一些廢棄物，對於這些垃圾的處理要做好下列幾點：

1.旅館要透過垃圾分類、回收利用和減少垃圾數量等方式進行控制和管理。

2.旅館建立垃圾分類收集設備，以便回收利用，員工能將垃圾按照細分化的標準分類。

3.對顧客做好分類處理垃圾的宣傳。

4.對廢電池等危險廢棄物有專用存放點。

(三)制定旅館內的綠色管理

　　綠色旅館的內部評估、審核工作的展開要建立在循環經濟和清潔生產的理論上，由旅館的最高管理者適時進行，評審範圍應當針對綠色旅館兩大主要服務項目（即客房部與餐飲部），在旅館循環經濟理念下，將物質形成一個閉鎖循環的流動，在旅館內部實現「小循環」，以便提高物質的使用程度，從而減少此過程中產生的廢棄物，以降低旅館自身的成本和社會總成本。**表15-2**顯示了旅館該考量的物資消耗和能源消耗之分析。

表15-2　客房部物資消耗、能源消耗分析表

＿＿年＿＿月 客房部 經營與物資消耗、能源消耗統計分析表 接待人數＿＿（人）客房營收＿＿（萬元）出售間數＿＿（間）												
	用水				用電				一次性消耗品用量				…
	本月	去年同期	相比	預算標準	本月	去年同期	相比	預算標準	本月	去年同期	相比	預算標準	
總量													清潔劑、消毒液等其他消耗品指標
每人耗量													
每萬元客房收入用量													
每間消耗量													
原因分析													

第三節　旅館綠色化探討

　　旅館可借鑑循環經濟的技術支撐體系，將三廢（廢氣、廢水、廢棄物）汙染治理以及廢棄物再循環、再利用等技術運用到綠色旅館的生產和經營活動過程中，並且積極推行綠色旅館產品的清潔生產，採用新工藝、新技術以減少產品對人身心和環境的傷害，實現少投入、高產出、低汙染。

　　在數年前政府推動無菸餐廳時，業者也疑慮是否會影響客人上門，降低業績，但筆者多次在南部向餐飲業者演講，引用國內外研究數據，告訴業者，無菸環境對業者經營絕對是正面的，如今消費者已經習於餐廳的無菸環境。同樣的，政府與社會建立全民參與機制，展開綠色教育，普及綠色理念，引導客人進行綠色消費、合理消費，使綠色旅館走上良性發展的軌跡。

一、目前旅館經營綠色化存在之問題

　　儘管我國旅館綠色化經營已逐漸開展，若干旅館經營者亦逐步地推行，但多數仍不具備綠色經營意識，傳統的、非永續性的銷售觀念和經營手段在業界中仍居多數。旅館綠色化經營的進展，對我國經濟永續性發展的策略絕對是正面的。目前旅館經營綠色化方面仍存在一些問題，需要大家共同努力：

(一)旅館經營目標尚停留在刺激消費、追求消費增加的階段

　　綠色經營與傳統式經營的分水嶺之一是對待消費的態度。綠色經營追求永續性消費模式，以提高消費品質來減少消費數量；而傳統式經營則是刺激消費，鼓勵消費更多數量。近幾年來，我國旅館數量增加不少，刺

激或鼓勵消費，不僅造成資材浪費，也使資源得不到合理的分配，淡季期間客房住房率低，難免削價競爭，旅館服務品質下降，這與綠色經營的觀念是背道而馳的。

(二)資源保護尚未成為旅館業界經營的原則

資源保護是綠色經營原則之一，目前我國業界資源保護觀念仍有加強空間。例如一間有三百間客房的旅館，水、電、光、熱、化學劑、備品（含塑膠製品）等資源的消耗是多麼可觀，其中能源費用占旅館整體成本比例最大，設備運行效率又無充分發揮，造成無謂浪費。而布巾類之洗滌，其所耗用之化學清潔劑也令人觸目驚心。

(三)綠色產品尚未成為旅館的首要產品

以綠色客房言，客房是旅館的主體，也是旅館向客人提供的主要產品，創立綠色旅館就要開闢綠色客房。客房必須採用生態建築材料、天然塗料以及木製、天然石料等裝飾材料。客房所有用品都是綠色產品：地板是天然木材和石料，家具選擇天然的木、藤製品或玻璃器皿；床上用品是天然棉麻織物，使用綠色文具、綠色冰箱、節能燈具等，並擺放綠色植物花卉。

(四)環保標識制度尚未引起多數旅館的重視

當前一些進步發達國家已普遍施行環保標識制度。在經濟全球化背景下，環保標識成為開啟國際市場的綠色鑰匙。隨著越來越多的國家實行環保標識制度，越來越多的產品被納入環保標識範圍，國際貿易受到的影響將不斷增大，我國的出口在經濟發展上占有很重要地位，其衝擊程度遠超過傾銷法案。雖然我國環保標章自1992年開始推行，但消費者對環保標識產品並無強烈需求，因而多數旅館對環保標識興趣不大。

專欄15-2　綠色冰箱（吸收式）冰箱特點

- 無壓縮機，絕對安靜無聲音，適合需要絕對安靜的場所使用。
- 無氟立昂，綠色環保，不會破壞大氣臭氧層，全封閉式設計，終生無須添加製冷劑。
- 無機械傳動，不會因機械運動磨損部件而出現故障，使用壽命長。
- 自動化霜除水，頂置式燈光設計、可隨時調整的左右開門、可調節的活動層架。
- 適用多種能源，電能（直流12V/24V、交流110V/220V等）、燃氣、燃油等。
- 能耗極低（60W-65W），同時再配備模糊邏輯系統（FUZZY LOGIC SYSTEM），將溫度控制在0～-8℃，不僅充分節電，而且能將溫度穩定控制。
- 製冷系統、箱體結構進口材料，牢固密閉，絕無滲漏及腐爛，維修、保養簡單。

(五)缺乏有力的領導，組織機構無法落實

綠色旅館的建立需要技術和管理的支持。在實務上，管理的支持比技術的支持更重要，沒有管理來支持，技術支持也就失去依附。因此，綠色旅館是一個管理的結果，如果缺乏有力的領導，就無法全面實施旅館的環境管理。沒有良好的環境績效，也就不可能有真正的綠色旅館。再者，雖有若干旅館建立了旅館綠色化經營和環境保護制度，但由於組織機構無法落實，缺乏具體的實施機制，並沒有激發起全體員工積極參與的意

識，其效果顯然不彰。此外，資金和技術的限制也制約了旅館綠色化的發展進程。因此，以整體大環境而言，尚不具備綠色經營意識，傳統的、非永續性的經營觀念和管理方式仍居主導地位，從而影響了我國綠色旅館的發展。

二、客房綠色化的效益

綠色旅館經營的目的是在給顧客提供滿意的服務，滿足顧客的各種需求，方便顧客外出的生活；在此基礎上，求取旅館自身最大的經濟效益。推行綠色客房，對綠色旅館有下列效益產生：

(一)有益於旅館樹立品牌形象

由於全球環境持續惡化帶來環境壓力加劇，人們的環境意識也越來越高，對旅館環境形象也更為關注。綠色旅館主打的就是「綠色」、「環保」，綠色生產可幫助旅館樹立「綠色」的品牌形象，因此將會吸引更多顧客的青睞。

(二)可以降低綠色旅館的營運成本，提高市場競爭力

客房的清潔生產通常透過提高資源和能源的利用效率來減少汙染和資源消耗，因此在這個過程中，自然而然的就降低了綠色旅館的營運成本，從而可以提高綠色旅館在市場中的競爭力。

(三)可以提高綠色旅館的服務品質

強調綠色客房與清潔生產，就必然要加強對於綠色旅館的管理，透過對生產和服務過程的嚴格控制，來達到提高綠色旅館本身效率的目的，在此一過程中，就可以提高綠色旅館的服務水準和品質。

(四)可以降低大量社會成本

綠色生產的內涵核心是：從生產的源頭對產品生產實施全過程控制。因此可大大減少綠色旅館生產和服務過程中有毒成分原料的使用量，從而減少了汙染排放和對環境的危害，從而使需要末端治理的量大大減少，那麼從社會角度去看，社會為此需要付出來彌補旅館對於環境所產生的危害就會大大減少，從而可以極大的降低社會成本。

三、結語

一直以來，旅館的管理者所注重的就是經濟效益，也同樣重視旅客的舒適和環境，但對能源消耗太大、利用率低、物資消耗嚴重浪費、室內環境品質較差等問題較少關注，有的旅館直接排放汙染物，造成環境嚴重汙染。另一方面，消費者逐漸成熟，消費意識發生很大變化，消費者越來越注意環境保護問題，旅館業單純憑藉其高檔次、求奢華來吸引消費者的做法已漸難奏效。所以，旅館實施環境管理是絕對必要的。我國旅館要尋求發展新的契機，與世界水準同步，參與國際競爭，就要重視環境保護，積極創建綠色旅館。

目前，對於國外優秀旅館的經驗，我國綠色旅館的落實尚須努力。這可從政府制度面上與消費者的觀念上著手。制度面而言，就是從法規方面可以制定「綠色旅館標準」及「綠色旅館等級評定法規」。在觀念上要加強宣導「實務環保」之重要性，舉例言之，對住宿兩夜以上的客人，有些旅館在客房內放了提示卡：「如果您不需要更換床單，請把卡片放在您的枕頭上」，很多客人還是沒有做到。這可能有兩個原因，一是忘了，二是認為床單必須每日一換。一般客人可能會這樣想：「我付了錢，不管我住多少天，一次性用品每天應該換，床單、毛巾每天也得換，你們推行『綠色』還不是圖個省錢而已？」旅館對此表示，綠色營銷客觀上是節省

成本,但這不是主要目的,只是希望減少浪費,讓有限的資源發揮更有效的利用。有些更換完全是沒有必要的,比如毛巾,重複使用可能比一次更換更衛生,床單睡了一、二天之後沒弄髒,不換可能對客人來說更舒服。更重要的是節省了水電,減少了化學洗滌劑的使用、減少塑膠製品的充斥,保護了環境,在消費過程中呈現了綠色消費的精神。

專欄15-3　綠色客房參考建議

　　綠色旅館客房的改善可能要花費較大成本與較長時間,但是下列所舉項目,可以立即改善。

　　在實務操作面,櫃檯服務員安排房間時儘量將客人的住房安排在集中樓層,這樣,沒有住客的樓層便可關樓,旅館在燈光、空調、水、人力等資源便可節省下來。或是旅館業者可試行若干樓層為「環境友善樓層」,告訴客人,此樓層房間採綠色化,但可享受折扣,如效果良好,客人已能適應和接受,則可逐步推展全館為綠色客房。另外,各樓層的走道、客房內之植物或盆景可以租用之方式,且每月更換,可省掉很多保養衍生的成本,又可經年常青。旅館一年只用到一次或幾次的飾物、用品、工具儘量採租用原則。例如聖誕樹、薑餅屋等,筆者看到很多飯店這些偌大飾品,節日一過,其處理或存放就成為一大問題。

　　下列則為客房設施的改善:

1.用節水型的馬桶。用水時可分為沖大解小解兩種按鈕,引導客人正確使用,可以節水一半以上。

2.逐步淘汰傳統的9公升以上的馬桶改為6公升型,或可以在水箱

內安裝節水蕊，每只馬桶一年可節水30噸左右。或用土方法，每個水箱裡放一個1.25升的可樂瓶，住房率×房間數×1.25升×平均使用次數＝節水量。

3. 員工浴室可安裝智慧型感應式節水系統。刷卡洗澡男員工八分鐘，女員工十二分鐘，控制用水量。

4. 公共洗手間可安裝感應節水龍頭；房間浴室可安裝流量節水龍頭，適當控制水流量就可以節約三分之一。

5. 中水回用。旅館可將部分廢水回收，經沉澱過濾處理用於澆綠地、洗車、降溫、沖馬桶與小便器等。

6. 國外不少旅館都有雨水收集系統，經處理再利用，不讓資源白白流掉。

7. 用提示卡引導客人，棉織品一日一換改為一客一換。

8. 營造節水的氛圍，用生動的形式提示客人和員工。例如，國外有的旅館在房間放置提示卡：用一個杯子需要四杯水來清洗等。

9. 對旅館的各個部門區域分別用水表計量。累積數據根據使用率額定合理的用水量。

10. 建立制度，發動員工養成良好習慣，加強對水電油氣滴漏的巡視檢查，杜絕長明燈長流水。據檢測，國內一般企業由於滴漏造成的浪費在5～10％。

11. 旅館的冷卻塔會形成大量的水霧。這不起眼的水霧，一家中型旅館一年就要浪費掉極為可觀的水。可以透過改變氣流的角度，安裝收水器，即可大大降低水霧飄散的損耗。

12. 採用新型節能光源。節能燈價格雖比傳統的白熾燈高數倍，但發光效率四至五倍，使用壽命長八至十倍，經濟上完全可行。

旅館如全部採用節能燈照明，至少可節電70％以上。況且節能燈的光譜色度現在已經接近白熾燈，並不影響氛圍的烘托。

13. 旅館大量的各類標識指示燈，夜燈可採用發光二級管LED燈，每一個耗電不到1瓦。

14. 走廊通道、消防樓梯宜採用感應節能燈，防止出現長明燈。國外有的旅館客人通道也採用感應燈。只有客人前面的幾盞燈是亮的，人過燈熄。

15. 採用智慧型節電調壓開關系統。旅館的公共區域、大廳、會議廳、宴會廳等往往裝有數百個燈泡。此系統可根據日照條件和需要營造的氛圍調節電壓和照射度，可節電20％左右。

16. 組合式燈具可採用多開關分組控制，根據需要選擇不同的照明模式。

Chapter **16**

房務人力資源管理

　　人力資源管理在每個企業中扮演著日益重要的角色，旅館中專司人力資源管理的為「人力資源部」，但各部門中對所屬員工各單位人力的配屬、工作量的安排、班表的排定、員工始業在職輪調等訓練，進而至其生涯的發展，都是需要專業房務管理人員的規劃。在房務部人力資源的功能與目的，最重要的是員工人力掌控與規劃、工作績效評估、員工專業訓練、員工生涯發展等四大項，若可以將此四項工作執行澈底，那麼房務部門的管理及呈現出的服務品質和工作士氣，將提高整體旅館的競爭優勢，使企業的經營更長久，勞資的關係更密切。本章中將針對房務部的人力資源管理規劃，解說各項作業重點及技巧。

第一節　房務部人力資源的規劃與運用

　　一家旅館在開幕前，就已針對其各部門人員的配屬，作了全盤性的規劃，以利開幕後各項作業的順利進行。但往往人力的配置隨著服務標準的不同、作業器材的改變、客源的變動、管理制度的更新等因素，而需要做彈性或永久的調整，各部門主管不能以舊有的人力制度來應對瞬息萬變的企業經營，如何才可保有優勢的競爭能力，全靠管理者的因應能力。

一、人力配置的規劃與定期審核

(一)人力配置規劃技巧

　　旅館業的最大費用為「人事成本」，且無法如製造業以機器來取代人的角色，所以如何善用人才，是每一位管理者應具備的專業素養。各單位的人力配置多寡，往往與各職位的任職條件及標準作業程序等的內容有關。房務部的主管應與人力資源部密切配合，盡力做好以下規劃：

◆依據組織表規劃部門架構

　　由人資部門取得最新的企業組織表，依據旅館所分配的職責，規劃房務部的組織架構（房務部組織架構部分請參考本書第三章）。

◆建立各職級人員的任職條件

　　依各單位的性質建立任職條件，以作為日後任用、補員、晉升等評估的標準（房務部各職級的任職條件部分請參考本書第三章）。

◆制定各單位標準作業程序

　　聚集各單位主管，將各項作業分析與整理，建立一份房務部標準作業程序，其功能除可再確認各單位的服務及作業標準化外，更可為日後因服務標準的不同、作業器材的改變、客源的變動、管理制度的更新等奠定基礎，才不會導致朝令夕改讓員工及幹部無所適從（房務部各單位的標準作業程序請參考本書第五章至第十四章）。

◆變動的因素預測及掌控

　　依據業務行銷部門的客房住房率及各項變動因素，來做人力的彈性調整。

　　1.季節性變動的住房（如各項展覽、活動、假期等）。

　　2.旅館促銷活動（如國人特惠專案、寒暑假期等）。

　　3.與旅行社、航空公司聯合促銷活動。

　　4.旅館裝修或保養期。

　　5.旅館周遭的交通黑暗期。

　　6.選舉。

◆每人工作量的規劃

　　1.最高編制人員人數的計算方式：依據旅館的標準作業程序，適切地安排每一個人的工作量，在此以房務部房務員說明，以最高的工作

量來計算：

(1)每一位員工每日負責整理十四間房間（單人作業）。

(2)住客率百分之百（當週的平均住房率）。

(3)每人每週工作五天（勞基法的規範，每週一天公休、一天國定假期或年假，年資較久的員工可能要每月再扣一天）。

(4)客房數為四百間。

(5)每人每天須整理的房間數為：

400間×7天＝2,800間（每週全旅館共須被清理的房間）

14間×5天＝70間　　（每週每人共清理的房間數）

2,800間÷70間＝40人（所需的房務部房務員最高編制的人數）

2.以同樣方法可試算出最低編制人數，以作為部門員額制定的最低標準。

　　當然，房務部的工作量不可能如此輕易的計算出，其中包括了許多複雜的條件，如住房率、服務的等級與標準、房間的大小、家具的陳設及清理的難易度、鋪床的作業、浴室的設計（有沖洗室的房間較費時間）、續住房或遷出房、房間是否具有陽台或廚房、有否進行平日例行保養工作等等的變動因素均須考慮進去，才有辦法精確地計算出房務部的工作量。

(二)人力配置的定期審核

◆善用排班表

　　排班表為旅館每一現場作業主管依據到客的尖離峰、淡旺季將所屬人員做一工作時段的安排，其排班的技巧須注意之事項如下：

1.房務部門最忙碌的時段多集中於早上及傍晚，因為必須清理客房、清潔公共區域、送洗客衣及各項備品，所以應將主要人力安排於早

專欄16-1　各家旅館房務部房務員運用狀況

　　房務部的工作量一般而言皆很沉重，而每一家觀光旅館依房間條件（大小、設備等）、作業內容（單人作業或雙人作業等）、客源不同及管理制度等，有不同的工作量規劃。以下列出其運用的現狀，以利作為規劃的參考。

★長榮酒店

　　以單人作業每日作業十四至十五間，續住房平均作業時間為十五分鐘，遷出房為二十五分。

　　以雙人作業每日作業二十七間，續住房平均作業時間為十分鐘，遷出房為十五分。

★福華大飯店

　　以單人作業每日作業十五間，續住房平均作業時間為二十分鐘，遷出房為三十五分。

　　以雙人作業每日作業二十八間，續住房平均作業時間為十分鐘，遷出房為二十分。

★君悅大飯店

　　以單人作業每日作業十二間，續住房平均作業時間為二十分鐘，遷出房為三十分。

★圓山大飯店

　　以單人作業每日作業十至十二間，續住房平均作業時間為二十分鐘，遷出房為三十分。

★華國洲際大飯店

　　以單人作業每日作業十二間，續住房平均作業時間為二十分鐘，遷出房為三十分。

★亞太大飯店

以單人作業每日作業十三間，續住房平均作業時間為二十分鐘，遷出房為四十分。

★國賓大飯店

以單人作業每日作業十一間，續住房平均作業時間為二十分鐘，遷出房為三十分。

★小西華飯店

以單人作業每日作業十六間，續住房平均作業時間為二十分鐘，遷出房為四十分。

★寰頂大溪別館

以單人作業每日作業十三間，續住房平均作業時間為二十分鐘，遷出房為三十分。

★晶華酒店

以單人作業每日作業十間，續住房平均作業時間為十五至二十分鐘，遷出房為三十至四十分。

★新竹老爺大飯店

以單人作業每日作業十二間，續住房平均作業時間為二十五分鐘，遷出房為四十分。

★華泰王子大飯店

以雙人作業每日作業二十八間，續住房平均作業時間為十分鐘，遷出房為二十分。

上七點至晚上七點間。

(1)房務員方面：房務部房務員因須等候房客外出後才可進行清理作業，大多數旅館的主管會將其排班為早上八點至下午四點的班。以就業市場觀點而言，房務員多為二度就業的家庭主婦，如此的班別可利於照顧家庭生活，又因其穩定性要比年輕人來得高，所以是目前各觀光旅館房務部主力人員的來源。

(2)樓長及領班方面：幹部的排班則應採較彈性的做法，如樓層領班可兼任夜床開床人員，其班別應以房務員排定後再行安排，夜床的時間亦可以提早半小時至一小時，在房務員結束清理客房的工作後可協助領班共同完成開夜床的工作，如此一來夜班人員的人數將可相對的減少。

2.利用臨時人員：因季節性的變動而調整的住房率，應善用臨時人員，其人力來源可為別部門人員（輪調訓練）、實習的學生、退休的員工、離職的員工等。因其已具有相關的工作技能及對旅館組織及運作皆有某種程度上的瞭解，不但可紓解人力不足的窘境，亦可為逐日攀升的人事成本作大幅的降低。

3.彈性調整工時：傳統的人力管理，將所屬的員工均安排以天為計算單位的工時，但因應目前旅館營運現狀（淡旺季明顯、生意量較難預估、固定員工的人數減少等因素），許多的旅館已漸漸調整為較有彈性的工時，例如，忙碌時工作十小時、生意清淡時現場主管可適時的安排部分的人手先行下班，如此一來對整體的人事成本及人員編制皆可控制在最適當的比率。

◆ **每月定期檢討人事成本**

依據財務部門的各部門成本分析表，仔細核對是否超過預算、有無異常的狀況、人員的任用及呈現是否維持旅館的水準。

◆每年重新檢討人員編制

1. 觀光旅館會依據今年度的營業額及明年預估的生意量，來規劃每一個部門的預算。

2. 房務部主管將依據旅館所給付的預算，來安排相關預算的編列，如重新添購家具、更換設備、人事成本等。若因應生意量的調降，各項費用也必須隨之調整，所以人員的編制也必須要重新計算及考量。

3. 善用各項人力資源：

   (1) 與學校建教合作：目前各大專院校因應服務業的興起，已廣設旅館及餐飲科系，為使學生更能早日融入社會，許多學校均讓學生有四至六個月的實習時間，其中對房務部門的人力緊迫有舒緩的效益。但部分業者或主管仍對此做法抱持保守的看法，對旅館長期的人力資源擴充及發展上將無法突破現狀！

   (2) 二度就業的人口：台灣目前因整體產業結構快速變化，許多傳統產業已釋出許多就業人口，如何讓這部分的人力資源可以轉化為旅館業所運用及吸收，就必須在員工訓練上加強。

   (3) 採用各部門人力資源相互支援：加強各部門的輪調作業訓練，不但可以增加員工的多專業性，更可以強化員工的向心力，有利於整體人員的生涯規劃。

   (4) 將部分工作轉給外包商：許多觀光旅館為因應逐日下滑的住房率，將部分的工作（如夜間清潔、定期地板保養、園藝的修整及游泳池的保養等）轉包給外商，以解決人力不足及因固定員工逐年上漲的人事成本等問題。另外有些季節性、專案性的工作則轉給一些專業的顧問公司，如電腦系統的轉換、網頁設計、部分較專業的企劃案或美工設計，甚至許多旅館的員工旅遊或訓練也有慢慢轉包給顧問公司的趨勢。

(5)企業派遣：部分固定性的忙碌工作（如年底報稅）或短期的行政事務等，利用人力仲介公司的企業派遣，不但可以不須將人力編制增加，更可將行政職員的人數控制在預算內。

第二節　房務服務訓練需求分析與計畫

一、訓練需求的分析

(一)決定訓練需求的因素

目前觀光旅館負責訓練的單位，仍以人力資源部（或人事部門）居多，成立專職的訓練部門以五星級者占多數。觀光旅館的訓練主管單位在決定訓練需求時，多數以下列因素為考慮的要項：

1.旅館的年度訓練重點。

2.企業文化及短中長期的目標。

3.顧客反應及抱怨。

4.各部門建議。

5.員工工作的需求。

6.員工自我意願。

7.各單位自行決定。

8.其他臨時性的需求。

(二)訓練需求診斷的重要性

訓練需求診斷即是依據組織目標及可運用的資源，以決定訓練的重點，其次則要實施工作分析，以判定人員需要具備何種能力才可執行

職務，最後依其職責及未來發展方向，分析現有智能及意願是否合乎要求。當現在或未來預期績效與現有績效間有差距時，即有訓練需求的存在。

(三)員工訓練需求的原因

◆ 新進員工

1. 對於新的工作完全陌生。
2. 有過去的工作經驗，但是其標準、方式及過程等與現在的工作不同。
3. 有過去的工作經驗，但是缺乏工作上某方面的知識、技巧或態度。

◆ 舊有員工

1. 缺乏知識、技巧或錯誤的態度而未能達成旅館要求的工作目標。
2. 原工作內容、過程、設備、方法等有所變動須重新介紹說明。
3. 新的工作成立、部門分立或合併等。
4. 升遷、調職或輪調。
5. 提升現有員工的工作職能、服務技巧或心態等。
6. 新的公司政策。

(四)員工訓練需求的評估與診斷的方法

◆ 如何獲知需求所在

1. 與所有工作相關的人員會談。
2. 採用問卷調查方法。
3. 觀察法。
4. 重大的事件或案例經驗。
5. 人員僱用記錄、教育背景及訓練資料。

專欄16-2　訓練的好處

　　在當前的經濟社會，每家公司行號在招募新人時，常常打出的文宣為「本公司具完整的訓練制度」，藉以吸引新人的投入。到底「訓練」的好處為何，可針對幾個方向來說明：

一、對員工方面

1.增加自信並迅速到達應有的專業水準，迎向工作挑戰。

2.提升激勵的層次。

3.提高士氣，增加工作效率。

4.事先做好準備升遷的能力。

5.減輕因不懂而形成的工作壓力。

二、對客人方面

1.提供高品質的產品。

2.提供高水準的服務。

3.使整體消費氣氛更愉悅。

4.讓客人有物超所值的感覺。

5.消費有保障。

三、對督導者方面

1.降低員工缺席率及流動率。

2.有更多時間做現場督導工作，而非每日都在訓練員工。

3.掌控員工習性，建立與部屬的互信與尊重。

4.提供更好的主管與部屬的關係。

5.可以組成強勁的工作團隊。

6.提升自我專業的知識及服務技巧。

7.擁有更多升遷的機會，增進個人前途的發展。

四、對公司方面

    1.提高營業額。

    2.增加生產力。

    3.降低成本。

    4.減少意外的產生。

    5.提升公司整體形象。

    6.建立與常客的互動。

    7.增加服務口碑,並減少客人的抱怨。

    8.吸引有潛力的員工。

    6.績效評估的方法。

    7.顧客意見調查表的彙整及統計。

    8.其他臨時性的案例或建議。

◆如何診斷訓練的可行性

    1.是否與旅館政策吻合。

    2.是否合乎服務提升的理論。

    3.部門主管的建議及意願。

    4.訓練的成本、預算、場地及時間等因素。

二、房務部訓練計畫的規劃

(一)始業訓練及新人訓練

◆公司部分

    1.訓練對象:每一家旅館都有不同的始業訓練(orientation)項目規劃及時間的安排(半天、一天或二天等),所有旅館的新進人員均

應接受此項訓練。

2.內容大要：

(1)協助新人瞭解公司歷史、傳統精神、經營理念及未來展望。

(2)協助新人瞭解公司的組織、制度及規章。

(3)協助新人瞭解飯店的安全、衛生及緊急事件的處理。

(4)協助新人熟悉工作環境及各項設備。

3.訓練課程安排：

(1)公司組織介紹。

(2)公司傳統及服務理念。

(3)人事福利講解。

(4)旅館業現狀的介紹。

(5)旅館安全消防及意外事件處理程序。

(6)新工作的開始。

(7)儀容規定。

(8)參觀旅館各餐廳、客房及後勤區。

(9)其他。

◆部門部分

1.訓練對象：所有未通過試用期的新進房務部人員。

2.內容大要：

(1)協助新人瞭解房務部各項規定及責任分配。

(2)協助新人學習該單位應具備的基本專業知識及技巧。

(3)協助新人瞭解房務部特別的安全、衛生及緊急事件的處理原則。

(4)協助新人熟悉房務部環境及設備。

3.訓練課程安排（以房務員為範例）：

(1)打卡及簽到規定的介紹。

(2)如何領取、保管及交回樓層的主鑰匙。

(3)各項布品、備品及用品的領取手續。

(4)備品室及備品車的開啟及保管。

(5)如何進入客房（敲門禮儀）。

(6)如何與客人打招呼及問候（標準用語）。

(7)如何清理浴室。

(8)如何整理客房。

(9)如何補充冰箱飲料及各項用品。

(10)基礎房務英語會話（如附件二）。

(11)其他。

(二)在職訓練

在職訓練（On-the-Job Training, OJT）包含公司與部門兩部分：

◆公司部分

1.語文訓練：為提升旅館從業人員的外語能力，以期與客人更好的互動及溝通。以英、日語會話為主。

2.一般性訓練：配合旅館的經營理念，訓練員工觀念性的建立，以達成公司既定的目標。舉辦的項目參考如下：

(1)禮儀。

(2)交談技巧。

(3)美姿美儀。

(4)消防訓練。

(5)顧客心理學。

(6)銷售技巧。

(7)公司精神。

(8)如何處理顧客抱怨。

(9)人際關係。

(10)自我發展訓練。

(11)體態手勢訓練。

(12)新作業程序及技術訓練。

3.訓練訓練員：訓練在職人員熟悉工作的技術、專業知識，藉以訓練部門所屬人員，以維持一貫服務水準及品質，進而增進工作效率。訓練的內容以闡述訓練員的職責及教導的各項技巧與基本的管理概念。

◆部門部分

1.一般性員工訓練：為加強在職的各項專業技能與能力，許多部門主管會依個別需求而安排相關的訓練課程（以房務員為範例）。

(1)專業性：

‧各項客房服務處理程序（遺留物、開夜床、請勿打擾等）。

‧客衣送洗作業。

‧各項清潔用品的認識及使用技巧。

‧各項清潔工具的使用與保養。

‧各項保養作業。

‧布巾品的質料認識。

‧公共區域的清潔與管理。

‧其他。

(2)一般性：

‧急救、工作安全、消防與育嬰常識。

‧電話設備的使用與用語。

‧人際溝通。

‧其他。

2.領班級以上訓練：

(1)專業性：

　　・查房作業。

　　・各項房客突發狀況的處理。

　　・簡報技巧。

　　・part-time員工的運用與管理。

　　・各部門協調溝通作業實務。

　　・客房成本分析。

　　・節約能源與緊急狀況處理。

　　・各項客房促銷的認識。

　　・客房用品採購流程的認識。

　　・各項人力的安排（排班表的技巧）。

　　・工作安全。

　　・認識各種客房財務報表。

　　・其他。

(2)一般性：

　　・基層主管的角色扮演與職責。

　　・顧客抱怨的處理與分析。

　　・員工問題的處理。

　　・緊急救護與意外傷害的防止。

　　・應徵員工的面談技巧。

　　・績效及目標管理。

　　・激勵員工。

　　・預算的制定及財務報表的分析。

　　・其他。

3.訓練訓練員：在職訓練員要善用各種教導的技巧及表格等，並要事
先準備好各種教材，才有辦法完成忙碌的訓練工作。

(1)事先準備妥善「訓練課程實施計畫表」（**表16-1**）。

(2)準備好各項「訓練教材分解表」（**表16-2**）。

(3)如何組織訓練：不管你所要訓練的細節如何，以下的基礎訓練步
　　驟將可以提供給你最大的助益。

　‧步驟一：以平常的進度陳述訓練的細節。

　‧步驟二：慢慢解釋並重複敘述每一個細節，更重要的是不要忘
　　　　　　了問問題。

　‧步驟三：在你的監督下讓員工完成你所教的細節。

　‧步驟四：讓員工重複練習，這樣的話才可以達到正確迅速。

　‧步驟五：在進行下一個工作細節之前，讓員工將你所教的細節
　　　　　　重新做過一次，並注意其中的技巧、速度與正確性。

　‧步驟六：當訓練完成後，讓員工重述訓練的內容。

專欄16-3　成人教育的特色

　　當訓練員在規劃各項訓練課程時，要考慮到被訓練的人為「成
人」非「學生」，所以應要掌握其學習的特色，以期有最好的學習效
果。成人學習通常較重視：

1.成人具有較多的學識與經驗。

2.成人不喜歡教條式的訓練。

3.成人只對他們利害有關的學習感興趣。

4.成人希望他們的時間花得有代價。

5.成人渴望參與整個學習過程。

6.成人排斥改變對既有的態度與工作方法。

表16-1 訓練課程實施計畫表

| 課程名稱：
受訓員：
日期：
受訓地點：
受訓成員：
受訓時間：（天、小時／起訖時間）
課程目標： | 課程需要器材：
（受訓單位提供）
1.
2.
3.
4.
5.
6. |
| | （自己需準備）
1.
2.
3.
4.
5.
6. |

時 間	課程步驟	活動	備註（需要器材等）

第三節 房務部員工生涯規劃

一、使自己具備全方位的能力

　　根據一份統計報告顯示，為促進與顧客的良好關係，房務部人員除了要有清潔客房等專業能力外，還需要具備以下能力才有辦法提升服務品質，進而開拓自己的生涯發展。

表16-2　訓練教材分解表

訓練教材分解表		
訓練主題：地毯清潔 所需教材：吸塵器、牙刷、清潔劑、剪刀		
主要步驟	要點說明	理由說明
1.先將地面大件之垃圾清除。	可以用手撿。	避免阻塞或損壞吸塵器。
2.正確使用吸塵器吸塵。	從房內往外。	吸過處才不至被重複踐踏。
3.輕型的家具擺設應先移開再吸。	家具下方的垃圾應特別留意。	確實清潔地毯。
4.修剪凸出脫線部分。	不可用拉的去除線頭。	避免繼續掉線。
5.特汙處去汙。	將清潔劑噴灑於特汙的地毯表面，再以牙刷刷洗。	保持地毯全面清潔。
6.若有打翻含糖及顏色的飲料、湯汁時，應立即以廢布吸乾。	必要時，可以用清水稀釋再吸乾。	避免因時間久後不易處理留下汙漬。
7.吸地動作要有規律。	避免重複吸同一地點。	吸過的痕跡會較美觀。
其他改進事項或建議： 		

(一)熟悉旅館各項設備及各部門的運作

　　旅館的服務是全面性的，房客很少會分辨哪項工作屬於哪個部門管理或提供，為讓客人能得到最快速及正確的服務，房務人員應熟悉旅館內部各餐廳的營業形態及時間、各種育樂設施及特色（如健身房或SPA等的開放時段及提供的服務或療程等）、客房餐飲的提供時段及菜色內容等等。

(二)具備與相關部門溝通協調的能力

與房務部關係最密切的是洗衣房、工程部及前檯等，若能與之維繫良好關係及互動，對本身的工作完成與提供給房客的服務上，必可得到有效及迅速的支援及協助。

(三)瞭解旅館四周環境的特色

針對房客經常詢問的問題，如商店、車站、機場及觀光名勝等地點及特色，另坐落地所在城市舉辦的各項慶典、運動比賽及聚會，均要利用機會充實及蒐集相關資訊。

(四)主動積極、細心及澈底的個性

房務清潔與管理的工作，十分繁瑣與複雜，若無細心及澈底的個性是無法應付如排山倒海式的工作；國際觀光旅館的房客來自世界各國，有不同的需求及獨特性，若無主動積極的服務理念，是很難做到「Home Away from Home」的賓至如歸境界。

(五)多方面蒐集房客的各項需求

對於服務過房客的特殊需求，應養成記錄的習慣，許多旅館有客戶檔案的電腦資訊系統，但對於有心做好房務管理的人員，應再加強細節上的記錄習慣，才有辦法在競爭性強的旅館部門間，得到上級主管的賞識及各種升遷的機會。

二、運用公司各項訓練提升自己各方面的專業及能力

(一)積極參與人事部門及各部門相關的訓練

其內容細節請參閱本章第二節的訓練計畫部分。

(二)申請交換訓練提升相關專業知識

1. 交換訓練（cross training）為跨單位訓練，如房務員可申請至洗衣房、布品室或公清學習相關的技能，以利對整體房務部有更深入的瞭解。亦可申請跨部門的交換訓練，如房務部辦公室人員可以申請到前檯總機接受訓練，以作為日後轉任其他部門或支援時的基礎。

2. 交換訓練的申請及相關規定：

   (1)申請交換訓練必須在旅館服務滿一年以上（依各旅館規定）。

   (2)由部門主管或自行申請。

   (3)至人力資源部領取申請表格並經由人資部主管面談核准。

   (4)單位主管必須先與申請員工面談，而考慮事項如下：

   　　‧被訓練的職位需要語文程度為何？

   　　‧被訓練的職位需要儀表要求嗎？

   　　‧被訓練的職位有特別的技術與知識需求嗎？

   　　‧當申請員工被認定符合上列三個條件時，方可簽字核准。

   (5)受訓時間最少四十小時或符合旅館的要求。

   (6)受訓資料將列為調升、調職及加薪的重要參考。

(三)參與儲備人員訓練計畫以利主管知識的養成

1. 此訓練的目的為有計畫培養具有潛力的優秀人員，使其兼具科學管理正確觀念，專門技術知識及旅館作業的實務經驗。充實旅館的人力資源並適時提供人力需求，健全公司管理體制及有計畫的網羅人才。

2. 儲備人員訓練計畫（management trainee program）的申請及相關規定：

   (1)以旅館當年度預算與政策決定招募的人數。

(2)以對內或對外的方式招募。

(3)申請及辦理程序：

‧由人力資源部初步審核所有候選人資料。

‧由內部考選委員會（各部門主管組成）再次審視候選人資料。

‧寄發考試通知單及安排相關考試場地、時間、監考人員等事宜。

‧所有複試人員皆須經由總經理面談後決議。

‧儲訓人員訓練計畫執行及安排所有相關事宜。

‧儲訓人員訓練中的觀察及考核。

‧建議儲訓人員適合分發單位供總經理作決議。

‧安排人員分發事宜及發布新的人事通知。

(四)努力爭取各種進階訓練的機會

1.旅館內部進階訓練內容包括海外研習、海外觀摩考察或各項技術比賽、國內外訓練機構舉辦的各種訓練活動或比賽。

2.藉由以上活動可得到：

(1)對外的研習、觀摩、考察等訓練，增廣見聞，以激發工作的創意，增近管理效率及功能。

(2)吸收他人的長處以運用於旅館及自身工作上。

(3)配合旅館人員才能發展計畫，有計畫的培育人才。

(4)提升本旅館國際聲譽。

(5)國際性專業知識。

3.申請及相關規定：

(1)海外研習、海外觀摩考察及競賽（含公司選派與自行申請）

‧內容：參加訓練或比賽者，依據其簡章選定所修課程及競賽內容。

‧方法：有課堂講解及實習。

‧時間：旅館得視訓練性質，決定公假、半公半私，或完全屬於個人假期（如留職停薪或利用個人年度特別休假等）。

‧費用：包括旅費（分交通、旅館房租、洗衣、計程車）、電話、電訊、郵資、學費等。乃依性質分別決定公費及自費部分，出國前應提出出國費用申請，於結訓回國後自行結帳。

‧受訓報告：所有接受訓練應在規定時間內繳交訓練報告或心得，先交給部門主管核閱後轉交人力資源部經理後轉呈總經理核閱。

‧簽約：凡接受公費全費或部分費用者，出國前應簽立合約。

(2)國內受訓機構：

‧所有有關的資料與簡章由人力資源部會同有關部門主管，推薦人選呈請總經理核定後派員。

‧受訓時間：有日間及夜間、公假或私假，視受訓課程而定，由公司決定。

‧受訓費用：由旅館決定公費或自費。

‧受訓報告：凡公假或公費者，於受訓結束後應提出受訓報告或心得，送人力資源部轉總經理。

三、有計畫規劃自己在旅館業的生涯

(一)明確認知自己的興趣與專長

1.旅館業有許多部門需要有不同專業的人員參與，在進入此一行業時最重要的不是如何得到好的職位，而是要確認自己是否適合服務業及興趣的所在。

2.房務是一重要及基礎的部門，非常合適由學校剛畢業的同學，因為可以為以後管理的工作打下良好的基礎。

3.筆者擔任旅館業人力資源部主管及兼任學校老師多年，深知觀光／旅館管理等科系同學對房務工作，有許多排斥的想法。多數同學較喜歡外表光鮮亮麗且工作輕鬆的前檯職位，但往往受限於自己語文能力的因素，而無法申請到自己心儀的旅館，甚至有些人還因此離開此一行業，浪費了許多的時間及精力。

4.若因自己某方面能力不足時，更應有從基層做起的心理準備，房務部的工作是一個很好的開始，不但可以奠定好的作業能力，更可熟悉旅館內部的組織及主管，對於日後升遷及轉調都是很好的踏腳石。

(二)努力學習各種基礎作業的技巧

1.房務人員每日例行性的工作十分繁瑣，如何讓自己在短時間內熟悉各種專業技能（清理房間及各項客房服務等），是須靠努力的工作進而學習到其中的竅門。

2.主動積極、認真穩定的個性，是每一位主管所喜好的員工特質，也是日後升遷的重要關鍵因素。

(三)利用各種機會接受訓練

1.國內觀光旅館為提升服務品質，常會舉辦各種定期或不定期的訓練或活動，身為旅館的新鮮人應把握這些難得的機會，不但可以學習到各種專業知識及技能，更可在各種場合展現積極度及活躍性，讓許多主管對你印象深刻。

2.在國際觀光旅館的生涯發展上，外語能力常為決定性的關鍵，而語文課程也是觀光旅館特別重視的部分，故長期的參與必能對語文能

力不足的缺點逐漸改善。

(四)主動申請交換訓練

許多旅館對於內部員工有開放跨部門的交換訓練，提供了對與工作有關的部門學習相關的技能外，更可為自己旅館生涯規劃多出許多選擇，是一條減少輕率嘗試而遭到挫敗的捷徑。

(五)踏穩腳步邁向下一個目標

1. 當基層職位學習及磨練數年後，應為自己基礎管理能力作準備，以迎戰下一個職位的挑戰。
2. 學習第三國語文（如日語或法語等），為自己下一個目標（如前檯或業務行銷等前線部門）繼續努力。
3. 目前許多同學喜歡至國外遊學或留學，對此一趨勢筆者頗為認同，因為如此一來不但可以增加國際觀，更可以提升專業及語文能力。但首先必須確認自己的真正興趣所在及未來人生的規劃和目標，而非盲目地追隨流行的熱潮。
4. 旅館業是一個可為終身努力的行業，如何樂在工作中是秉持於對服務的一種熱忱，願大家都能在旅館業中找到適合自己的定位，進而發揮專長！

問題與討論

一、個案

　　婉清為房務部資深領班，雖然自學校畢業三年來在房務部的工作讓她學到許多技能及基層管理的能力，但是最近她卻常有倦勤的想法，因為在原職位上已無她可以學到的東西，每天好像很忙碌但卻感覺到很空洞，所以也慢慢失去對工作的熱忱。她的消極看在欲培養她為副手的楊經理眼中十分不忍，因為當初就是看重婉清對此部門工作的摯愛才選她上來當領班。雖然部門中有少許資深的主管不是很服氣，但為了整個部門人力的發展，楊經理還是排除眾議破例由服務員的職位直接升她為領班。她很清楚婉清目前面臨到職場的瓶頸，所以規劃了一份完整的生涯模擬圖，楊經理決定與婉清好好談談她的心事。

　　起初婉清並不承認她有職業倦怠感，但經過楊經理誠摯的懇談下，終於婉清鬆口了，原來她很想到前檯試試，因為很多同班同學都已進入櫃檯或總機等前檯單位工作，她認為自己由學校實習開始就一直在房務部門，雖然楊經理對她很照顧，但每每比起其他同學，就覺得矮人一截，心裡面五味雜陳。

　　當楊經理得知她實際的情況後，首先先問婉清自己真正的興趣為何？婉清很誠實地向楊經理坦承並不很清楚自己的興趣，因為也沒有試過別的部門所以也不知自己會不會適應。楊經理拿出前晚為婉清規劃的生涯表，她建議可以利用時間到前檯作輪調訓練，不但可以瞭解房務工作與前檯間的互動事宜，更可以確認自己的興趣，之後再慢慢規劃日後需要加強的相關技能及知識。

二、個案分析

此案例說明了房務人員對自我規劃的重要性，許多人認為房務部的從業人員大多為二度就業的中年婦女，能在旅館業有什麼發展，相信看過本書第三章專欄3-3的人都記得六福皇宮謝協理的成功，所以只要有正確的興趣認知及有計畫的生涯，每一個人都有辦法在旅館業中出人頭地。

三、案例解析

1. 在職場中常因許多因素，如工作內容一成不變、升遷瓶頸、主管管理風格及公司未來展望等，而導致短暫性的職業倦怠。

2. 當婉清因對未來方向不明及同學的影響下，失去了對目前工作的熱忱，很明顯的表現在她日常的工作績效上。

3. 楊經理因為對婉清賞識，很快就注意到她不尋常的行為，立刻加以注意並為其規劃了一份生涯表，表現出房務部最高主管的細心及對屬下的照顧，值得學習及嘉許。

4. 在與楊經理懇談後的婉清也適時地表達自己的心態，因可以到自己嚮往的單位實習非常期待，雖然對未來還是有些迷惘，因可依照自己規劃的生涯平穩發展，婉清又恢復了對旅館業的熱忱。

四、問題與討論

雅雅為某國際觀光旅館的房務部辦公室領班，日前因住房率下降及生意量不佳的因素，上級主管指示「遇缺不補」的人力政策，雖然下個月就是淡季，但走了四個房務員平日大家的工作量就已經加重了，又加上今年保養的工作特別多，她實在不知道下個月開始進行的房間保養計畫表及班表要如何排定？

附件二

房務部英語會話介紹

G= guest　　　　　　　R= roommaid

1. G: May I have some glasses?

   （我要玻璃杯？）

   R: Yes, how many would you like?

   May I have your room number?

   We'll send them up right away.

   （好，要幾個？請問您的房號？我們馬上送來！）

2. G: Can I have my shoes polished?

   （請幫我擦鞋？）

   R1: Yes, we'll collect them immediately. Is your room number 1005?

   When they're ready we'll deliver them to you.

   （好，我們馬上來收。請問房號是1005嗎？擦好後我們會送回。）

   R2: Please put your shoes in the shoeshine bag and put them outside your door after 10 p.m. They will be ready by 6 tomorrow morning.

   （請將鞋放在擦鞋袋中，晚上十點後放在門前，明早六點前可擦好。）

3. G: May I have a copy of the China Post?

   （我要一份英文中國郵報。）

R1: Please contact the concierge or the bell service.

（請與詢問處或行李中心聯絡。）

R2: Yes, May I have your room number.

（好的，請問您的房號？）

4. G: May I have another bath towel (bathrobe)?

（我還要一條浴巾／一件浴袍。）

R: Yes, Is your room number 508, Mr. Brown?

（請問房號是508嗎？布朗先生？）

5. G: May I have a dehumidifier? My room is too humid.

（我要一個除溼機？我的房間太潮濕。）

R1: Yes, may I have your number? We'll send it up right away.

（好，請問您的房號？我們馬上送來。）

R2: I'm sorry, all the dehumidifiers are in use. I'll see what we can do for you.

（很抱歉，所有的除溼機都在使用中，我會替您想想別的辦法。）

6. G: May I have more hangers, please?

（我要一些衣架？）

R: Yes, certainly. I'll bring them immediately. How many would you like?

（好，我馬上送來，你要幾個？）

7. G: May I have an extra bed?

（我要加一個床？）

R1: Yes, please contact the assistant manager.

（請與大廳副理聯絡。）

R2: Yes, certainly. I'll send someone there immediately.

（好，我們將馬上派人前往。）

8. G: May I have a heater?

（我要一個電熱器？）

R: Yes, we'll send someone up to check your thermostat. Is your room number 301, Mr. Sears?

（好，我們會派人檢查溫度調節器，請問房號是301嗎？希爾斯先生？）

9. G: I'd like to buy a stationery folder.

（我想買個文具夾。）

R1: Please purchase it at the cashier's counter downstairs.

（請在樓下出納櫃檯買。）

R2: Please contact the duty manager in the Lobby.

（請與大廳的值班經理聯絡。）

10. G: I'd like a massage. Can you arrange for one?

（我想找人按摩，你可以安排嗎？）

R1: Please ask the operator to connect you with our Health Center.

（請叫總機幫您與健身中心聯絡。）

R2: Please contact the duty manager in the Lobby.

（請與大廳的值班經理聯絡。）

11. G: Do you have a schedule of TV programs?

（你們有電視節目表嗎？）

R1: Yes, we'll send it up right away.

（有，我們馬上送來。）

R2: It's on top of the TV set.

（有，擺在電視上。）

R3: The new schedule is not ready yet. Please call the operator for program times.

（新節目表尚未印好，請打電話給總機詢問節目時間。）

12. G: I left my key in the room. Would you open the door for me?

（我把鑰匙忘在房內，請你幫我開門。）

R1: Yes, of course.（for guests you know）

（好的。只准替你認識並知道他確屬此房間的客人開門。）

R2: I'm sorry, for security reasons we can't open the door. Would you please contact the duty manager.

（很抱歉，為了安全的理由，我們無法為您開門，請與值班經理聯絡。）

13. G: I need a babysitter, can you arrange one for me?

（我需要一個保母，你能安排嗎？）

R: Yes, it will cost NT$900 for up to 3 hours, and NT$200 for each additional hour. What time will you need one and for how long? How old is your child?

（好，費用是開始三小時九百元，以後每小時再加二百元。您何時要？需要多久？您的小孩多大？）

14. G: I'd like to leave my things here, I'll pick them up later.

（我想把東西留在這裡。）

R: What would you like to leave here?

（您要留什麼在這裡？）

G: I'd like to leave my luggage.

（我想把行李留在這裡。）

R: Please contact the Bell Service Center.

（請與行李服務中心聯絡。）

15. G: I've already checked out, but I left something in the room. Would you please check for me?

（我已經結帳，但我忘了東西在房內，請你幫我查查。）

R: Which room were you in and when did you check out?

（請問您住幾號房？何時結帳？）

G: Room 415. I checked out last Thursday.

（415房。我上週四離開的。）

R: What did you leave behind, what does it look like?

（您忘了帶什麼？什麼樣的東西？）

G: I left a brown leather coat.

（我忘了帶一件咖啡色的皮外套。）

R: I'll check for you. Where can you be reached?

（我會替您查查看，如何與您聯絡？）

G: Please call my local office. The number is 02-86261111 ext. 5200.

（請打電話到我本地辦公室，電話號碼是02-86261111分機5200）

R: We'll take care of it right away.

（我們馬上去處理。）

16. R: Good evening, this is the Housekeeping Office. May we turn down the bed now?

（午安，這是房務部辦公室，我們現在能為您開夜床嗎？）

G: Please call back later, after 8:00.

（請等八點後再來。）

R: I'm sorry, we don't have night service after 8:00 p.m. If you would like your room made up, please let us know as early as possibly.

（很抱歉，我們晚上八點以後沒有夜間服務。如果您要整理房間請儘早通知我們。）

17. G: I'd like to have my clothes washed.

（我的衣服要換洗。）

R: Please fill out the laundry form and put it in your laundry bag. We'll collect it.

（請填好洗衣單然後放在洗衣袋內，我們會來收取。）

18. G1: My clothes have faded in the wash.

（我的衣服被洗的褪色了。）

G2: My clothes were torn in the wash.

（我的衣服被洗破了。）

G3: My clothes have shrunk in the wash.

（我的衣服被洗縮水了。）

R: I'm sorry. We'll look into it right away. When did you send them to be washed?

（很抱歉，我們儘快去查，請問何時送洗的？）

G: Early this morning.

（今天早上。）

R: We have checked with the laundry department, I'm sorry, there's very little we can do.

（我們已查過洗衣部，很抱歉。）

G: I'd like compensation, then.

（那麼，我要求賠償。）

R: How much will it be？Should we deduct the cost of the item from the laundry fee or from your bill?

（多少錢？是要從洗衣費或從您的總帳單中扣除？）

G: Please deduct it from my bill.

（請由我的總帳單中扣除。）

19. G: I'd like my clothes done now. Why isn't it possible to use the regular service?

（我的衣服要送洗，為什麼不能以正常服務洗呢？）

R: I'm sorry. It's too late for the regular service. We have a four-hour service. It's 50% more than the regular service.

（很抱歉，正常送洗服務時間已過，我們的四小時快洗服務比正常送洗服務貴50%。）

20. G: My TV has sound but no picture.

（我的電視有聲音但無影像。）

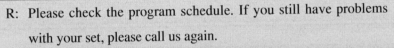
R: Please check the program schedule. If you still have problems with your set, please call us again.

（請查一下節目表，若電視機仍有問題時，請再通知我們。）

21. G: The air in the room is stale, can you do something about it?

（房間內空氣非常混濁，請想辦法解決？）

R1: We'll send someone to check it for you.

（我們會派人來檢查。）

R2: Do you mind if we spray air freshener?

（您介意我們噴空氣清香劑嗎？）

R3: Would you mind leaving the room for a few minutes? One of our roommaids will clear it up for you.

（您介意暫時離開房間嗎？我們的服務員會清理。）

R4: If you wish to change rooms, please contact the duty manager.

（如果您要換房間請與值班經理聯絡。）

22. G: Why has no one come to fix the leak?

（為什麼沒人來修漏？）

R1: We'll call the engineer again. I'm sorry for any inconvenience.

（我會再打電話給工程人員，很抱歉讓您感到不方便。）

23. G: Your service is poor.

（你們服務不好。）

R: I'm sorry. Please let us know what displease you. We'll do our best to improve it.

（很抱歉，請告訴我們您哪裡不滿意，我們會盡力改進。）

參考書目

一、中文部分

台北福華大飯店,《台北福華大飯店房務部訓練項目》,台北福華大飯店。

交通部觀光局(民國100年10月),《台灣地區國際觀光旅館營運分析報告》,交
　　通部觀光局。

交通部觀光局,《觀光旅館業經營管理常用法規彙編》,交通部觀光局編印。

何西哲(2007),《餐旅會計——實務與管理》(第十二版),自版。

吳勉勤(2012),《旅館管理理論與實務》(第十版),台北:華立。

李欽明(2010),《旅館客房管理實務》(二版),台北:揚智文化。

李欽明旅館顧問工作室,《旅館管理研究資料》,李欽明旅館顧問工作室。

李維康(2008),《環保旅館認知、綠色消費態度與綠色行銷對住宿行為影響之
　　研究》,國立高雄餐旅學院餐旅管理研究所未出版碩士論文。

亞都麗緻大飯店,《亞都麗緻大飯店房務部作業手冊》,亞都麗緻大飯店。

亞都麗緻大飯店,《亞都麗緻大飯店房務部英文教材》,亞都麗緻大飯店。

容繼業(2012),《旅行業實務經營學》,台北:揚智文化。

高秋英(2002),《餐飲管理——理論與實務》,台北:揚智文化。

陳盈璋(2011),《以高階主管觀點探討綠色管理對國內旅館競爭力之影響》,
　　經國暨健康學院教師研究成果報告。

陳堯帝(2013),《餐飲管理》,台北:揚智文化。

黃良振(2001),《觀光旅館業人力資源管理》,台北:中國文化大學出版社。

羅筱雯(2012),《台灣綠色旅館認證指標與旅客知覺價值之關聯性研究》,東
　　海大學餐旅管理學研究所未出版碩士論文。

二、英文部分

Irwin L. Goldstein and J. Kevin Ford (2002), *Training in Organizations: Needs
　　Assessment, Development and Evaluation.* Thomson Learning.

Lockyer, Timothy L. G. (2007), *The International Hotel Industry: Sustainable
　　Management.* Haworth Press Inc.

Paul R. Timm (2004), *Customer Service: Career Success through Customer Satisfaction.* Prentice Hall, Inc.

Raghubalan, G. and Raghubalan Smritee (2009), *Hotel Housekeeping: Operations and Management.* Oxford University Press Inc.

Robert J. Martin and Thomas J. A. Jones (2007), *Professional Management of Housekeeping Operations.* 5th edition, John Wiley & Sons.

Sonya Graci (2009), *Can Hotels Accommodate Green?: Examining What Influences Environmental Commitment in the Hotel Industry.* VDM Verlag Dr. Müller.

William S. Gray, Salvatore C. Liguori (1994), *Hotel and Motel Management and Operations.* Prentice Hall, Inc.

三、網路部分

申屠光，Pretty Lady網，《照顧衣服很easy》，2008/10/30，下載日期2012/12/11，http://tw.myblog.yahoo.com/jw!EwqIFE6XHBv.W_m039T2gzjgGwE-/article?mid=45

百度文庫，《行政樓層接待標準》，2012/10/17，下載日期2012/11/10，http://wen-ku.baidu.com/view/f9a16f7c27284b73f242508c.html

豆丁網，《星級酒店貼身管家服務》，2012/12/04，下載日期2012/12/24，http://www.docin.com/p-270050987.html

餐旅叢書 18

旅館房務理論與實務

作　　者／李欽明、張麗英
出 版 者／揚智文化事業股份有限公司
發 行 人／葉忠賢
總 編 輯／閻富萍
地　　址／22204 新北市深坑區北深路三段 260 號 8 樓
電　　話／(02)8662-6826
傳　　真／(02)2664-7633
網　　址／http://www.ycrc.com.tw
　E-mail ／service@ycrc.com.tw
印　　刷／鼎易印刷事業股份有限公司
　I S B N ／978-986-298-102-3
初版一刷／2002 年 10 月
二版一刷／2013 年 8 月
定　　價／新台幣 600 元

國家圖書館出版品預行編目（CIP）資料

旅館房務理論與實務 / 李欽明, 張麗英著.
-- 二版.-- 新北市：揚智文化, 2013.08
面；　公分.--（餐旅叢書；18）

ISBN 978-986-298-102-3 (平裝)

1.旅館業管理

489.2　　　　　　　　　　　102012446